安徽省高等学校"十三五"规划教材

植物保护技术
实验实习实训指导

ZHIWU BAOHU JISHU SHIYAN SHIXI SHIXUN ZHIDAO

U0303348

▶ 主　编　黄保宏
▶ 副主编　武德功　杜军利　王增霞

华中科技大学出版社
http://www.hustp.com
中国·武汉

图书在版编目(CIP)数据

植物保护技术实验实习实训指导/黄保宏主编. —武汉:华中科技大学出版社,2022.8
ISBN 978-7-5680-8518-2

Ⅰ.①植… Ⅱ.①黄… Ⅲ.①植物保护-实验 Ⅳ.①S4-33

中国版本图书馆 CIP 数据核字(2022)第 124962 号

植物保护技术实验实习实训指导   黄保宏　主编
Zhiwu Baohu Jishu Shiyan Shixi Shixun Zhidao

策划编辑:江　畅
责任编辑:李曜男
封面设计:孢　子
责任监印:朱　玢
出版发行:华中科技大学出版社(中国·武汉)　　　电话:(027)81321913
　　　　　武汉市东湖新技术开发区华工科技园　　　邮编:430223
录　　排:武汉创易图文工作室
印　　刷:武汉市籍缘印刷厂
开　　本:787mm×1092mm　1/16
印　　张:17.75
字　　数:454 千字
版　　次:2022 年 8 月第 1 版第 1 次印刷
定　　价:62.00 元

前言
Preface

　　近年来,随着现代农业结构的调整、生产条件的改善、现代农业技术的发展,以及绿色农产品安全标准的提高,农林物有害生物的绿色防控技术得到了快速发展、推广、应用。这对应用型本科人才培养、新型职业农民培训以及植保员等基层农技工作者进行农作物病虫草害绿色防控工作提出了新的挑战,也为他们不断更新知识、更新观念、掌握植物保护新技术、更好地为农业生产服务提供了新的机遇。

　　植物保护技术实验实习实训课程是"植物保护技术"课程的实践教学环节。本书主要由植物保护技术实验、植物保护技术实习实训、植物化学保护学实习实训三个模块组成。模块1为植物保护技术实验,包括农业植物病理学实验、农业昆虫学实验、植物化学保护学实验。模块2为植物保护技术实习实训,包括农业植物病理学实习实训、农业昆虫学实习实训。模块3为植物化学保护学实习实训。

　　在成果导向教育(OBE,outcomes-based education)下,我们紧密结合植保科技发展、应用型高水平大学教学需要,针对高水平应用型本科高校种植类专业职业岗位群进行综合分析,根据农学、种子科学与工程、园艺、设施农业与工程、园林等岗位群需要的植保基本知识与技能,坚持实验实习实训过程中理论与实践相结合的教学原则,把实践落实于教学全过程,增强针对性、实用性,以提高学生学习的兴趣;坚持应用性与实践性相融合,突出职业能力素养,以职业实践为主线,使学生在"做中学、做中教"的项目实践中夯实植保基础知识、掌握植保基本技能,启发和引导学生的创新思维;精心组织教学科研能力强的教师,采用课程结构模块化的思路和体例编撰规划实验实训教材,将植保技术知识归入相应模块,便于学习和实践。对于每个模块下的实验实习实训任务,教师授课时可根据当地生产实际、农时季节、田间病虫发生等情况灵活选择,并随着生产实践中新病虫害的出现与时俱进地做出相应的更新、补充和调整，在实践过程中进一步完善课程。本书的内容体现了生产性、先进性、实用性和可操作性。

本书由安徽科技学院资助出版，是安徽省高等学校"十三五"规划教材《植物保护技术》的重要组成部分和配套教材。本书既通俗易懂，又简明实用。本书可用于应用型本科种植类专业大学生的植保专业技能强化训练，也可用于现代农业职业教育、农村新型农民培训、职业技能鉴定以及植保基层科技人员短期强化训练。

本书在撰写过程中参考、引证了许多书籍和资料，在此向其作者深表谢意！由于编者水平有限，书中难免有不妥、疏漏之处，诚望使用本书的师生和广大读者批评指正！

实验实习实训须知

　　植物保护技术实验实习实训是理论联系实际的重要方式之一,是课堂教学的延伸,能使学生加深对课堂内容的理解,更好地掌握植物保护技术的基础知识和研究方法,培养学生的学习和研究能力、实事求是的态度和团结合作的精神。

　　为了营造良好的学习氛围,保证植物保护技术实验实习实训顺利进行,共同做好"教"与"学",特制定相关规则,让师生相互监督和共同遵守。

　　1.教师应根据当地农业生产实际,采用现场教学与课堂讲授相结合、理论教学与生产实际相结合等形式进行授课教学。

　　2.认真预习,充分准备。师生对实验实习实训内容的理解是教学顺利进行的关键。因此,在实验实习实训前,师生必须认真阅读《植物保护技术实验实习实训指导》,了解其内容、原理、操作步骤与方法、注意事项等,准备好必要的物品等。教师应认真备课,做好一切准备工作。

　　3.在实验室或田间均应保持安静,不许嬉笑和高声谈话。学生在实验实习实训过程中要听从教师指导,严肃、认真地按操作规程使用仪器设备、毒品和腐蚀性药品等;要注意观察、分析,独立思考,按时完成作业;不能做与实验实习实训无关的事情。

　　4.节约标本和药品等实验实习实训材料,节约水电。学生对公共财产,如仪器、家具和小工具等要特别爱护。实验室内的一切设备应整齐、清洁,切勿杂乱放置,未经教师允许,不得带出实验室或实习实训基地。

　　5.仪器发生故障时,应立即报告教师。如有仪器损坏或丢失的情况,学生应向教师说明原因,教师根据具体情况,按赔偿制度处理。

　　6.实验实习实训完毕,学生应对仪器和用具进行检查、清洗、整理,归还所借物品,将公共用具归还原处。学生应将实验实习实训等操作产生的杂物放入指定的容器,不要到处乱扔。教师验收后,学生才可离开实验室。

　　7.值日生应做好实验室或实习实训基地的清洁整理工作。离开前,值日生应认真检查水、电等是否关好,严防安全事故发生。

　　8.学生应严格遵守学校《实验室安全管理规定》《实验室危险化学品安全管理细则》和《学生实验守则》等相关制度。

目录
Contents

模块 1 植物保护技术实验

第1章 农业植物病理学实验

实验一 植物病害症状观察

1.1 实验目的与要求

认识各类植物病害对农林园艺等植物造成的危害，了解各类病原物所致植物病害的种类及其多样性，初步掌握主要植物病害的症状、特点及其异同点，学会植物病害症状的规范描述和记载方法，深刻理解植物病害的概念，为今后学习和掌握植物病害的诊断技术奠定基础。

1.2 实验材料

按照植物病害的病状类型（变色、坏死、腐烂、萎蔫、畸形）和病征类型（粉状物、霉状物、颗粒状物、菌核和脓状物等）准备的植物病害的盒装标本、瓶装浸渍标本及新鲜标本（不同类型的病状和病征的标本可根据当地的情况准备），植物病原菌物的平板培养物，植物病原细菌的平板培养物，分离的活线虫等；载玻片，盖玻片，乳酚油，各类植物病害症状的挂图、图片或模型，多媒体课件等。

1.3 实验用具

生物显微镜、手持扩大镜、单面刀片、载玻片、盖玻片和搪瓷盘等。

1.4 实验内容与方法

1.4.1 植物病害病状的观察

观察并掌握各种植物病害标本的症状特点，并将症状归类，掌握各类植物病害症状的特点。

1. 变色

变色主要有两种类型。一种类型为黄化，是指整个植株或叶片部分或全部均匀褪绿、变黄，或呈现其他的颜色，多数伴生有整株或部分的畸形。另一种类型为花叶，表现为病株叶片色泽浓淡不均，深绿与浅绿部分相间夹杂，一般遍及全株，上部叶片较为显著，无病征。

（1）褪绿与黄化，是指整株或局部叶片均匀褪绿。观察栀子花黄化病、香樟树黄化病、豌豆黄顶病(黄化)、大白菜病毒病(沿叶脉褪绿)、植物缺铁或缺氮症、小麦黄矮病等病害标本。

(2)花叶与斑驳,是指整株或局部叶片颜色深浅不均,浓绿和黄绿互相间杂,有时出现红、紫斑块。观察烟草普通花叶病、苹果花叶病、菜豆花叶病、萝卜花叶病、南瓜花叶病、一串红花叶病、大丽花花叶病等病害标本。

2.坏死

观察玉米大斑病、棉花角斑病、棉花黑斑病、大麦条纹病、小麦根腐病、花生的叶斑病(黑斑病、网斑病和褐斑病)、大葱或大蒜紫斑病、番茄早疫病、十字花科霜霉病等病害标本。注意不同类型的病害所再现出的病斑的形状、大小、颜色等的异同以及病斑上有无轮纹、花纹伴生,同时注意观察各类病斑上有无病征以及病征的特点。斑点类病害多发生在叶、茎、果等部位,受病组织局部坏死,一般有明显的边缘。病斑根据颜色、形状等特点分为褐斑、黑斑、紫斑、角斑、条斑、大斑、小斑、胡麻斑、轮纹斑、圆斑、不规则斑、网斑等多种类型,病斑后期常有霉点或小黑点出现。

(1)斑点,多出现在叶片和果实上,其形状和颜色不一,可分为条斑、角斑、圆斑、轮斑、不规则形斑,黑斑、褐斑、灰斑、漆斑等,病斑后期常有霉层或小黑点出现。观察玉米小斑病、稻瘟病、水稻细条病、烟草环斑病毒病、豇豆褐斑病、黄瓜霜霉病、柑橘溃疡病、葡萄褐斑病、苹果灰斑病、枇杷角斑病、桂花褐斑病、杜鹃褐斑病、菊花黑斑病等。

(2)枯死,是指局部或大面积组织焦枯和死亡。观察马铃薯晚疫病、水稻白叶枯病等。

(3)炭疽的症状与斑点相似,病斑上常有轮状排列的小黑点,有时还产生粉红色黏液状物。观察兰花炭疽病、玉兰炭疽病等。

(4)穿孔,是指病斑周围木栓化,中间的坏死组织脱落而形成空洞。观察桃树细菌性穿孔病、樱花褐斑穿孔病、其他核果类穿孔病等。

(5)溃疡,是指枝干皮层、果实等部位局部组织坏死,病斑周围隆起,中央凹陷,后期开裂,并在坏死的皮层上出现黑色的小颗粒或小型的盘状物。观察槐树溃疡病、樟树溃疡病等。

(6)疮痂,发生在叶片、果实和枝条上,表现为局部细胞增生而稍微突起,形成木栓化的组织。观察甘薯疮痂病、柑橘疮痂病、大叶黄杨疮痂病等。

(7)猝倒与立枯。猝倒是指幼苗近土表的茎基部组织坏死腐烂,缢缩呈线状、倒伏。观察西瓜猝倒病、茄子猝倒病(见图1-1)等。立枯是指幼苗的根或茎基部与地面接触处腐烂,全株枯死,病苗不倒伏。观察松杉木苗期立枯病、茄子立枯病(见图1-2)。

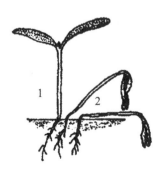

图1-1　茄子猝倒病
1.健苗;2.病苗

图1-2　茄子立枯病

(8)枯焦，是指早期出现斑点，随后迅速扩大或愈合成片，最后出现局部或全部组织或器官死亡，如马铃薯晚疫病和早疫病。

3. 腐烂

观察甘薯黑斑病和干腐病，马铃薯晚疫病和环腐病的病薯、棉苗立枯病、柑橘溃疡病等病害标本，认识该类病害对植物造成的危害，同时掌握这类病害的病状特点。

腐烂类病状发生在植物的根、干、花、果等部位，是指较大面积病部组织细胞受病原物的破坏与分解，导致细胞崩溃解体。由于组织分解的程度不同，腐烂有湿腐和干腐之分。根据腐烂的部位不同，腐烂有根腐、基腐、茎腐、果腐和花腐之分。腐烂还有颜色变化的特点，如褐腐、白腐和黑腐等。枝干皮层腐烂与溃疡症状相似，但病斑范围较大，边缘隆起不显著，常带有酒糟味。

(1)湿腐，是指病组织本身含水较多，腐烂后水分不易散发。观察瓜果腐烂、大白菜软腐病、苹果腐烂病、柑橘青霉病、杨树腐烂病等。

(2)干腐，是指病组织本身含水量较低，腐烂后水分很快散失。观察油菜菌核病、桃树菌核病、桃褐腐病等。

(3)腐朽，是指罹病植物根、茎木质部变质解体，外部常长出各种蕈体。区分白腐、褐腐、海绵腐朽和蜂窝状腐朽。

(4)流胶。观察桃流胶病、柑橘树脂病等。

(5)流脂。观察松树流脂病。

4. 萎蔫

萎蔫是指罹病植物根茎的维管束受病原物侵害后，大量菌体堵塞导管，或是产生毒素，影响水分运输，致使其枝叶萎蔫下垂或整株萎蔫枯死。观察棉花、黄瓜等植物的枯萎病、棉花和茄子的黄萎病、玉米和茄科植物的青枯病，马铃薯的环腐病等标本。注意区别枯萎、黄萎和青枯等病状类型，必要时可以剖开病株茎秆观察维管束是否褐变。典型的萎蔫病状是植物的根、茎的维管束组织受到破坏而发生的叶片或枝条萎蔫现象，皮层组织完好，萎蔫病害无表面的病征。植物萎蔫类病害的病状的观察应以新鲜标本为主，有条件时最好在田间进行，这类病害发生具有一定的地域性，观察时要注意其维管束组织的病变。干标本则失去了原有的特点。

(1)青枯，是指病株全株或局部迅速萎蔫，叶色尚青就失水凋萎。观察番茄青枯病、辣椒青枯病、菊花青枯病。

(2)枯萎与黄萎的病状与青枯相似，病株萎蔫较慢，但叶片多先从距地面较近处开始变黄，病情发展较慢，不迅速枯死，叶色不能保持绿色。观察棉花枯萎病和黄萎病、瓜类镰刀菌枯萎病、鸡冠花枯萎病、百日草枯萎病等。

5. 畸形

畸形植物罹病后，不同组织、器官发生增生性病变或抑制性病变形成畸形类病状，如叶片的膨肿、皱缩、小叶、蕨叶，果实的缩果及其他畸形，整个植株的徒长、矮缩，局部器官如花器和种子的退化变形和促进性的变态等。瘤、瘿、癌、丛枝和发根是最常见的畸形症状。其中丛枝是指顶芽生长受抑制，侧芽、腋芽迅速生长，或不定芽大量发生，发育成小枝，小枝多次分支，叶片变小，节间变短，枝叶密集，形成扫帚状。畸形常常在果树和园林植物上出现。

(1)徒长，指植物节间明显过度生长，病株比健株明显高，如水稻恶苗病。

（2）肿瘤或瘤瘿，指罹病枝干和根上的局部细胞增生，形成不定型的各种不同形状和大小的畸形肿大瘤状物，如玉米黑粉病、十字花科根肿病、番茄根结线虫病、桃树根癌病、柑橘根结线虫病、月季根癌病、松瘤锈病等。

（3）丛枝，是指植物罹病后，顶芽生长受抑制，侧芽、腋芽迅速生长，或不定芽大量发生，发育成小枝，小枝多次分支，叶片变小，茎节缩短，枝叶密集丛生，形成扫帚状，如苹果发根病、枣疯病、龙眼丛枝病、泡桐丛枝病、竹丛枝病等。

（4）矮缩，是指植物各器官的生长成比例地受到抑制，植株比正常植株矮小得多。观察小麦丛矮病、桑萎缩病等。

（5）变态，是指正常的组织和器官失去原有的形状。观察杜鹃叶肿病。

（6）卷叶，是指叶片两侧沿叶脉向上卷曲，叶片较厚，硬而脆，严重时卷成筒状，如马铃薯卷叶病、蚕豆卷叶病、桃缩叶病。

（7）蕨叶，是指病组织发育不均衡，叶片变成线状或蕨叶状，如番茄蕨叶病、辣椒蕨叶病、双子叶植物的 2,4-D 药害标本（非传染性病害）。

（8）畸果或小果。畸果指果实变形，小果指果实比正常果实瘦小。观察杀菌剂或除草剂引起的果实药害标本。

（9）疱斑，是指在叶面或果实上有凸起或凹下部分，表面不平，形成疱斑，往往凸的部分颜色变深。观察烟草黄瓜花叶病毒病标本。

（10）花变叶，是指染病后，植物的花器变成叶片结构，使植物不能正常开花结实，如玉米霜霉病等。

此外，一些病毒病会产生特异性的畸形症状，如耳突、脉肿、扁枝、肿枝、茎沟、拐节等。

1.4.2　植物病害病征的观察

1. 粉状物

病原真菌可在发病部位生成各种颜色的粉状物，如白粉、黄粉、黑粉、红粉等。白粉病产生白色粉状物，后期粉斑中可能出现黑色点状物，即病原菌的子囊壳。借助手持扩大镜或双目立体解剖镜观察麦类锈病、十字花科白锈病、麦类白粉病、玉米黑粉病等病害标本。

（1）白粉，是指病部表面有一层白色的粉状物，后期在白粉层上散生许多针头大小的黑色颗粒状物。白锈菌在病叶上生成扁平且稍隆起的孢子囊堆，有黏质感，破裂后也散出白色粉状物（孢子囊）；黑粉菌产生黑色粉状物（冬孢子），有些种类的孢子团外有包被或形成坚硬的菌瘿。观察瓜类的白粉病、紫薇白粉病、梨白粉病、凤仙花白粉病等，注意粉状物的颜色、质地和着生的状况等。

（2）黑粉。观察小麦散黑穗病、水稻粒黑粉病、小麦秆黑粉病、水稻叶黑粉病。

（3）锈粉，是指锈菌在病部产生的黄色、黄褐色粉状物（夏孢子、锈孢子），或内含黄粉状物或毛状物，似铁锈，所引起的病害称为锈病，锈黄色粉状物是锈病的病征。观察豇豆锈病、枣锈病、玫瑰锈病、萱草锈病等。

（4）煤污状物，是指植物发病部位表面覆盖的一层煤烟状物，也是病原菌物形成的。观察柑橘煤污病、桑污叶病、小叶女贞煤污病、山茶煤污病等。

2. 霉状物

植物发病部位生出的各种颜色的霉状物，由病原真菌的菌丝体、分生孢子梗和分生孢子构成,如灰霉、青霉、赤霉、黑霉等。霜霉病病株多在叶片背面产生白色、灰色或紫色的霜霉层。借助手持放大镜或双目立体解剖镜观察稻瘟病、甘薯软腐病、十字花科蔬菜霜霉病、黄瓜霜霉病、瓜类软腐病、瓜类腐霉病、番茄灰霉病、番茄叶霉病、莴苣霜霉病、葡萄霜霉病、柑橘青霉病、仙客来灰霉病等病害标本或瓶装标本,注意区分霜霉、黑霉、绵霉、青霉和灰霉等不同类型的霉状物。

3. 颗粒状物

颗粒状物是在罹病植物病部位表面产生的各种形状、大小不定的黑色、褐色微小点状物(小黑点或小颗粒状结构),这多是病原菌物的子实体,借助放大镜才能看得清楚。小黑点是病原真菌的分生孢子器、分生孢子盘、子囊壳或子座等。有的病害小黑点散生,有的则排列成线条状或轮纹状。取小麦白粉病、麦类赤霉病、瓜类炭疽病、芹菜斑枯病、苹果腐烂病、茶轮斑病、黄麻秆枯病等病害标本,借助手持扩大镜观察。观察瓜类的白粉病(闭囊壳)(见图1-3)、苹果腐烂病、苹果炭疽病(见图1-4)、山茶灰斑病、大叶黄杨叶斑病等,注意点状物是埋生、半埋生还是表生,以及在寄主表面的排列状况、颜色等。

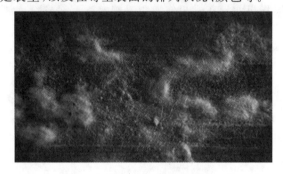

图1-3　瓜类的白粉病(闭囊壳)

图1-4　苹果炭疽病

4. 菌核

有些真菌形成大小、形状、颜色不同的大型颗粒状物,即菌核。产生菌核的真菌较多,如核盘菌属、麦角菌属、绿核菌属、小核菌属、葡萄孢属、丝核菌属等。观察油菜菌核病、水稻纹枯病(见图1-5)、水稻小球菌核病(见图1-6)、稻曲病、辣椒白绢病、桑葚菌核病等病害标本,注意观察菌核的大小、形状、颜色、质地,以及十字花科蔬菜菌核病菌核的萌发状况。

图1-5　水稻纹枯病

图1-6　水稻小球菌核病

5. 脓状物

细菌性病害常从病部溢出灰白色、蜜黄色的液滴,称为"细菌溢脓",脓状物干燥后成为近球体的颗粒或结成一层菌膜。细菌引起的维管束病害,在病茎横切面,或病块茎、病块根的切面都可以看到溢脓。因此,菌脓为细菌性病害特有的病征。用剪刀将植物罹病组织剪成约 4 mm² 的小块病组织,放于载玻片上,加一滴水,盖上盖玻片,在显微镜下观察或直接用载玻片对光观察喷菌现象。其中流脂或流胶指的是果树或园林植物罹病后病部有树脂或胶质树皮渗出。观察水稻细菌性条斑病、水稻白叶枯病、烟草青枯病、十字花科蔬菜软腐病、黄瓜细菌性叶枯病(见图 1-7)、菜豆细菌性疫病、桃流胶病、柑橘溃疡病、女贞细菌性叶斑病、松树流脂病等。

图 1-7 黄瓜的瓜蔓和瓜条的为害部位出现大量白色或透明的胶状物

6. 菌索(线状物)

有些病原真菌的菌丝集结成束,形成肉眼可辨的线状物,如禾草红丝病原菌产生的毛发状红丝等。紫卷担菌引起甘薯紫纹羽病(见图 1-8)、桑紫纹羽病(见图 1-9)等,该菌产生紫红色网络状菌丝束,覆盖在病株附近的地面上。

图 1-8 甘薯紫纹羽病　　　　　　　　　　图 1-9 桑紫纹羽病

7. 马蹄状物及伞状物

罹病树木枝干上感病部位真菌产生肉质、革质等颜色各异、体型较大的伞状物或马蹄状物(真菌的大型子实体)——高等担子菌的担子果。病草地上可有许多蘑菇圆圈状排列,俗称“蘑菇圈”或“仙人圈”。隔担菌属的担子果平伏在树皮上,很像贴了膏药,引起的病害就叫“膏药病”。马蹄状物及伞状物突破病植物叶片表皮而外露,比点状物大且突起,形状多样,有块状、枕状、垫状、半球形、不规则形等,为子囊座或分生孢子座。多种子囊菌还形成黄色、红色等颜色鲜明的块状物,是其子座或假子座。子囊菌中,盘菌目生成盘状、杯状、碗状子囊盘,炭角菌属生成大型黑色鹿角状子座。观察常见的郁金香白绢病、梨根朽病等。

1.5 实验作业

(1)将观察到的各种植物病害的病状类型归纳记载入表 1-1。举例说明病状和病征有何区别。

表 1-1　植物病害病状类型分析

标本编号	受害植物	植物病害名称	发病部位	症状分析		备注
				病状	病征	

（2）学习植物病害症状、病状和病征的描述，并充分阐述三者的异同。

（3）植物病害的名称与病害症状特征有哪些联系？

（4）为什么一种病害可以表现出不同的症状？

（5）每位同学制作一张植物病原临时玻片，并绘制观察到的病原物显微图。

（6）每实验小组提交一份徒手植物病害切片和浸制标本。

（7）通过该实验，思考植物病害症状在其病害诊断中的重要性。

实验二　植物病害病原物形态观察

2.1　实验目的与要求

（1）通过实验观察，初步认识主要农作物病原细菌、病毒、线虫和寄生性种子植物等的基本形态和结构特点。

（2）通过实验，掌握植物病原真菌的一般形态特征及其产生的孢子类型。

（3）识别植物病原真菌五亚门中主要属的形态特征。

2.2　实验材料

植物病害的盒装标本、瓶装浸渍标本、纯培养菌落（腐霉菌、黑根霉、炭疽菌等）、植物病原菌玻片标本及新鲜标本（不同类型的病状和病征的标本可根据当地的情况准备）。

各种植物病害症状的挂图、植物病原物照片、多媒体课件、脱脂棉、小烧杯、封口膜等。

2.3　实验用具

生物显微镜、植物病害标本、单面刀片、载玻片、盖玻片、酒精灯、滤纸、试镜纸、滴瓶、乳酚油、蒸馏水、碱性品红、结晶紫、95％酒精、碘液、苯酚及二甲苯等。

2.4　实验内容与方法

2.4.1　植物病原真菌

以生物显微镜检验方法为主，以放大镜和肉眼为辅。学习徒手切片方法，切片时注意臂、腕、手指各部位的协调,刀片从外向内快速移动。在进行镜检之前,应先制作临时玻片:取洁净的载玻片,在载玻片中央滴一滴蒸馏水,用解剖针从纯培养菌落上或直接从病组织上挑取少量病菌放入水滴,盖上盖玻片,即成待检玻片。注意浮载剂(水或乳酚油)的量、盖盖玻片的方法,避免产生过多气泡而影响观察。

1. 真菌的菌丝体及其变态和菌组织

1)真菌的菌丝体

真菌的菌丝体分为无隔菌丝(低等真菌的菌丝体)、有隔菌丝(高等真菌的菌丝体),如图1-10所示。制作病原菌临时玻片标本,观察有隔菌丝和无隔菌丝,注意菌丝形态、有无隔膜、分枝处有无缢缩。

取清洁载玻片,在中央滴蒸馏水或乳酚油滴,用挑针挑取少许瓜果腐霉病菌的白色棉毛状菌丝放入水滴,用两支挑针轻轻拨开过密集的菌丝,然后自水滴一侧用挑针支持盖玻片,慢慢盖下。

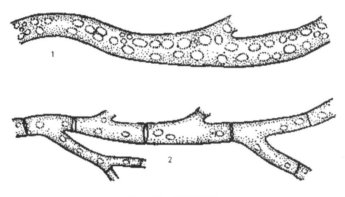

图 1-10　真菌菌丝

1. 无隔菌丝;2. 有隔菌丝

注意事项:加盖玻片时不宜太快,以防形成大量气泡,影响观察或将欲观察的病原物冲溅到玻片外;对一些无色透明的病菌,在显微镜下观察时,要注意调节光源,光线不宜过强;挑取的菌丝的量要少,并将其分散,以便观察。

(1)无隔菌丝。低等真菌的菌丝体是单细胞、带分枝的丝状长管。观察黑根霉的营养物,可见培养基上生长的疏松的棉丝状菌丝体,用解剖针挑取少许制成待检玻片,用显微镜观察无隔菌丝的形态特征。也可观察无隔菌丝玻片标本。

(2)有隔菌丝。高等真菌的菌丝体是多细胞、有分隔的长管。挑取少许炭疽菌的营养物制成待检玻片,用显微镜观察有隔菌丝的形态特征。也可观察有隔菌丝玻片标本。

2)真菌的营养体的变态结构

真菌的营养体的变态结构是指真菌的营养体为了抵抗不良的环境条件和适应寄生生活而形成的一些特殊的结构,如吸器、假根、附着胞等。

(1)吸器,是指由菌丝特化而成的伸入寄生细胞内吸收营养的结构,有球状、蟹状、根状等。观察小麦白粉病菌吸器玻片,注意在叶片的表皮细胞内,被染成红色的蟹状吸器。

(2)假根,是由菌丝分化的根状分枝。

3）菌组织体

真菌的菌丝体可密集形成菌组织，观察菌核切片玻片标本可以发现，菌核外层有2～4层褐色近圆形或多角形，排列紧密的细胞，即拟薄壁组织。向内颜色较浅的为疏丝组织，可见菌丝体的长形细胞，组织排列疏松。真菌的菌组织还可以进一步形成菌组织体，如菌核、子座、菌索、菌膜等。

（1）菌核。观察油菜菌核病玻盒标本，茎秆内的黑色颗粒状物即菌核，它是由菌丝紧密缠绕而成的坚硬的休眠体。

（2）子座。子座是由拟薄壁组织和疏丝组织或由菌丝体与部分寄主组织结合而成的一种垫状结构，子座上形成产孢组织。观察子座玻片标本。

（3）菌索。肉眼观察竹菌索玻盒标本，镜检菌索玻片标本，可见菌索是由若干菌丝平行排列形成的。

利用玻片标本观察园林苗木茎腐病的菌核、伞菌的菌索、腐朽木材上的菌膜、杨树腐烂病标本上的子座的形态特征。切片时要注意切得要薄，观察切片时往往看到的只是菌组织体整体结构的一部分，一定要注意从局部联想到其整体轮廓。

2. 真菌的繁殖体

1）无性繁殖体

常见的无性孢子有以下几种。

（1）厚垣孢子（chlamydospore）是各类真菌均可形成的无性孢子，是菌丝体或分生孢子中的个别细胞原生质浓缩、细胞壁加厚形成的一种休眠孢子，着生在菌丝的端部或中间。观察炭疽菌玻片，注意形状，注意壁是否加厚。

（2）游动孢子（zoospore）是鞭毛菌亚门的无性孢子，是着生在游动孢子囊中的内生孢子，无胞壁，圆形、洋梨形或肾形，有1～2根鞭毛。游动孢子能借助鞭毛在水中游动，随后鞭毛收缩产生细胞壁、休止，然后萌发形成新个体。

用挑片方法挑取少量十字花科白锈病疱斑内粉末于载玻片上的水滴中进行保湿培养，避光3～4 h后观察十字花科蔬菜的白锈菌（*Albugo cadida*）孢子囊产生的游动孢子在水中的游动情况。观察黑根霉玻片，注意有几根鞭毛。

（3）孢囊孢子（sporangiospore）是接合菌亚门的无性孢子，是孢子囊中继核融合和有丝分裂之后在分裂过程中在孢子囊中的内生孢子，是有胞壁，无鞭毛，长筒形、圆球形、梨形的内生不能游动的孢子。孢子囊成熟后破裂放出孢囊孢子。观察黑根霉菌（*Rhizopus* spp.）玻片，注意孢囊梗顶端黑色圆形的孢子囊和它破裂后散出的孢囊孢子。孢囊梗2～3根着生在一起，下面有假根。

（4）分生孢子（conidiospore）是子囊菌亚门和半知菌亚门的无性孢子。它产生在由菌丝特化而成的分生孢子梗上，是单细胞或多细胞的具有各种形态的外生孢子。孢子成熟时从孢子梗上分生脱落，故称分生孢子。一些分生孢子产生在特异的分生孢子盘、分生孢子器、分生孢子座和孢梗束上。

观察辣椒炭疽菌（*Colletotrichum* spp.）、白粉菌玻片，注意观察分生孢子梗、刚毛和分生孢子形态。

（5）芽孢子（blastospore）是酵母状孢子，是由出芽方式形成的无性孢子。在无性繁殖过程中,首先在母细胞上出芽,然后芽体逐渐膨大,最后芽体与母细胞脱离,就形成了芽孢子。

(6)节孢子(arthrospore)又称粉孢子(oidium),其形成过程是菌丝生长到一定阶段,菌丝上生出许多横隔,然后从分隔处断裂,产生许多形状如短柱状、筒状或两端呈钝圆形的节孢子。

2)有性繁殖体

常见的有性孢子有以下几种。

(1)卵孢子(oospore)是鞭毛菌亚门的有性孢子,是由两个大小不同的异型配子囊结合发育而成的厚壁卵孢子。小型配子囊称为雄器。大型配子囊称为藏卵器。藏卵器中的原生质与雄器配合以前,收缩成一个或数个原生质团,称卵球。当雄器与藏卵器配合时,雄器中的细胞质与细胞核通过受精管进入藏卵器与卵球结合,此后卵球生出外壁即成为卵孢子。卵孢子的数量取决于卵球的数量。观察油菜白锈病、腐霉菌玻片标本。在藏卵器内形成的卵孢子,在寄主组织内为圆形,外层有一圈形似波纹的卵周质。观察腐霉菌玻片标本,注意在藏卵器内形成的孢子。

(2)接合孢子(zygospore)是接合菌亚门的有性孢子,是由菌丝生出的结构基本相似,形态相同或略有不同的两个同型配子囊接合而成的。首先,两个化学诱发,各自向对方伸出极短的特殊菌丝,称为接合子梗。观察黑根霉接合孢子玻片标本,注意观察其形状、颜色、表面有无纹饰。

(3)子囊孢子(ascospore)是子囊菌亚门的有性孢子。两个异形配子囊(雄器和产囊体)相结合经产囊丝、钩状体,子囊母细胞,发育成子囊。在即将形成孢子之前,子囊内进行核融合和减数分裂。子囊孢子产生于子囊内为子囊菌的主要特征。观察核盘菌(*Sclerotinia sclerotiorum*)玻片标本或核盘菌切片,观察子囊形态。子囊为一长棍棒状囊状物,排列成一层,每个子囊中有8个(2n)(少数4个或2个)内生、单倍体长椭圆形的子囊孢子。子囊一般着生在子囊壳、闭囊壳、子囊盘等子囊果内。

(4)担孢子(basidiospore)是担子菌亚门的有性孢子。形成过程:两性器官退化或无明显分化,由不同性别的初生菌丝,孢子萌发产生芽管,或精子与菌丝之间结合形成双核菌丝,担子,担子经核配、减数分裂形成的4个单倍体外生担孢子。观察伞菌切片,在子实体中有棒状的担子,每个担子顶端有4个小柄,每个小柄上有1个担孢子。挑取梨胶锈菌(*Gymnosporangium asiaticum*)冬孢子萌发材料观察担子的形态,有无隔膜,小梗着生部位,数目,担孢子形态、颜色、数目。

2.4.2　植物病原细菌及其所致病害观察

1. 植物细菌性病害的症状观察

植物细菌可引起植物坏死、腐烂、萎蔫等症状,常在病部出现脓状物,取病组织块镜检,有喷菌现象,即组织切口处有大量细菌菌体缢出。其症状常作为鉴定属的一种辅助性状,即症状类型和病原属之间有一定的相关性,如棒杆菌属的细菌主要引起萎蔫症状;假单胞杆菌属主要引起叶斑、腐烂和萎蔫症状;黄单胞杆菌属主要引起叶斑和叶枯症状;野杆菌属引起肿瘤等增生性症状;欧氏菌属一般引起软腐,有时也引起萎蔫。此外,多数细菌性病害在发病初期,特别是在潮湿的自然条件下常呈水浸状或油渍状;在饱和湿度下病斑上常有菌脓形成,干后成为菌痂。掌握症状类型及其形成的生态条件,对细菌性病害的正确诊断是十分重要的。

观察下列病害玻盒标本,区分症状类型,注意观察菌脓:

水稻白叶枯病(病原为 *Xanthomonas oryzae*)、水稻细菌性条斑病(病原为 *X. oryzicola*)、棉花角斑病(病原为 *X. malvacearum*)、大豆细菌性斑点病(病原为 *P. glycinea*)、大白菜软腐病(病原为 *Erwinia carotovora*)、黄瓜细菌性角斑病(病原为 *Pseudomonas lachrymans*)、马铃薯环腐病(病原为 *Clavibacter sepedonicum*)、菜豆细菌性叶烧病(病原为 *X. phaseoli*)、苹果根癌病(病原为 *Agrobacterium tumefaciens*)、桃细菌性穿孔病(病原为 *X. pruni*)等。

2. 菌溢观察

1)标本观察

取黄瓜细菌性角斑病、茄子青枯病或马铃薯环腐病新鲜标本,在病、健交界处剪取 4 mm×4 mm 的小块病组织,置载玻片上,加一滴蒸馏水,盖好盖玻片后,立即在显微镜下观察,注意剪断处是否有大量细菌呈云雾状溢出(将视野亮度调暗观察效果较好)。按同样方法用健康组织镜检反证。

2)细菌菌脓的诱导

(1)将水稻白叶枯病叶片用酒精棉球擦拭表面消毒后剪成 1~2 cm 的小段。

(2)在玻璃小烧杯中放入两个用水浸湿的棉球。

(3)将小段的病叶片垂直插入烧杯里的棉球中间,使其直立,且相互之间不要靠在一起。

(4)用封口膜将烧杯口封好,并注意使叶片顶端不要靠近封口膜。

(5)将烧杯置于 28 ℃人工气候箱中保湿培养过夜后观察叶片上菌脓出现的情况(注意观察菌脓的颜色、浑浊度以及有无真菌的菌丝体出现)。

3. 植物病原细菌形态观察

细菌菌体镜检,将制片依次用低倍镜、高倍镜找到观察部位,再用油镜观察细菌形态。观察前先在细菌涂面上滴少许香柏油,再慢慢将镜头下放,使油镜头浸入油滴,并从一侧注视,使镜头刚好与玻片接触。观察时用微动螺旋慢慢将油镜向上提至观察物像清晰为止。操作不熟练时,不要轻易在观察时将镜头直接下放,以免压碎玻片,损坏镜头。

镜检完毕后,用镜头纸蘸二甲苯轻擦镜头。注意勿使二甲苯渗入镜头内部,防止损坏镜头。

1)培养性状观察

取培养皿中培养的水稻白叶枯病菌(*X. oryzae*)、马铃薯环腐病菌(*C. sepedonicum*),茄青枯病菌(*Burkholderia solanacearum*)和白菜软腐病菌(*E. carotovora*)等,注意观察菌落颜色、大小、质地,是否产生荧光色素等,思考植物病原细菌和植物病原真菌培养菌落有什么根本性的不同。取新鲜的水稻白叶枯病叶、大白菜细菌软腐病叶,观察是否有喷菌现象,确定是否有臭味。

2)染色反应观察

(1)革兰氏染色反应。供试菌种:马铃薯环腐病菌(*C. sepedonicum*)和白菜软腐病菌(*E. carotovora*)。

(2)鞭毛染色。细菌鞭毛很细(只有 0.02~0.03 μm),不做特殊处理,通过一般光学显微镜是看不见的,鞭毛上沉积了染色剂或银盐后才能看到,这是所有鞭毛染色的依据。供试菌株:白菜软腐病菌(*E. carotovora*)。

操作注意事项:第一,染色剂也可以在载玻片上沉积,若载玻上沉积的染色剂太多,就会影响鞭毛染色效果,因此所用载玻片一定要用特殊方法严格洗涤;第二,染色剂处理时间一定要严格掌握处理时间,处理时间太短,鞭毛上没有足够的沉积物导致看不清楚,处理时间太长,玻片上沉积物太多,也看不清楚;第三,病原的菌龄十分重要,培养时间不足,或培养时间太长都不易染色成功,不同种类的细菌培养时间差异较大,如白菜软腐病菌以在 $26\sim28\ ^{\circ}\mathrm{C}$ 恒温箱中培养 $16\sim18\ \mathrm{h}$ 为宜。总之,鞭毛染色比较困难,必须严格掌握每个操作环节。

2.4.3　植物病原病毒及其所致病害观察

1. 外部形态的变化

病毒是非细胞形态、在寄主细胞内营专性寄生的一种生物体。植物病毒病害的病状分为变色、枯斑、组织坏死,以及畸形,变色又分为花叶和黄化两种。叶片、茎部、果实和根部均可发生坏死现象。畸形包括卷叶、缩叶、皱叶、蕨叶、花器退化、丛枝、矮化、束顶及癌肿等。病毒病害无病征。观察实验提供的各种病毒病害的标本,记载其病状特点并指出其病状类型。观察烟草花叶病毒(TMV)的外部形态。

2. 内部病变及内含体的观察

有些病毒一般不使植物组织坏死,而是抑制其发育,常引起内部形态的变化,病毒粒体很小,在一般光学显微镜下看不到。试取受烟草花叶病危害的烟草病叶,于深绿的部分与黄绿部分的交界处,进行切片观察,观察深绿部分与黄绿部分的细胞(包括栅栏组织及海绵组织)大小、细胞间隙、叶绿体的含量及大小是否相同。

另外,有些病毒特别是花叶型病毒,还可导致病株的细胞内出现内病征——内含体。这种内含体也可作为鉴定病毒的根据。内含体有四种类型,一般在光学显微镜下可见的有非结晶体(亦称无定形体或 X 体)和结晶体两种。

取表现出典型花叶症状的新鲜烟草病叶,取其叶片褪色(浅绿色)部分,将其表皮撕下,制片镜检,注意观察在叶背主脉的表皮或茸毛中,除细胞核外,是否有圆形、椭圆形或其他不规则形物体存在,其位置及大小,是否具有折光性。观察小麦黄色花叶病内含体玻片标本,可以发现在叶片的表皮细胞中或保卫细胞中,细胞核被染成紫色,在其旁边粉红色较疏松的颗粒状物即为内含体。

2.4.4　植物病原线虫及其所致病害观察

1. 植物线虫病害症状类型观察

植物受线虫危害后,除和真菌、细菌、病毒等病原物引起的相似症状,也有其特有症状与之相区别。线虫多在地下活动,所以植物根部受害比较多见。根部受害的症状:有的根生长点受破坏而停止生长或卷曲,有的根上形成肿瘤或过度分枝而形成发根或须根团。植物根部受害后,地上部生长受到影响而表现植株矮缩,色泽失常和早衰,严重时整株枯死;植株地上部分的症状,有顶芽和花芽坏死、茎叶卷曲或组织坏死、形成叶瘿或种瘿等。

植物病原线虫不同属所致症状也有一定的区别。

根结线虫属(*Meloidogyne*)和孢囊线虫属(异皮线虫属 *Heterodera*)所致病害地上部分一般无特异症状,仅表现生长不良、植株萎黄,地下部分须根明显增多,往往形成须根团;根结线虫刺激根部肿胀形成根结,孢囊线虫则不形成根结,但可直接看见附着根侧的雌虫体。如芹菜根结线虫,危害芹菜根,使根形成根状或瘤状肿大,剥开结状,可以观察肿根内雌虫和卵的形态特征。粒线虫属($Anguina$)为害地上部分,使茎叶扭曲,穗部变形,籽粒变为虫瘿。如小麦粒线虫,破坏子房后成虫瘿。镜检小麦粒线虫玻片标本,观察虫体形态。茎线虫属($Ditylenchus$)主要为害地下部分,使块根、块茎、鳞茎呈干腐状或湿腐状,地上只略见茎叶呈波状卷曲、发育迟缓等。滑刃线虫属($Aphelenchoides$)为害叶片和芽而引起局部干枯、坏死等。

观察下列线虫标本,注意症状特点:

小麦粒线虫($Anguina\ tritici$)、甘薯茎线虫($Ditylenchus\ dipsaci$)、水稻干尖线虫($Aphelenchoides\ besseyi$)、花生根结线虫($Meloidogyne\ arenaria$)、大豆孢囊线虫($Heterodera\ glycines$)、甘薯根结线虫病($M.schachtii$)。

2.线虫形态观察

切取浸泡的小麦粒线虫病虫瘿制片镜检,注意观察虫体形态。雌成虫虫体呈肥胖卷曲状,颈部缢缩,肛门孔退化;雄成虫虫体细长,略弯,交合伞包至尾尖。

挑取甘薯茎线虫病的病组织制片镜检,观察雌雄虫体形态,注意雌虫阴门位置。雄虫交合伞不包至尾尖,交合刺基部变宽,并有突起等。取漂浮器分离到的大豆孢囊线虫的孢囊在解剖镜下观察形状、颜色、区分头尾部,然后在低倍显微镜下压破孢囊(或取制备片)镜检卵或2龄幼虫的形态。镜检花生根结线虫制备片,注意雌雄成虫的形态和孢囊线虫属的不同、虫卵产于何处。镜检水稻干尖线虫制备片,注意观察雄虫尾端弯曲成镰刀形尾尖有4个突起,雌虫尾端不弯曲等特点。

取南瓜根结线虫或菊花叶线虫新鲜标本或永久玻片,注意观察线虫形态、大小、雌雄成虫是否相同等特点。

2.4.5　寄生性种子植物及其所致病害观察

寄生性种子植物由于缺少叶绿素或器官退化,靠寄生在其他种子植物上生活。因此,寄生性种子植物也成了植物的病原生物。根据对营养的依赖程度不同,寄生性种子植物可以分为两大类。

1.全寄生

全寄生种子植物的叶片退化成鳞片,用吸盘伸入寄主体内,与寄主的导管和筛管相连,完全依靠寄主供给有机营养、无机营养和水分。

(1)取大豆菟丝子玻盒标本(茎寄生),观察其为害部位,观察菟丝子的茎的颜色、叶片形状,注意观察菟丝子茎与大豆茎的连接部位,观察菟丝子是怎样固着在寄主的茎上的,观察是否有吸盘形成。镜检被菟丝子寄生的大豆茎的横切面制备片,注意观察菟丝子吸根的形状,以及菟丝子是如何与大豆的导管和筛管相连的。

(2)取向日葵列当标本(根寄生),观察形态特征,注意与寄主的寄生关系。

(3)观察槲寄生[$Viscum\ coloratum(Kom.)Nakai$]。

2.半寄生

这类寄生性种子植物能合成自己所需的有机营养,只需寄主提供水分和无机盐。观察茶树桑寄生玻盒标本。

2.4.6　植物病原真菌分类观察

1. 鞭毛菌亚门

挑取少许腐霉菌、霜霉菌菌丝分别置于载玻片上，制成临时玻片，镜检观察腐霉属、霜霉属的形态特征。

2. 接合菌亚门

挑取少许根霉菌菌体制成临时玻片，镜检观察根霉属形态特征。

3. 子囊菌亚门

挑取少许白粉菌、小煤炱菌、煤炱菌制成临时玻片，镜检观察白粉菌目 6 个属、小煤炱属、煤炱属的形态特征。

取黑腐皮壳菌、葡萄座腔菌、核盘菌的玻片标本，镜检观察黑腐皮壳属、葡萄座腔菌属、核盘菌属的形态特征。

4. 担子菌亚门

取锈菌、隔担子菌、外担子菌的玻片标本，镜检观察锈菌若干属、隔担子菌属、外担子菌属的形态特征。

5. 半知菌亚门

取丝核菌、葡萄孢菌、镰刀菌、尾孢菌、炭疽菌、盘二孢菌、叶点霉菌、壳囊孢菌的纯培养或玻片标本，镜检观察上述各属真菌的形态特征。

2.5　实验作业

(1)绘制植物病原真菌有隔菌丝、无隔菌丝、各类无性孢子和有性孢子的形态图。

(2)归纳五大亚门真菌各自的主要特征及所致病害的特点。

(3)绘制菌核横切面图(拟薄壁组织和疏丝组织)。

(4)归纳植物细菌性病害和线虫病害的症状及特点。

(5)如何诊断和鉴定植物病原细菌？

(6)植物病毒病害症状有何特点？

(7)绘制植物线虫模式图。

(8)说明所观察的寄生性种子植物形态和寄生性之间的关系。

(9)每位同学制作一张植物病原临时玻片，并绘制观察到的病原物显微图。

(10)每个实验小组提交徒手切片和浸制标本各一份。

实验三　水稻病害识别

3.1　实验目的与要求

通过实验，认识水稻各种常见病害的症状特点、病原物形态特点、病原物形态特征，能正确区分易混淆的病害，从而为水稻病害诊断、调查和防治打下基础。

3.2　实验材料

水稻病害(稻瘟病、纹枯病、稻曲病、胡麻叶斑病、白叶枯病、恶苗病等)标本,新鲜植物病害组织材料或培养的新鲜菌体。

植物病原菌玻片、挂图、病原菌照片、多媒体教学课件等。

3.3　实验用具

生物显微镜、植物病害标本、挑针、尖头镊子、单面刀片、载玻片、盖玻片、滤纸、试镜纸、乳酚油滴瓶、蒸馏水滴瓶、95%酒精、碘液、苯酚及二甲苯等。

3.4　实验内容与方法

3.4.1　稻瘟病(rice blast)

1.症状观察

(1)观察苗瘟、叶瘟、叶枕瘟、节瘟、穗颈瘟(见图 1-11)和谷粒瘟等症状的特点,注意区别急性叶瘟、慢性叶瘟和马鞍形的节稻瘟。

图 1-11　稻瘟病叶瘟(慢性型)、节瘟和穗颈瘟前期症状

(2)叶瘟有 4 种症状类型,即急性型、慢性型、白点型和褐点型,在一定条件下,这 4 种类型的症状可以相互转变,应掌握它们相互转化的条件。

①慢性型:病斑呈菱形或纺锤形,最外层为黄色晕圈,内环为褐色,中央为灰白色,长 1 cm左右,亦有达 2～3 cm 的。病斑两端常有纵长的褐线,在多湿条件下,背面产生少量青灰色霉状物,即病菌的分生孢子梗和分生孢子。典型病斑从病理解剖上可分为中赤部、坏死部和崩解部,最外层的黄色晕圈称中赤部,是病菌分泌毒素而引致的病变反应,该部位细胞内叶绿体失色,体积缩小,原生质内出现许多空泡,内环及两端褐色纵线是坏死部,该部细胞尚未崩解,但已中毒坏死,中央灰白色为崩解部,该部位细胞内含物及细胞壁均已崩解。这种类型病斑多系急性型病斑在天气转晴或用药防治后转化而成,也标志着气候条件不利于发病,病情发展将趋向缓慢。

②急性型:在有利于发病的气候条件下,氮肥施用过多,在感病品种上常产生椭圆形、圆形、菱形或不规则的暗绿色水渍状病斑,表面密生青灰色霉,这种病斑发展快,常是叶瘟流行的先兆。

③白点型:斑点为白色或灰白色,圆形或不规则圆形。这种病斑不常见,多在阴雨后,天气

放晴突转干旱或秧田缺水情况下,在高度感病品种的撒叶上发生,表面不产生孢子,如气候潮湿则迅速转化为急性型病斑。

④褐点型:病斑为针头状褐点或稍大褐点,局限于两条叶脉之间,多在抗病品种及稻株下部老叶上产生,很少产生孢子,传病的危险性少。

此外,秧苗期和成株期的叶舌、叶耳、叶环等部位也可产生赤褐色病斑,称为叶枕瘟。叶枕瘟能导致叶片早期枯死,尤其是剑叶叶枕瘟,在气候条件适宜时,常引起穗颈瘟。

(3)用典型的慢性型叶瘟新鲜标本做徒手切片镜检,注意其层次发展、色泽、病理过程和是否有坏死线。

2.病原物鉴定

稻瘟病病菌为 *Pyricuiaria grisea* Sacc,用挑针挑取少量霉体或培养菌制片镜检,观察分生孢子的形态特征。观察时注意分生孢子基部的足细胞和屈膝状的分生孢子梗。分生孢子梗 3~5 根成束或单生,不分枝,有 2~3 个隔膜,顶端呈屈膝状。分生孢子为梨形,通常有 2 个隔膜,基部有足细胞,单个孢子无色,密集时呈灰绿色。

3.4.2 水稻纹枯病(rice sheath blight)

1.症状观察

水稻纹枯病在苗期至穗期都可以发生,一般在分蘖期开始发生,最初在近水面的叶鞘上出现暗绿色水渍状边缘模糊小斑,后逐渐扩大为椭圆形病斑,以后斑病增多,常相互愈合成为不规则大型的云纹状斑,其边缘为褐色,中部发绿或淡褐色,湿度低时中部呈淡黄色或灰白色,中部组织破坏呈半透明状,边缘暗褐(见图1-12)。叶片上的症状和叶鞘上的症状基本相同。湿度大时,病部长出白色网状菌丝,后汇聚成白色菌丝团,形成菌核,菌核为深褐色,易脱落(见图1-13)。高温条件下病斑上产生一层白色粉霉层,即病菌的担子和担孢子。病害由下向上扩展,严重时可到叶尖,甚至在穗部发病,使水稻大片倒伏。

观察罹病水稻叶鞘、叶片、茎秆上的症状,注意病部菌丝、菌核的形状、大小和颜色。

图 1-12 水稻纹枯病叶鞘和叶片症状　　　　图 1-13 水稻纹枯病菌核

2.病原物鉴定

水稻纹枯病菌的无性态为立枯丝核菌(*Rhizoctonia solani* Kuehn),有性态为 *Thanatephoru cucumeris*(Frank) Donk。

从病部或培养菌株上挑取少许菌丝体制片,观察菌丝体的形态特征。菌丝体初为无色,后变为淡褐色,主枝或分枝近似于直角,分枝处缢缩,距分枝不远处有分隔;菌核为扁圆形或不规则形,内外颜色一致,褐色,表面粗糙。担子为无色倒棍棒状,顶端有 4 个小梗,各产生 1 个担孢子,担孢子无色,为卵圆形或椭圆形。

3.4.3　稻曲病(rice false smut)

1.症状观察

病粒内形成菌丝块,菌丝块逐渐增大,从内外颖壳合缝处露出淡黄色块状孢子座,后包裹颖壳,同时色泽转为墨绿色,表面龟裂,布满墨绿色粉状的厚垣孢子。孢子座中的黄色部分常形成菌核(见图1-14)。落入土中的菌核,越冬后,其上可长出1至数枚锣锤状子座。

2.病原物鉴定

稻曲病菌的有性态为 *Claviceps virens* Sakurai；无性态为 *Ustilaginoidea virens* (Cooke) Takahashi。用挑针挑取病粒表面的黑绿色粉末,制片镜检,可以发现厚垣孢子为墨绿色,球形或椭圆形,表面有突起。

图1-14　稻曲病

3.4.4　水稻胡麻叶斑病(rice brown spot)

1.症状观察

水稻胡麻叶斑病从秧苗期至收获期均可发病,稻株地上部分均可受害,尤以叶片最为普遍。芽期发病时,芽鞘变褐,芽未抽出,子叶枯死。苗期叶片、叶鞘发病,多为椭圆病斑,如胡麻粒大小,暗褐色,有时病斑扩大连片成条形,病斑多时秧苗枯死(见图1-15)。成株期叶片染病,初为褐色小点,逐渐扩大为椭圆斑,如芝麻粒大小,病斑中央为灰褐色至灰白色,边缘为褐色,周围有深浅不同的黄色晕圈,严重时连成不规则大斑(见图1-16)。病叶由叶尖向内干枯,潮湿时,死苗上产生黑色霉状物(病菌分生孢子梗和分生孢子)。叶鞘上染病病斑初为椭圆形,暗褐色,边缘为淡褐色,水渍状,后变为中心灰褐色的不规则大斑。穗颈、枝梗发病,病部为暗褐色,造成穗枯。谷粒染病,早期受害的谷粒灰黑色扩至全粒造成瘪谷,后期受害病斑小,边缘不明显。病重谷粒质脆易碎。潮湿条件下,病部长出黑色绒状霉层(病原菌分生孢子梗和分生孢子)。此病易与稻瘟病混淆,其病斑的两端无坏死线,是与稻瘟病的重要区别。观察叶斑症状,注意病斑的大小、形状、颜色与稻瘟病有何区别,病斑两端是否有褐色坏死线向两端延伸。

图1-15　苗期病叶

图1-16　成株期病叶

2.病原物鉴定

病原物为半知菌亚门稻平脐蠕孢菌。观察永久玻片,注意分生孢子梗的形状、颜色、分隔,孢子梗顶端是否有着生过孢子的痕迹,分生孢子的形状、颜色、分隔情况(注意与稻瘟病菌的孢子比较)。

3.4.5 水稻白叶枯病(rice bacterial leaf blight)

1. 症状观察

观察普通型(叶枯型)(见图 1-17)、急性型、凋萎型(枯心型)等症状。

普通型:是最常见的典型病斑。发病先从叶尖或叶缘开始,初为暗绿色水渍状短侵染线,很快变成暗褐色,然后在侵染线周围形成不规则水渍状淡黄白色坏死病斑,继续扩展,沿叶缘两侧或中肋向上下延伸,转为黄褐色,最后呈枯白色,病斑上有时有蜜黄色菌脓外溢(见图 1-18)。症状常因品种而异,籼稻病斑多为橙黄色,粳稻病斑多为灰褐色。病斑边缘有时呈不规则的波纹状,与健部界限明显。另外在病斑发展的先端还有黄绿相间的断续条斑,也有的在分界处显示暗绿色变色部分。这些特征都与机械损伤、生理因素造成的叶端枯白有区别。区分方法:第一,病健交界是否明显;第二,在病斑前端是否有灰绿色或灰黄色的断续短条斑。

图 1-17　水稻白叶枯病普通型初期和后期病斑　　　　图 1-18　病斑上蜜黄色菌脓

2. 病原物鉴定

水稻白叶枯病病原菌为 *Xanthomonas campestris* pv. *oryzae* (Ishinama)Dye.。

切取病叶病健交界处组织一小块(约 0.3~0.5 cm)放在有水滴的载玻片上,盖上盖玻片,立即在低倍镜下镜检,观察切口处,可见细菌呈云雾状从切口喷出,此为“细菌溢”或“喷菌现象”。

3.4.6 水稻细菌性条斑病(bacterial leaf streak of rice)

1. 症状观察

水稻细菌性条斑病在水稻幼苗期发病就可现症状,叶片上初有暗褐色水渍状透明的小斑点,后很快沿叶脉扩展形成暗绿色至黄褐色细条斑,大小约 1 mm×10 mm,病斑两端呈浸润型绿色。病斑上常溢出许多露珠状蜜黄色菌脓,干后呈胶状小粒,病斑可以在叶片的任何部位发生,严重时,许多条斑还可以连接或合并起来,成为不规则黄褐至枯白大块枯死斑块,外形与水稻白叶枯病有些相似,但仔细观察时,仍可看到典型的条斑症状(见图 1-19)。即使在干燥的情况下,病斑上也可以看到较多蜜黄色菌脓。菌脓色深量多,不易脱落。病斑边缘不呈波纹状弯曲,对光检视,仍可见许多透明的小条斑,病斑可在全生育期任何部位出现。病情严重时叶片卷曲,田间呈现一片黄白色。

2. 病原物鉴定

水稻细菌性条斑病病原菌为稻黄单胞菌稻细条斑致病变种[*Xanthomonas oryzae* pv. *oryzicola* (Fang et al.) Swing et al.],属薄壁菌门、假单胞细菌目、黄单胞菌属。

菌体为杆状,大小为 1~2 μm×0.3~0.5 μm,多单生或个别成双链,有极生鞭毛 1 根,不

图 1-19 水稻细菌性条斑病病斑和露珠状菌脓

形成芽孢和荚膜,革兰氏染色反应阴性。在肉汁胨琼脂培养基上菌落为圆形,周边整齐,中部稍隆起,为蜜黄色。该菌生长适温为28～30 ℃。生理生化反应:该菌能使明胶液化,使牛乳胨化,使阿拉伯糖产酸,对青霉素、葡萄糖反应不敏感。该菌与水稻白叶枯病病原菌的致病性和表现性状虽有很大不同,但其遗传性及生理生化性状又有很大相似性,故该菌应作为水稻白叶枯病病原菌种内的一个变种。

3.4.7　水稻细菌性褐斑病(rice bacterial sheath rot)

1.症状观察

水稻细菌性褐斑病主要侵染水稻叶片、叶鞘和穗部。水稻叶片染病初病斑为褐色水浸状小斑,后扩大为纺锤形或不规则赤褐色条斑,边缘出现黄晕,病斑中心为灰褐色,病斑常融合成大条斑,使叶片局部坏死,不见菌脓(见图1-20)。叶鞘受害多发生在幼穗抽出前的穗苞上,病斑为赤褐色,短条状,后融合成水渍状不规则大斑,后期中央为灰褐色,组织坏死。剥开叶鞘,茎上有黑褐色条斑,剑叶发病严重时抽不出穗。穗轴、颖壳等部受害产生近圆形褐色小斑,严重时整个颖壳变褐,并深入米粒。谷粒病斑易与水稻胡麻叶斑病混淆,镜检可见切口处有大量菌脓溢出。

图 1-20 水稻细菌性褐斑病叶片初期和后期病斑

2.病原物鉴定

病原为丁香假单胞菌丁香致病变种 *Pseudomonas syringae* pv. *syringae* Van Holl。菌体杆状,单生,大小为1～3 μm×0.8～1.0 μm,极生鞭毛2～4 根。肉汁胨平板培养基上菌落为白色,圆形,表面光滑,后呈环状轮纹。病菌在种子和病组织中越冬,从伤口侵入寄主,也可从水孔、气孔侵入。细菌在水中可存活 20～30 d,随水流传播。

3.4.8　水稻病毒病(rice virus disease)

1.水稻条纹叶枯病(rice stripe virus disease)

1)症状观察

水稻条纹叶枯病是由灰飞虱为媒介传播的病毒病,俗称水稻上的癌症。病株常枯孕穗或穗小畸形不实。拔节后发病,在剑叶下部出现黄绿色条纹,各类型稻均不枯心,但抽穗畸形,结实很少。

苗期发病:水稻心叶及心叶下的叶片基部出现褪绿黄白斑,后扩展成与叶脉平行断续的黄色或黄白色短条纹,后逐渐扩展至不规则的黄色长条纹,病叶一半或大半变成黄白色,但条纹间仍保持绿色(见图1-21)。病株矮化不明显,但一般分蘖减少。不同品种表现不一,糯、粳稻和高秆籼稻心叶黄白、柔软、卷曲下垂、成"假枯心状",全株枯死;矮秆籼稻发病后心叶展开仍较正常,不呈枯心状,出现黄绿相间条纹,分蘖减少,病株提早枯死。水稻条纹叶枯病引起的枯心苗与三化螟为害造成的枯心苗相似,但无蛀孔,无虫粪,不易拔起,有别于蝼蛄为害造成的枯心苗。

分蘖期发病:先在心叶下一叶基部出现褪绿黄斑,后扩展形成不规则黄白色条斑,老叶不显病。籼稻品种不枯心,糯稻品种半数枯心。病穗常紧包于叶鞘内不易抽出,形成枯孕穗("假白穗")(见图1-22)或穗小畸形不实,对水稻产量影响很大。

图1-21　水稻条纹叶枯病病叶　　　图1-22　水稻条纹叶枯病形成"假白穗"

拔节后发病:在剑叶下部出现黄绿色条纹,各类型稻均不枯心,但抽穗畸形,所以结实很少。

2)病原物鉴定

Rice stripe virus简称RSV,称水稻条纹叶枯病毒,属水稻条纹病毒组(或称柔丝病毒组)病毒。病毒粒子为丝状,大小为400 nm×8 nm,分散于细胞质、液泡和核内,或成颗粒状、砂状等不定形集块,即内含体,似有许多丝状体纠缠而成团。病叶汁液稀释限点为1 000～10 000倍,体外保毒期(病稻)为8个月。

2.水稻黑条矮缩病(rice black streaked dwarf disease)

1)症状观察

水稻黑条矮缩病主要为害叶片、叶鞘和茎秆。病株矮缩,叶色浓绿,叶硬,叶背、叶鞘和茎秆由于韧皮部细胞增生,表面沿叶脉有早期为蜡白色、后期为黑褐色的短条状不规则突起。

(1)典型症状。

①发病稻株叶色深绿,上部叶的叶面可见凹凸不平的皱折(多见于叶片基部)。

②病株地上数节节部有倒生须根及高节位分枝。病株茎秆表面有乳白色的瘤状突起(手摸有明显粗糙感),瘤突呈蜡点状纵向排列成条形,早期为乳白色,后期为褐黑色。病瘤产生的节位,因感病时期不同而易,早期感病稻株,病瘤产生在下位节,感病时期越晚,病瘤产生的节位越高。

(2)秧苗期症状:病株植株矮小,颜色深绿,心叶抽生缓慢,心叶叶片短小而僵直,叶枕间距缩短。

(3)分蘖期症状:病株分蘖增多丛生,上部数片叶的叶枕重叠,叶尖略有扭曲畸形。植株矮小,主茎及早生分蘖尚能抽穗,但穗头难以结实,或包穗,或穗小,似侏儒病。

(4)抽穗期症状:全株矮缩丛生,剑叶短小僵直,在中上部叶片基部可见纵向皱褶,在茎秆下部节间和节上可见蜡白色或黑褐色隆起的短条脉肿,在感病的粳糯稻茎秆上可见白蜡状突起的脉肿斑(这是当前该病的突出表现症状),感病植株根系不发达,须根少而短,严重时根系呈黄褐色。

2)病原物鉴定

水稻黑条矮缩病的病原为水稻黑条矮缩病毒(rice black streaked dwarf virus,RBSDV)。在病株和带毒虫体内的病毒粒体为球状,直径为 $80\sim90$ nm,在提纯的样品中直径为 60 nm。用微量注射法测定,其稀释终点,病叶汁液为 10^{-10},带毒虫提取汁液为 10^{-10},病叶汁液的钝化温度为 $50\sim60$ ℃、10 min,在 4 ℃下体外存活期为 6 d,在 -30 ℃至 -35 ℃下经 232 d 仍保持高度侵染性。水稻黑条矮缩病毒寄主范围较广,除水稻外,还有玉米、小麦、大麦、高粱以及看麦娘等多种禾本科杂草。

3. 水稻普通矮缩病(rice viral disease)

1)症状观察

病叶症状表现为两种类型。

①白点型,在叶片上或叶鞘上出现与叶脉平行的虚线状黄白色点条斑,以基部最明显。始病叶以上新叶都出现点条,以下老叶一般不出现。

②扭曲型,在光照不足的情况下,心叶抽出呈扭曲状,随心叶伸展,叶片边缘出现波状缺刻,色泽淡黄。孕穗期发病,多在剑叶叶片和叶鞘上出现白色点条,穗颈缩短,形成包颈或半包颈穗。先取病株观察整株症状,观察病株是否明显比健株矮、病株是否明显比水稻黑条矮缩病株矮、病株颜色比健株深还是浅、分蘖是否比健株多。再观察病株叶片,观察叶片是否比健株短小僵直、叶色是否浓绿、叶片上是否能看到虚线状断续的白色点条。

2)病原物鉴定

Rice dwarf virus,简称 RDV,是水稻矮缩病毒,属植物呼肠弧病毒组病毒。病毒粒体为球状多面体,等径对称,长度为 75 nm,粒体内含有双链核糖核酸。病毒钝化温度为 $40\sim45$ ℃,稀释限点 1000 至 100 000 倍,体外存活期为 48 h。病毒粒体多集中在病叶的褪绿部分。在白色斑点的叶部细胞内,含有近球形内含空胞的 X 体。

3.4.9　水稻绵腐病（seedling blight of rice）

1. 症状观察

水稻绵腐病常见于苗床,病菌普遍存在于污水中。水稻播种后,病菌侵染幼芽,7 天左右显症,起初在颖壳破口或幼芽基产生乳白色胶状物,随后向四周放射长出白色絮状菌丝体或导致幼芽枯死。秧田初期为点片发生,若遇低温绵雨或厢面秧板长期淹水,病害会迅速扩散,造成全田性死苗。取感病谷粒观察,可见病谷粒四周呈放射状地长出白色棉毛状物(此为病菌菌丝体和孢子囊等),这是此病的显著特征。病谷粒不能发芽,即使已发芽也常因基部腐烂而枯死。

2. 病原物鉴定

水稻绵腐病的病原主要是绵霉属的真菌,包括层出绵霉（*A. Prolifera*）和稻绵霉（*A. oryzae*）等,为鞭毛菌亚门、卵菌纲、水霉目、水霉科、绵霉属。取病谷粒周围的棉毛状物少许,制片镜检。观察病原菌的孢子囊、藏卵器、雄器卵孢子形态。它们各呈什么形状?藏卵器内有几个卵球?能否看到游动孢子从孢子囊溢出后聚集在孢子囊开口处的状态?

3.4.10　稻粒黑粉病（rice kernel smut）

1. 症状观察

稻粒黑粉病分布在我国长江流域及以南地区,主要发生在水稻扬花至乳熟期,只为害谷粒,每穗受害 1 粒、数粒乃至数十粒,一般在水稻近成熟时显症。染病稻粒呈污绿色或污黄色,其内有黑粉状物,成熟时腹部裂开,露出黑粉,病粒的内外颖之间具有黑色舌状凸起,常有黑色液体渗出,污染谷粒外表。扒开病粒可见种子内局部或全部变成黑粉状物,即病原菌的厚垣孢子。

取病穗盒装标本观察,观察病粒与健粒的区别、病粒是否变色、谷壳内外颖壳间是否开裂露出黑色角状物、谷粒外有没有散落黑粉状物。若有黑粉状物,思考此黑粉状物为何物。

2. 病原物鉴定

病原物为担子菌亚门腥黑粉菌属狼尾草腥黑粉菌［*Tilletia barclayana*（Bref.）Sacc. et Syd.］。取病谷粒内的黑粉制片镜检,观察冬孢子的形态、颜色、表面特征。

3.4.11　水稻恶苗病（bakanae disease of rice）

1. 症状观察

病谷粒播后常不发芽或不能出土。苗期发病病苗比健苗细高,叶片、叶鞘细长,叶色淡黄,根系发育不良,部分病苗在移栽前死亡。枯死苗上有淡红色或白色霉粉状物,即病原菌的分生孢子。本田发病 节间明显伸长,节部常有弯曲露于叶鞘外,下部茎节逆生多数不定须根,分蘖少或不分蘖。剥开叶鞘,茎秆上有暗褐条斑,剖开病茎可见白色蛛丝状菌丝,植株逐渐枯死。湿度大时,枯死病株表面长满淡褐色或白色粉霉状物,后期生黑色小点,即病菌囊壳。病轻水稻提早抽穗,穗形小而不实。抽穗期谷粒也可受害,严重的变褐,不能结实,颖壳夹缝处生淡红色霉,病轻不表现症状,但内部已有菌丝潜伏。

取水稻病苗与健苗对比,观察病苗是否比健苗高。观察叶片、叶鞘及根部有何不同、病株节间是否有显著伸长。剥开叶鞘,观察茎部是否有褐色条斑。取枯死病苗,观察其靠近地面部分是否产生淡红色或白色粉状物。

2.病原物鉴定

有性态为子囊菌亚门赤霉菌属藤仓赤霉［*Gibberella fujikuroi*（Saw.）Wollenw.］；无性态为半知菌亚门镰孢霉属串珠镰孢霉（*Fusarium moniliforme* Sheld）。

取病处少量淡红色或白色粉状病菌，制成装片，镜检。观察病菌无性时期大、小孢子的形态，观察大孢子呈何形状、有几个分隔、基部是否有脚孢，观察小孢子呈何形状、有无分隔。

3.4.12　水稻叶鞘腐败病（rice Stripe disease）

1.症状观察

（1）叶片：水稻叶鞘腐败病多发生在水稻孕穗期的剑叶叶鞘上，初期为害症状为暗褐色小斑，边缘模糊，后面小斑集结成云纹状病斑，似虎斑；病斑继续扩展到叶鞘人部分。

（2）穗部：叶鞘内的幼穗部分或全部枯死成为枯孕穗；稍轻的呈包颈的半抽穗状。潮湿时，病部着生粉霉，剥开剑叶叶鞘，可见菌丝体及粉霉，即为该病病菌。

2.病原物鉴定

病原物为半知菌亚门丝孢目稻帚枝霉（*Sarocladium sinense* Chen，Zhang et Fu）。病菌发育适温为 30 ℃左右，孢子发芽适温为 23～26 ℃。病菌在室内寄主病残体上存活一年以上，在体外存活 6～8 个月。除侵染水稻外，病原物还能侵染稗草和野生稻等。

3.5　实验作业

（1）绘制稻瘟病的慢性型病斑，并与水稻胡麻叶斑病的症状进行比较，说明区别。

（2）水稻普通矮缩病、黑条矮缩病、条纹叶枯病的病状有何区别？

（3）在田间如何诊断水稻白叶枯病、水稻细菌性条斑病、水稻细菌性褐斑病和细菌性基腐病？

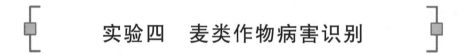

实验四　麦类作物病害识别

4.1　实验目的与要求

通过实验，认识麦类作物各种常见病害的症状特点、病原物形态特点、病原物形态特征，能正确区分易混淆的麦类作物病害，从而为麦类作物病害诊断、调查和防治打下基础。

4.2　实验材料

麦类病害（小麦赤霉病、麦类锈病、麦类纹枯病、小麦白粉病、麦类黑穗病、小麦全蚀病等）标本，新鲜麦类作物病害组织材料或培养的新鲜麦类病害菌体。

病原物玻片、挂图、病原菌照片、多媒体教学课件等。

4.3　实验用具

生物显微镜、植物病害标本、挑针、尖头镊子、单面刀片、载玻片、盖玻片、滤纸、试镜纸、乳酚油滴瓶、无菌水滴瓶、95％酒精、碘液、苯酚及二甲苯等。

4.4　实验内容与方法

4.4.1　小麦赤霉病(wheat head blight)

1. 症状观察

小麦赤霉病主要引起苗枯、茎基腐、秆腐和穗腐(见图1-23),其中影响最严重是穗腐。小麦抽穗扬花时,病菌侵染小穗和颖片,首先产生水浸状浅褐色斑,进而病菌扩展至整个小穗,小穗枯黄。小穗发病后,病菌扩展至穗轴,病部枯竭,使被害部以上小穗形成枯白穗。湿度大时,病斑处产生粉红色胶状霉层;后期病穗上产生密集的黑色小颗粒(子囊壳)。秆腐多发生在穗下第一、二节:初在茎节处出现水渍状褪绿斑,后扩展为淡褐色至红褐色不规则形斑或向茎内扩展;病情严重时,造成病部以上枯黄,有时不能抽穗或抽出枯黄穗;湿度大时,病组织表面常可见粉红色霉层,后期出现黑色小点,病粒皱缩干瘪。

图 1-23　小麦赤霉病穗腐和秆腐

2. 病原物鉴定

小麦赤霉病的病原物的有性态为 *Gibberella zeae* (Schw.)Petch (玉蜀黍赤霉菌),无性态为 *Fusarium graminearum* Schw(禾谷镰孢菌)和亚洲镰刀菌(*Fusarium asiaticum*)。

(1)取病穗上的粉红色胶粘状物镜检,注意分生孢子的形状、色泽和分隔数目。

(2)切取病穗或稻桩上的黑色小点制片镜检,注意子囊壳的形状和色泽,子囊内子囊孢子的排列,子囊孢子的形状、色泽和分隔数。

4.4.2　麦类锈病(wheat rust)

麦类锈病包括小麦条锈病(wheat strip rust)、小麦叶锈病(wheat leaf rust)和小麦秆锈病(wheat stem rust)

1. 症状观察

"条锈成行,叶锈乱,秆锈是个大红斑"的农谚形象地区分了三种小麦锈病的症状(见图1-24),它们具有一定的相同点和不同点。

相同点:这三种病害均会导致小麦的叶秆、叶鞘、叶片等处在早期出现大片黄斑,随后黄斑会随着生长而连接成片,形成铁锈色的粉疱,也就是夏孢子聚集的表现,当病害进入后期,这些位置会出现黑色的斑疱,这是冬孢子聚集的表现。小麦植株出现锈病以后锈病会对小麦造成非常严重的影响,不仅会降低光合作用,还会使小麦植株的水分大量流失,降低籽粒的饱满度和灌浆,使小麦叶片早衰,进而严重降低小麦的产量。

不同点:小麦秆锈病的特点是病斑大,小麦叶锈病的特点是病斑散乱,小麦条锈病的特点是病斑成行分布。小麦叶锈病和小麦条锈病对小麦叶片的危害最大。小麦叶锈病的夏孢子的聚集方式为中等规模,呈现出黄褐色、圆形、少许的叶片表皮破裂,在叶片上不规则分布;小麦条锈病的夏孢子的聚集方式为小型规模,呈现鲜黄色、椭圆形、少许的叶片表皮破裂,在叶片上的排列方式为虚线状。小麦秆锈病对叶鞘以及茎秆的为害最大,夏孢子的聚集方式为大型规模,呈深褐色、椭圆形,通常会融合在一起形成比较大的病斑,在茎秆上的分布较为散乱,病斑周围的表现以翻卷破裂为主。

图 1-24　小麦条锈病、小麦叶锈病和小麦秆锈病

2. 病原物鉴定

小麦条锈病的病原物为 *Puccinia striiformis* West.(条形柄锈菌)

小麦叶锈病的病原物为 *P. recondita* Rob. et Desm.(隐匿柄锈菌)。

小麦秆锈病的病原物为 *P. graminis* pers.(禾柄锈菌小麦专化型)。

(1)制片镜检三种锈菌的冬孢子,比较其顶壁厚度、形状、颜色、柄的长短。

(2)镜检 3 种锈菌的夏孢子:小麦秆锈菌的夏孢子为长椭圆形,褐色,表面有微刺。小麦条锈菌和小麦叶锈菌的夏孢子均为近圆形,芽孔都散生,难于判别,可用盐酸等处理鉴定。

4.4.3　麦类纹枯病(grain blight of wheat)

1. 症状观察

幼苗期受病菌侵染后,幼苗茎的地表和地下部分分别产生褐色条斑;孕穗期受害时,近地面的叶鞘产生不规则的云纹状病斑,病斑中部呈淡褐色,周缘呈暗褐色。后期病斑常围绕麦秆,直径可达 4 cm。潮湿条件下,在发病部位,可观察到白色菌丝团,白色菌丝团后期发育成褐色小菌核(见图 1-25)。

2. 病原物鉴定

病原物为禾谷丝核菌(*Rhizoctonia cerealis*)和立枯丝核菌(*Rhizoctonia solani*),属于半知菌亚门,丝孢纲,无孢目,丝核菌属。

4.4.4　小麦白粉病(wheat powdery mildew)

1. 症状观察

叶片表面初生白色霉点,后扩大呈近圆形或长椭圆形的白色霉斑(见图 1-26)。霉斑表面的白粉即为病菌的菌丝体和分生孢子,最后白粉霉层渐变淡褐色,上散生许多小黑点,即病菌的闭囊壳。

2. 病原物鉴定

小麦白粉病的病原物的有性态为 *Blumeria graminis*(DC.)Speer(禾本科布氏白粉菌)；无性态为 *Oidium monilioides* Ness(串珠粉状孢)。

病菌的菌丝体生于叶表正面，吸器为椭圆形，两端呈灰褐色；子囊为长圆形，子囊孢子单胞无色；分生孢子梗直立，从菌丝体垂直长出，其顶端串生分生孢子，分生孢子为椭圆形，无色，单胞。挑取黑色小点镜检，注意闭囊壳、附属丝、子囊及子囊孢子的形态特征。刮去白粉，再撕下寄主表皮镜检，观察吸器的形态。

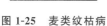

图 1-25　麦类纹枯病

图 1-26　小麦白粉病菌

4.4.5　麦类黑穗病(smut of wheat)

1. 症状观察

(1)小麦秆黑粉病(wheat flag smut)：叶片、叶鞘和秆上产生黑粉状的冬孢子团。

(2)大、小麦散黑穗病(wheat and barley loose smut)：全穗被破坏，成为黑粉，外膜易破，散出黑粉。

(3)大麦坚黑穗病(barley covered smut)：全穗被破坏，变为黑粉，外膜难破裂，不易散出黑粉。

(4)小麦腥黑穗病(wheat common smut)：穗部颖正常，籽粒变为黑粉，并有鱼腥味。

2. 病原物鉴定

(1)小麦秆黑粉病的病原物为 *Urocystis tritici* Korn(小麦条黑粉菌)：冬孢子团由1~4个单胞、球形、深褐色、有光泽的冬孢子及其外围若干无色的不孕细胞组成。

(2)大麦散黑穗病的病原物为 *Ustilago nuda*(Jens)Roster.：冬孢子为青褐色，球形，表面有细刺，大小为 6~8 μm×4.5~5 μm。

(3)小麦散黑穗病的病原物为 *Ustilago tritici*(Pers.)Rostr.：冬孢子为青褐色，球形，表面有细刺，大小为 5~6 μm×5~7 μm。

(4)大麦坚黑穗病的病原物为 *Ustilago hordei*(Pers.)Lagerh.：冬孢子为绿褐色，球形，表面光滑，大小为 6~7 μm×6~8 μm

(5)小麦光腥黑穗病的病原物为 *Tilletia foetida*(Wallr.)Lindr.：冬孢子表面光滑，为淡褐色，呈球形或近球形。

(6)小麦网腥黑穗病的病原物为 *Tilletia caries*(DC.)Tul.(小麦网腥黑粉菌)：冬孢子表面具有网纹，为淡褐色至褐色，呈近球形。

(7)小麦矮腥黑穗病的病原物为 *Tilletia controversa*. kühn. ;冬孢子为淡黄色至浅棕色,呈球形,表面也具有网纹,但网脊要高些,网目要阔些。

4.4.6　小麦全蚀病(wheat take all)

1. 症状观察

小麦自苗期至生长后期均可发病,但小麦抽穗前一般不表现症状。病菌侵染的部位只限于小麦根和茎基部的 1～2 节。地上部分其他症状的出现,都是根及茎基部受害引起的。

(1)冬前分蘖期:病株矮小,分蘖减少,基部叶片发黄,种子根及根茎呈灰黑色。

(2)返青期:除具上述特点外,还表现返青较慢,黄叶增多的特点。

(3)拔节期:病株矮小,稀疏,叶片自下而上发黄,初生根和次生根大部分变黑,茎基部表面和叶鞘内侧有较明显的灰黑色菌丝层。

(4)灌浆期:小麦灌浆至黄熟期,症状最为明显,病株早死者形成白穗,遇雨后,病穗常因霉菌腐生呈污褐色;近地表 1～2 cm 处,有似"黑膏药"状的菌丝层;剥开最低一片叶的叶鞘,可见叶鞘内侧表皮及茎秆表面长满紧密交织的黑色菌丝座和成串连接的菌丝结;病株死亡之后,其根、茎、叶鞘内侧,还可见到黑色颗粒状突起的子囊壳。

2. 病原物鉴定

病原物为禾顶囊壳小麦变种[*Gaeumannomyces graminis* (Sacc.) Arx et Oliver var. *tritici* (Sacc.) Walker],属于子囊菌亚门、核菌纲、肉座菌目、肉座菌科、顶囊菌属。

病原鉴定:取永久玻片观察子囊及子囊孢子的形态、颜色和数量。

4.4.7　小麦粒线虫病(wheatseed gall nematode disease)

1. 症状观察

(1)幼苗:小麦粒线虫多侵入幼苗,受病轻者,尚能继续生长,但叶片渐呈卷曲,叶片皱缩、稍黄;受害严重时,幼叶及嫩茎不能伸长,卷缩在叶鞘内,苗逐渐枯黄。

(2)植株:叶片卷曲,茎节处转成"文"字形,病株较矮小,常不能抽穗。

(3)病穗:穗轴及小穗出现弯曲现象,颖内的麦粒被圆形的虫瘿代替,使颖片张开而散乱,但穗部的症状不甚明显,颇难识别;病穗上的小穗,虽有全部被害者,但多数仅部分小穗受害,其余小穗能照常结实。

(4)瘿粒:短椭圆形至长椭圆形,黑褐色至黄褐色,光滑,顶端具有突起,一侧有浅沟,未成熟时较健粒大,成熟后变小,密度较小,剖开可见内部为黄白色棉絮状物。

观察、比较病株与健株的大小。观察病株茎秆是否肥肿弯曲、叶片是否畸形。说明受害麦粒与健株的麦粒在色泽、大小、重量、形状、内含物方面有何不同。

2. 病原物鉴定

病原物为小麦粒线虫[*Anguina tritici* (Steinb.) Filip. et Stekn.],属于线形动物门、线虫纲、垫刃目、垫刃科、粒线虫属。

用解剖刀切开在水中浸软的虫瘿,挑取虫瘿内的白色絮状物制片,镜检小麦粒线虫幼虫形态,观察幼虫呈何形状、是否出现雌雄分化。

4.4.8　小麦细菌性条斑病(wheat bacterial leaf streak)

1. 症状观察

小麦细菌性条斑病主要为害叶片,使叶片提早干枯死亡,穗形变小,籽粒干秕而减产,一般减产 15%～20%；严重时也可为害叶鞘、茎秆、颖片和籽粒。发病初期，病部初现针尖大小的暗绿色小斑，后扩展为水浸状的半透明条斑，其后受叶脉限制，病斑纵向扩展，最后颜色变为深褐色（见图 1-27）。病部常出现露珠状的菌脓。叶鞘感病同样形成黄褐色条斑。褐色条斑出现在叶片上，故称细菌性条斑病。病斑出现在颖壳上的称黑颖。带菌种子播种后，重者幼苗死亡，轻者细菌可沿导管系统侵染，使病株产生系统性症状。

图 1-27 小麦细菌性条斑病

2.病原物鉴定及传播途径

病原物为小麦黑颖病黄单胞菌（油菜黄单胞菌波形致病变种）[*Xanthomonas campestris* pv. *undulosa* (Smith, Jones et Raddy) Dye]。菌体为短杆状，两端钝圆，大小为(1～2.5) mm ×(0.5～0.8)μm，极生单鞭毛，有荚膜，无芽孢。菌体大多数单生或双生，个别为链状。病菌随病残体在土中或在种子上越冬，第 2 年，从寄主的自然孔口或伤口侵入，经 3～4 d 潜育即发病，在田间经暴风雨传播蔓延，进行多次侵染。

4.4.9 大麦条纹病（barley stripe）

1.症状观察

叶上典型症状是从叶片基部到尖端形成与叶脉平行的细长条斑，颜色由苍白逐渐变为黄褐色。拔节到抽穗期，大多数老病斑中央变为草黄色，边缘为褐色，并长出大量灰黑色的霉状物，即病菌的分生孢子梗和分生孢子。最后病叶破裂干枯，往往引起全株枯死。

2.病原物鉴定

病原物为禾内脐蠕孢（*Drechslera graminea*），属于半知菌亚门、丝孢纲、丛梗孢目、黑色菌科、德斯霉属。

4.5 实验作业

(1)绘制小麦三种锈病夏孢子形态图。

(2)绘制小麦白粉病、小麦赤霉病、小麦全蚀病等的病原菌子囊壳形态图。

(3)如何诊断小麦三种锈病？写出区分小麦三种锈病症状的农谚。

(4)在田间如何诊断小麦散黑穗病与腥黑穗病？

(5)将麦类纹枯病与小麦全蚀病进行比较，并绘制麦类纹枯病的病原物菌丝图。

(6)简述大麦条纹病主要症状特征。

实验五　旱粮作物病害识别

5.1　实验目的与要求

认识旱粮作物各种常见病害的症状特点、病原物形态特点、病原物形态特征,掌握各种病害诊断特征,为以后开展病害的田间诊断、调查以及防治提供科学依据。

5.2　实验材料

玉米病害(玉米小斑病、玉米大斑病、玉米南方锈病、玉米茎基腐病、玉米黑粉病、玉米粗缩病等)和甘薯病害(甘薯黑斑病等)标本,新鲜植物病害组织材料或培养的新鲜菌体。

病原物玻片、挂图、病原菌照片、多媒体教学课件等。

5.3　实验用具

生物显微镜、植物病害标本、挑针、尖头镊子、单面刀片、载玻片、盖玻片、滤纸、试镜纸、乳酚油滴瓶、无菌水滴瓶、95％酒精、碘液、苯酚及二甲苯等。

5.4　实验内容与方法

5.4.1　玉米小斑病(southern leaf blight of maize)

1.症状观察

该病从苗期到成株期都可发病,抽穗灌浆期发病严重,主要为害叶片,严重时,也可侵染叶鞘、苞叶、果穗及籽粒。叶部发病初为水渍状小点,后变为黄褐色或红褐色,边缘颜色较深(见图1-28)。

叶部病斑因品种不同表现为3种类型:①椭圆形或长椭圆形,扩展受叶脉限制,黄褐色,有明显的紫褐色或深褐色边缘;②椭圆形或纺锤形,扩展不受叶脉限制,灰色或黄色,一般无明显的边缘,有时病斑上出现轮纹;③病斑为黄褐色坏死小点,一般不扩展,周围明显有黄褐色晕圈。前两种病斑在潮湿的情况下产生灰黑色的霉层。

注意观察以下内容:①叶片上是否有黄色的小斑点;②病部是否有灰褐色的霉层;③病斑的形状及大小,与大斑病的病斑有何区别;④不同抗病性品种的症状表现有何不同。

2.病原物鉴定

无性态为玉蜀黍双极蠕孢[*Bipolaris maydis*(Nisikado et Miyake)Shoem.],属半知菌亚门双极蠕孢属。有性态为异旋孢腔菌[*Cochliobolus heterostrophus*(Drechsler)Drechsler],属子囊菌亚门旋孢腔菌属。

注意观察以下内容:①分生孢子的大小、形状、色泽、分隔等特点;②分生孢子梗的形状、色泽、分枝等形态特征;③分生孢子的脐点是否凹进基细胞及与大斑病菌的分生孢子的主要区别。

5.4.2　玉米大斑病(northern leaf blight of maize)

1. 症状观察

该病在整个生育期都可以发生,抽雄后发病严重,主要为害叶片,严重时苞叶和叶鞘也可受害。叶片上病斑沿着叶脉扩展,形成黄褐色或灰褐色大小不等的长梭形状斑,病斑中间颜色较浅,边缘较深,一般长 5～10 cm,宽 1～2 cm,潮湿时病斑上密生灰黑色的霉状物(见图 1-29)。

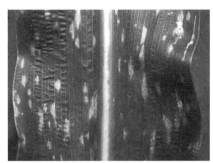 

图 1-28　玉米小斑病　　　　　图 1-29　玉米大斑病

注意观察以下内容:①病斑的形状、色泽及大小;②病部是否出现灰色的霉状物;③不同抗病性品种的症状表现有何不同。

2. 病原物鉴定

病原物为突脐蠕孢(*Exserohilum turcicum* Pass.),属半知菌突脐蠕孢属。仔细观察以下内容:①分生孢子梗的形态、色泽、长短及分隔等特点;②分生孢子的形状、大小、分隔等形态特征;③分生孢子脐点是否突出于基细胞之外。

5.4.3　玉米南方锈病(southern corn rust)

1. 症状观察

玉米南方锈病的症状与普通锈病相似,但是普通锈病夏孢子堆的颜色为锈黄,南方锈病夏孢子堆的颜色为橘黄。病原菌侵染后,在叶片上初生褪绿小斑点,很快发展成黄褐色的突起的疱斑,即病原菌夏孢子堆。与普通锈病不同的症状特点主要有夏孢子堆生于叶片正面、数量多、分布密集、很少生于叶片背面,有时叶背出现少量夏孢子堆,但仅分布于中脉及其附近。夏孢子堆为圆形、卵圆形,比普通锈病的夏孢子堆更小,色泽较淡。覆盖夏孢子堆的表皮开裂缓慢且不明显。发病后期,夏孢子堆附近散生冬孢子堆。冬孢子堆为深褐色至黑色,常在周围出现暗色晕圈。冬孢子堆的表皮多不破裂。

2. 病原物鉴定

玉米南方锈病的病原物为担子菌亚门、冬孢菌纲、锈菌目、柄锈菌属的多堆柄锈菌(*Puccinia polysora* Underw.)。夏孢子堆生于叶两面;细密散生,常布满全叶,为椭圆形或纺锤形,长 0.1～0.3 mm,初期被表皮覆盖,后期因表皮缝裂而露出,粉状,橙色至肉桂褐色。

5.4.4　玉米茎基腐病(maize stalk rot)

1. 症状观察

该病是由多种病原菌复合侵染造成茎基腐烂的一类病害的总称,根据发病时期、发病部位和症状特点又被称为青枯病、枯萎病、萎蔫病、晚枯病、茎基腐病等，主要引起茎基腐烂和青枯等症状。茎部症状主要为在茎基节间产生纵向扩展的不规则状褐斑，变软下陷，内部空松，手指发软。剖茎检查，组织腐烂，维管束呈丝状游离，可见白色或玫瑰红色菌丝，以后产生蓝黑色的子囊壳。后期茎秆腐烂。叶部症状可分为青枯型和黄枯型两种。青枯型也称急性型，发病后叶片逐渐变黄枯死。病株果穗多下垂。注意观察病斑发生的部位、是否造成茎基腐烂、果穗是否下垂、植株是否表现出青枯症状、病株维管束的状态。

2. 病原物鉴定

病原物主要有禾谷镰孢菌（*Fusarium graminearum* Schw）、串珠镰刀菌（*Fusarium moniliforme* Sheld）、瓜果腐霉菌[*P. aphanidermatum*(Edson)Fitzpatriek]等。

注意观察以下内容：①游动孢子囊的形态特征以及泡囊的产生部位；②藏卵器和雄器的结合方式及卵孢子形态。

5.4.5 玉米黑粉病(maize smut)

1. 症状观察

玉米黑粉病属局部侵染型病害。玉米在整个生育过程中植株的幼嫩组织都可发病。发病部位细胞强烈增生，体积膨大，形成肿瘤。肿瘤外面包一层白色薄膜，后期薄膜破裂，散出大量黑色粉末状的冬孢子。注意观察以下内容：①发病部位和病瘤的色泽、形状、质地等；②和玉米丝黑穗症状的区别。

2. 病原物鉴定

病原物为玉蜀黍黑粉菌[*Ustilago maydis*(DC.) Corda]，属于担子菌亚门黑粉菌属。注意观察以下内容：①冬孢子的形状、颜色，表面是否有微刺；②孢子在清水中或有其他营养液中萌发的情况。

5.4.6 玉米粗缩病(coarse dwarf disease of maize)

1. 症状观察

玉米粗缩病是我国北方玉米生产区流行的重要病害。玉米在整个生长期都可感染发病，以苗期发病最严重。玉米出苗后即可感病，5～6 叶时才开始表现症状，病株先在心叶中脉两侧的细脉间出现透明的虚线条点，以后透明线点增多，叶背主脉上产生长短不等的白色蜡状突起（脉突），叶片浓绿，表面粗糙；病株节间缩短，植株严重矮化。重病株不能抽穗或形成畸形穗。注意观察病株叶片的变化、田间症状诊断的主要鉴别特征、病株的状态、同矮化叶病的症状的区别。

2. 病原物鉴定

MRDV 属于植物呼肠孤病毒科斐济病毒属，是一种具双层衣壳的双链 RNA 球形病毒，钝化温度为 80 ℃，20 ℃可存活 37 d，主要由灰飞虱以持久性方式传播，潜育期为 15～20 d。MRDV 还可侵染小麦（引起丛矮病）、燕麦、谷子、高粱、稗草等。这种病毒在欧洲被报道为玉米粗缩病毒（maize rough dwarf virus, MRDV），在日本被报道为水稻黑条矮缩病毒（rice black streaked dwarf virus, RBSDV），近年来分子生物学研究表明，中国玉米粗缩病的病原物与日本玉米粗缩病的病原物相同。

5.4.7 玉米疯顶病(mad top disease of corn)

1. 症状观察

玉米疯顶病属于种子传播和土壤传播的全株性病害,是霜霉病的一种,病株雌、雄穗增生畸形,结实减少,严重时颗粒无收。

玉米疯顶病伴随着玉米的整个生长发育期,典型症状是雄穗局部或完全增生,致穗上形成一堆叶状结构(见图 1-30)。早期患病的玉米株叶颜色较浅并带有黄色条纹,株叶形状卷曲,株高也严重萎缩,不及健株的一半。

在抽雄以后,疯顶病的症状变得更为明显,常见的症状表现为雄穗增生畸形,雄穗上大量小叶簇生,整体为圆绣球状(见图 1-31)。雌穗的表现不同于雄穗,主要表现为苞叶尖端变态,并且花丝也停止抽出,这也是导致玉米果实结子较少的主要原因。

图 1-30 玉米疯顶病花变叶 　　　　　图 1-31 玉米疯顶病绣球状小叶

疯顶病的典型症状发生在玉米抽雄后,有多种类型。

(1)雄穗小花畸形:雄穗小花全部异常增生,发育为变态小叶,叶柄较长,成团簇生,使雄穗呈绣球状,为典型的"疯顶"症状。

(2)雄穗部分畸形:雄穗部分发育正常,部分小花畸形增生呈绣球状。

(3)雄穗变为团状花序:雄穗未发育为各个单独的小花,而是团状发育,似花椰菜的花絮,大量小花密集簇生,花色鲜黄,但无花粉。

(4)雌穗中穗轴组织消失:雌穗仅有近正常的苞叶,但苞叶尖变态为小叶并呈 45°角簇生,无花丝,应着生花丝的穗轴整体变异为一层层的叶状组织。

(5)雌穗分化为多个小穗:均不结实,少数能够长出少量花丝。

(6)雌穗穗轴发育为多节的茎状组织:植株无雌穗。

(7)叶片畸形:上部叶和心叶共同扭曲成不规则团状或牛尾巴状,植株不抽雄。

(8)植株上部叶片密集生长:呈现对生状,似君子兰叶片。

(9)无雄穗分化,雌穗少量结粒:发病较轻的植株上雌穗外观近正常,但结实极少且籽粒瘪小。

2. 病原物鉴定

病原物为鞭毛菌亚门卵菌纲霜霉目腐霉科指疫霉属大孢指疫霉[*Sclerophthora macrospora*(Sacc.)Thirum.]。玉米的幼芽期是最易感染的时期,病菌常以游动孢子囊萌发成芽管侵染胚芽或以菌丝从气孔进入玉米叶片内分生组织,在叶肉细胞间扩展,经过叶鞘进入茎秆,在茎端寄生,再发展到嫩叶上。生长季节病株上产生的游动孢子囊,借空气流动和雨水飞溅可进行再侵染。

5.4.8　甘薯黑斑病(sweet potato black rot)

1. 症状观察

受害薯块的病斑多发生在虫伤、裂口处,为黑褐色,为圆形或不规则形,中央稍凹陷,轮廓清楚(见图1-32)。病斑上常可产生灰色霉层,后期可以看到黑色刺状物。刺状物顶端常见黄白色蜡状小颗粒。切开病薯,可见病斑层组织呈黑色或墨绿色,薯块有苦味(见图1-33)。幼苗基部受害后,产生凹陷的圆形或梭形小黑斑,后逐渐扩大,环绕薯苗基部呈黑脚状。取新鲜或浸渍标本,观察病薯内外部及病苗茎基部的病斑形状、大小、颜色、气味等。

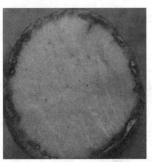

图1-32　甘薯黑斑病薯块病斑　　　　　图1-33　病薯内病组织

2. 病原物鉴定

病原物为甘薯长喙壳菌(*Ceratocystis fimbriata* Ellis. et Halsted),属真菌界子囊菌亚门长喙壳属。观察病斑上突出的黑色毛刺状物及其顶端黄白色的小颗粒、子囊壳的形态,子囊孢子、分生孢子和厚垣孢子形态。

5.4.9　甘薯茎线虫病(sweet potato stem nematode disease)

1. 症状观察

甘薯茎线虫病主要为害甘薯块根、茎蔓及秧苗。秧苗根部受害,在表皮上生有褐色晕斑,秧苗发育不良、矮小发黄。茎部症状多在髓部,初为白色,后变为褐色干腐状。块根症状有糠心型、糠皮型和混合型。糠心型,由染病茎蔓中的线虫向下侵入薯块形成,病薯外表与健康甘薯无异,但薯块内部全变成褐白相间的干腐;糠皮型,由线虫自土中直接侵入薯块形成,使内部组织变褐发软,呈块状褐斑或小型龟裂。严重发病时,两种症状可以混合发生,呈混合型。

2. 病原物鉴定

病原物为*Ditylenchus destructor* Thorne,属于线形动物门垫刃目茎线虫属线虫。翅胸虫均为无色、线状。从病薯糠心部分挑取少许病组织用水制成临时玻片。

5.4.10　甘薯瘟病(sweet potato blast)

1. 症状观察

甘薯瘟病在甘薯各生育期均可发病,表现不同症状。苗期染病时,株高20 cm左右,顶端1～3片叶萎蔫,后整株枯萎褐变,基部黑烂;成株期染病见于定植后,健苗栽后半个月前后显症,维管束具黄褐色条纹,病株于晴天中午萎蔫呈青枯状,发病后期各节上的须根黑烂,易脱皮,纵切基部维管束具黄褐色条纹。薯块染病轻者薯蒂、尾根呈水渍状变褐,较重者薯皮现黄褐色斑,横切面生黄褐色斑块,纵切面有黄褐色条纹,严重时薯皮上现黑褐色水渍状斑块,薯肉变为黄褐色,维管束四周组织腐烂成空腔或全部烂掉。该病叶色不变黄萎垂、茎部不膨大、无纵裂。别于蔓割病。

2. 病原物鉴定

甘薯瘟病的病原物为青枯假单胞菌(*Pseudomonas solanacearum* Smith)。在田间发现病株时可剥开未烂表皮,用刀片把椎管束组织切成薄片置于载玻片上,滴一滴水,1 min后,病组织附近溢出细菌,通过镜检可进行初步鉴定。

5.5　实验作业

(1)绘制玉米大斑病的病原物、玉米小斑病的病原物、玉米丝黑穗病的病原物的形态图。
(2)比较玉米大斑病、玉米小斑病的症状区别。
(3)比较玉米丝黑穗病和玉米黑粉病的症状区别。
(4)比较玉米茎基腐病和纹枯病的症状区别。
(5)绘制甘薯黑斑病的病原物的子囊壳形态图。
(6)简述甘薯瘟病的主要症状。

实验六　棉花及油料作物病害识别

6.1　实验目的与要求

认识棉花及油料作物病害的症状特点及病原物形态特征,掌握各种棉花及油料作物病害诊断特征,为以后开展其病害的田间诊断、调查以及防治提供科学依据。

6.2　实验材料

棉花病害(棉花苗期病害、棉花枯萎病、棉花黄萎病)和油料作物病害(油菜菌核病、油菜病毒病、大豆孢囊线虫病、大豆花叶病)标本,新鲜植物病害组织材料或培养的新鲜菌体。
病原物玻片、挂图、病原菌照片、多媒体教学课件等。

6.3　实验用具

生物显微镜、植物病害标本、挑针、尖头镊子、单面刀片、载玻片、盖玻片、滤纸、试镜纸、乳酚油滴瓶、蒸馏水滴瓶、95%酒精、碘液、苯酚及二甲苯等。

6.4　实验内容与方法

6.4.1　棉花苗期病害

1. 棉苗立枯病(cotton soreshin)

1)症状观察

棉花播种后,种子萌动但还未出土之前,病菌便侵染地下的幼根、幼芽,造成烂种、烂芽。

棉苗出土后,首先在接近地面幼茎基部一边出现症状,起先呈现黄褐色斑点,逐渐扩大,凹陷、腐烂,严重的可扩展到茎的四周,凹陷部位失水过多而呈蜂腰状,最后变为黑褐色,导致棉苗易倒伏枯死(见图1-34),病斑部位比棉苗炭疽病低。

病株叶片一般不表现特殊症状,仅仅由于失水而枯萎;但也有棉苗受害后,在子叶出现不规则黄褐色斑,最后病斑破裂穿孔。受害棉苗及周围土壤中常有白色的菌丝黏附。多雨年份,现蕾开花期的棉株也可受害,茎基部出现黑褐色病斑,表皮腐烂,露出木质纤维,严重的可折断死亡。感病部位,有时出现瘤状病变。

观察棉苗出土后的症状、病害主要发生的部位、病斑的颜色、病部是否缢缩、子叶上是否有黄褐色的不规则病斑或破落穿孔的病斑。

2)病原物鉴定

病原物的有性态为担子菌亚门亡革菌属瓜亡革菌[*Thanatepephorus cucumeris*（Frank）Donk],无性态为半知菌亚门立枯丝核菌 AG-4 菌丝融合群(*Rhizctonia solani*)。

挑取菌丝体制片镜检,注意菌丝分支处有何特点、分支基部是否缢缩、分支点附近是否有横膈膜。

2. 棉苗炭疽病(cotton anthracnose)

1)症状观察

棉籽萌动时,棉苗炭疽病即行侵害,常使棉籽在土中呈水渍状腐烂,不能出土而死亡;幼苗出土后,茎基部或稍偏上部产生紫红色至紫褐色条纹,后扩大成梭形病斑,稍凹陷,严重时失水纵裂,幼苗萎倒死亡(见图1-35)。潮湿时,病斑上产生橘红色物质(分生孢子)。子叶受害时多在叶缘生半圆形褐色病斑,边缘为深红褐色,严重时枯死早落。成株期棉叶及茎部发病并不常见,受害后,叶病斑呈不整圆形,易干枯开裂。茎部被害呈红褐色至暗黑色圆或长形病斑,中央凹陷,表皮常破裂露出木质部,病株遇风易折断。

图 1-34　棉苗立枯病　　图 1-35　棉苗炭疽病

取实物标本观察苗期幼茎基部症状,病斑的颜色、是否凹陷、病斑中部是否有纵裂,子叶上的病斑的形状、颜色,病斑多发生的部位,两片子叶上的病斑是否基本对称。观察铃期症状:观察病铃上的病斑的形状、颜色,是否有凹陷。

2)病原物鉴定

无性态为棉刺盘孢菌(*Colletotrichum gossypii* Southw.),属于半知菌亚门刺盘孢属;有性态为棉小丛壳菌[*Glomerella gossypii*(Southw.)Edg.],属于子囊菌亚门小丛壳属。刮取少量橘红黏质物制片镜检,观察分生孢子和刚毛的形状、颜色,分生孢子是否有分隔。

3. 棉苗红腐病(cotton Fusarium rot)

1)症状观察

苗期染病,幼芽出土前受害可造成烂芽。幼茎染病导管变为暗褐色,近地面的幼茎基部出现黄色条斑,后变褐腐烂。幼茎发病,茎基部出现黄色条斑,后变褐腐烂,导管变成暗褐色,土面以下的幼茎、幼根肿胀。子叶、真叶边缘产生灰红色不规则斑,湿度大时全叶变褐湿腐,表面产生粉红色霉层。棉铃染病后初生无定形病斑,初呈墨绿色,水渍状,遇潮湿天气或连阴雨时病情扩展迅速,遍及全铃,产生粉红色或浅红色霉层,病铃不能正常开裂,棉纤维腐烂成僵瓣状。种子发病后,发芽率降低。成株茎基部偶有发病,产生环状或局部褐色病斑,皮层腐烂,木质部呈黄褐色。

苗期症状:观察标本根部、幼茎基部、子叶及真叶上的症状。观察根部的颜色、是否有腐烂现象,幼茎基部是否变粗、是否有短条状的棕褐色病斑,子叶上的病斑主要从什么部位开始出现、形状、病部有何病征表现,棉苗顶部幼嫩真叶的症状。

铃期症状:观察病铃上霉层的颜色、霉层的厚度、是否分布均匀。

2)病原物鉴定

病原物为半知菌亚门串珠镰刀菌(*Fusarium moniliforme*)和禾谷镰孢菌(*F. graminearum*)等。刮取培养皿中病原菌上的粉红色霉层制片镜检,观察分生孢子的类型及是否有小孢子。如有,观察其形状,判断小孢子是单孢还是双孢、是否成串。观察大孢子呈何形状、有几个分隔、以多少分隔的占多数。

4. 棉苗疫病(cotton Phytophthora blight)

1)症状观察

(1)苗期症状:为害幼苗时,在根部及茎基部出现红褐色条纹状病斑,随后病斑绕茎一周,造成茎基部坏死;为害叶片时,一般多从叶缘开始,初期出现暗绿色水浸状小斑,随后逐步扩展成墨绿色不规则水浸状病斑。低温高湿时变黑枯死;干燥时造成子叶脱落。观察病苗的子叶和幼嫩真叶,注意发病状态、病部颜色、子叶和真叶是否容易脱落。

(2)铃部症状:为害棉铃时,主要为害下部果枝的棉铃。病害多从棉铃苞叶下的铃面、铃缝及铃尖等部位开始出现,初期出现淡褐色、淡青色至黑色水浸状病斑,后期整个棉铃变为有光泽的青绿色至黑褐色发病铃,气候潮湿时,棉铃表面出现一层稀薄的白色霉状物。注意棉铃上病斑发生的主要部位、病斑颜色、病铃表面是否有霉层。如有,观察霉层呈何颜色。

2)病原物观察

病原物为苎麻疫霉(*Phytophthora boehmeriae* Sawada),属于鞭毛菌亚门疫霉属。取永久玻片,观察孢囊梗及孢子囊的形态(孢囊梗为无色,不分枝或假轴状分枝,无分隔;孢子囊为卵圆形,单孢,淡黄色,顶端具乳头状突起)。

6.4.2　棉花枯萎病(fusarium wilt of cotton)

1.症状观察

棉花整个生长期均可受危害。因生育阶段和气候条件不同,病害常表现不同的症状类型。

(1)黄色网纹型:病苗子叶或真叶叶脉局部或全部褪绿变黄,叶肉仍保持一定的绿色,使叶片呈黄色网纹状,最后干枯脱落(见图1-36)。

图1-36　棉花枯萎病病叶及病健维管束组织比较

(2)黄化型:病株多从叶尖或叶缘开始,局部或全部褪绿变黄,随后逐渐变褐枯死或脱落。在苗期和成株期均可出现。

(3)紫红型:叶片变为紫红色或出现紫红色的斑块,以后逐渐萎蔫、枯死、脱落,苗期和成株期均可出现。

(4)凋萎型:叶片突然失水褪色,植株叶片全部或先从一边自下而上萎蔫下垂,不久全株凋萎死亡,一般在气候急剧变化、阴雨或灌水之后出现较多,是生长期最常见的症状之一。

(5)矮缩型:病株节间缩短,植株矮化,顶叶常发生皱缩、畸形,一般不枯死。矮缩型病株也是成株期常见的症状之一。

相同病株可出现一种症状类型,也可出现几种症状类型,苗期黄色网纹型、黄化型及紫红型的病株若不死亡都有可能成为矮皱缩型病株。无论哪种症状类型,其病株根、茎维管束均变为黑褐色。

注意病叶是叶脉变黄还是叶肉变黄构成黄色网纹、矮缩型病株节间是否明显缩短、茎秆上端是否呈曲折状、叶色比健株深还是浅、叶面是否皱缩。注意急性青枯型病株萎蔫,但叶片仍绿的特点。观察茎秆内或叶柄内的维管束是否变为褐色。

2.病原物鉴定

病原物为尖孢镰刀菌(萎蔫专化型),属于半知菌亚门镰刀菌属。挑取少量的棉花枯萎病的病原物制片镜检,仔细观察病菌有哪几种类型的孢子,大孢子的形状、分隔情况,小孢子的形状、分隔情况,厚壁孢子的形状和颜色。

6.4.3　棉花黄萎病(cotton verticillium wilt)

1.症状观察

(1)落叶型:菌系致病力强,病株叶片叶脉间或叶缘处突然出现褪绿萎蔫状,病叶由浅黄色迅速变为黄褐色,病株主茎顶梢侧枝顶端变褐枯死,病铃、苞叶变褐干枯,蕾、花、铃大量脱落,10 d左右病株成为光秆,纵剖病茎维管束变成黄褐色,严重的延续到植株顶部(见图1-37)。

图 1-37　棉花黄萎病病叶及病健维管束组织比较

（2）枯斑型：叶片症状为局部枯斑或掌状枯斑，枯死后脱落，为中等致病力菌系所致。

（3）黄斑型：病菌致病力较弱，叶片出现黄色斑块，后扩展为掌状黄条斑，叶片不脱落。在久旱高温之后，遇暴雨或大水漫灌，叶部尚未出现症状，植株就突然萎蔫，叶片迅速脱落，棉株成为光秆，剖开病茎可见维管束变成淡褐色，这是棉花黄萎病的急性型症状。

注意观察病叶上病斑呈何颜色，全叶上的病斑构成什么形状，病茎秆是否有枯萎病那样节间明显缩短的现象，茎秆剖面维管束是否变色、呈何颜色。

2. 病原物鉴定

病原物为大丽花轮枝孢（*Verticillium dahliae* Kleb.）和黄萎轮枝菌（*V. alboatrum* Reinke et Berthold），均属于半知菌亚门的真菌。

挑取棉花黄萎病的菌丝体制片镜检，观察分生孢子梗和分生孢子呈何形状，观察 PSA 培养基上的病菌是否有微菌核形成。如有，观察微菌核的形状、颜色。

6.4.4　油菜菌核病（sclerotinia rot of oil crops）

1. 症状观察

油菜各生育阶段均可感病，以开花结果期发病最重。病菌能侵染油菜植株地上各部分，茎秆发病后造成的损失最大（见图 1-38）。

图 1-38　油菜菌核病病叶（示花瓣传播）、坏死叶柄和腐烂茎秆

（1）受害幼苗的茎与叶柄初生红褐色斑点，扩大后变为白色，组织湿腐，上面长出白色菌丝。病斑绕茎后幼苗猝倒死亡，病部可形成黑色菌核。

（2）成株期叶片发病多自植株下部的衰老叶片开始，初生暗青色水渍状斑块，扩展后成圆形或不规则形大斑。病斑为灰褐色或黄褐色,有同心轮纹,外围为暗青色,外缘具黄色晕圈。干燥时病斑破裂穿孔,潮湿时则迅速扩展,导致全叶腐烂,上面长出白色菌丝。注意叶部病斑形状、颜色、病组织腐败情况,注意是否有水渍状斑块,注意是否有白色霉层,注意病斑是否破裂、腐败。

(3)茎部病斑多自主茎中、下部开始产生,初呈水渍状、浅褐色、椭圆形,后发展成长椭圆形、梭形、长条状绕茎大斑,略凹陷,中部为白色,有同心轮纹,边缘为褐色,病健交界明显。在潮湿条件下,病斑扩展迅速,上面长出白色絮状菌丝。病害发展后期,茎髓被蚀空,皮层纵裂,维管束外露如麻,极易折断,茎内形成黑色鼠粪状菌核。病株常从病茎部以上早熟枯死。注意茎部褐斑多发生在茎秆的中下部还是上部,注意病斑大小、颜色,注意初期病斑与后期褐斑的区别。剥开病茎秆内部,观察是否看到黑色菌核、呈何形状。

2.病原物鉴定

病原物为子囊菌亚门、盘菌纲、柔膜菌目、核盘菌科、核盘菌属核盘菌[*Sclerotinia sclerotiorum* (Lib.) de Bary)]。

(1)先观察菌核的形状、大小,再切开菌核观察内部颜色。

(2)制片镜检,观察子囊和侧丝的排列情况。观察子囊排列是否整齐、每个子囊内有几个子囊孢子、子囊和子囊孢子呈何形状。

6.4.5 油菜病毒病(rape viral disease)

1.症状观察

注意观察油菜病毒病在甘蓝型油菜和白菜型油菜上症状的差别。

1)在甘蓝型油菜上的症状

油菜病毒病在甘蓝型油菜上主要产生系统性的黄斑和枯斑型症状。

(1)黄斑型症状:发病初期叶上出现系统性分散的褪绿斑点。这些褪绿斑点以后逐渐形成明显的黄斑,并在病斑正面出现枯点。此外,病株的花梗上有长形的褪绿斑块。

(2)枯斑型症状:病叶上出现深褐色枯斑,斑点正面组织枯死。花梗上有深褐色长形的枯死斑块。重病株花期茎秆上花梗和种荚上都可产生黑褐色油渍状的枯死条斑。

2)在白菜型油菜上的症状

病叶表现为花叶、皱缩、叶脉褪色,呈半透明状(所谓"明脉")。重病株全株矮缩,往往在抽薹前枯死。可抽薹开花者,也表现出花梗缩短歪曲的症状。花和荚果密集着生,花色加深。荚果僵硬,弯曲呈鸡爪状,种子皱瘪。最后花序萎黄,植物提早枯死。

2.病原物鉴定

病原物为病毒,包括芜菁花叶病毒(TuMV)、黄瓜花叶病毒(CMV)、烟草花叶病毒(TMV)等三个类群,以芜菁花叶病毒为主。

6.4.6 大豆孢囊线虫病(soybean cyst nematode disease)

1.症状观察

受害的大豆植株明显矮化,叶片褪绿黄化、瘦弱,花丛生,结荚少而小,严重时整株枯死。地下部分根系发育不良,根表附有大量初为白色后变为黄褐色的小颗粒,即线虫的孢囊(雌成虫)(见图1-39)。注意观察病株地上部分的症状特点、根系及根瘤发育情况、病根上是否有孢囊。

图 1-39　大豆孢囊线虫病及孢囊

2. 病原物鉴定

病原物属线形动物门垫刃目异皮线虫属。雄虫为线状,雌虫为柠檬状,体壁膜质至革质,无色至褐色,后期膨大成孢囊。卵为蚕茧形或长圆形,一侧微弯。在放大镜下观察根上胞的形态及色泽,在显微镜下观察线虫的卵、雌虫、雄虫、孢囊的形态特征。

6.4.7　大豆花叶病(soybean mosaic disease)

1. 症状观察

症状因品种而异。主要症状类型有六种。

(1)轻花叶型:有轻微的淡黄色斑驳。

(2)重花叶型:病叶有黄绿相间的斑驳,严重皱缩,叶肉突起,叶缘向后卷曲,叶脉坏死,植株矮化,为暗绿色。

(3)皱缩花叶型:叶片皱缩歪曲,叶脉泡状突起,植株矮化,结荚少。

(4)黄斑型:轻花叶和皱缩花叶混生。

(5)芽枯型:病株顶芽萎缩卷曲,呈黑褐色,枯死豆荚上产生圆形或不规则形的褐色斑块。

(6)褐斑型:病株种子常产生斑驳,为放射状或云纹状。

注意观察不同类型症状特点和病株的状态。

2. 病原物鉴定

大豆花叶病由马铃薯 Y 病毒科马铃薯 Y 病毒属大豆花叶病毒(soybean mosaic virus, SMV)引起。病毒粒体线状,由蚜虫以非持久方式传播。观察病毒粒体电镜照片,注意粒体形态。

6.5　实验作业

(1)简述棉苗炭疽病与棉苗立枯病的主要症状特征,并进行比较。

(2)绘制棉花枯萎病、棉花黄萎病、油菜菌核病的病原物的形态图。

(3)比较棉花枯萎病、棉花黄萎病的症状区别。

(4)比较油菜菌核病、油菜病毒病的症状区别。

(5)比较大豆孢囊线虫病、大豆花叶病的症状区别。

（6）比较油菜病毒病在甘蓝型油菜和白菜型油菜上的症状的差别。

实验七　蔬菜病害识别

7.1　实验目的与要求

要求能对白菜软腐病、十字花科蔬菜霜霉病、茄青枯病、黄瓜霜霉病、黄瓜疫病、瓜类炭疽病等蔬菜病害进行独立诊断，也能识别蔬菜其他主要病害的典型症状。

7.2　实验材料

各种蔬菜主要病害的腊叶标本、浸渍标本，新鲜蔬菜病害实物标本和病原菌玻片标本；各种蔬菜病害特征的挂图、病原菌照片和多媒体幻灯片。

7.3　实验用具

生物显微镜，放大镜，载玻片，盖玻片、解剖针、镊子，培养皿，双面刀片、浮载剂等。

7.4　实验内容与方法

7.4.1　蔬菜霜霉病（vegetable downy mildew disease）

1. 症状观察

蔬菜霜霉病主要危害十字花科蔬菜，也能危害葫芦科蔬菜。十字花科蔬菜整个生育期都可发病，主要危害叶片。白菜、青菜、油菜、菜薹、芥菜、榨菜、萝卜、甘蓝、黄瓜等易产生霜霉病。

（1）叶部症状：叶正面出现变色斑（黄色、黄褐色），叶背面产生白色霜状霉层（黄瓜为灰黑色霉层），病斑常受叶脉限制而呈多角形。

（2）花器症状：花梗肿大、弯曲，常称为"龙头病"，病部生白霉，花瓣变为绿色。

注意观察叶片背面霜状霉层及其常受叶脉限制而成多角形的症状特征。观察白菜霜霉病新鲜叶片或蜡叶标本，观察叶片正面是否出现淡绿色小斑。观察病斑形状、大小，观察叶片背面相应位置是否布满白色至灰白色稀疏霉层（孢囊梗和孢子囊）。

2. 病原物鉴定

十字花科蔬菜霜霉病的病原物为十字花科霜霉[*Peronospora parasitica*（Pers.）Fries]，黄瓜霜霉病的病原物为古巴假霜霉（*Pseudoper onospora cubensis*），均为鞭毛菌亚门霜霉属。

取病原玻片观察或从病部挑取灰白色霉层制片、镜检，观察孢囊梗及孢子囊的形态、结构，观察孢囊梗是否有隔膜、是否分枝，观察孢子囊的形状、颜色，单胞还是多胞，注意孢子囊相对孢囊梗的着生位置。

7.4.2　蔬菜灰霉病（vegetables gray mold）

蔬菜灰霉病主要危害葫芦科、茄科、豆科蔬菜。植株地上部分均可受害，受害部位以果实和叶片为主。

1.症状观察

(1)果实症状:先从残留的败花和柱头部侵染,造成花腐,后向果面和果柄扩展,呈灰白色腐烂。

(2)叶片症状:多从叶尖开始,向内呈"V"字形扩展,病斑初呈水渍状,边缘不规则,后呈浅褐色至黄褐色具深浅相间的轮纹。

潮湿时被害果、叶的病部表面密生灰色霉层,渐渐在灰霉中散生大小不同的黑色菌核。蔬菜灰霉病以其为害部出现灰色霉层为症状特征。

2.病原物鉴定

病原物为半知菌亚门葡萄孢属灰葡萄孢(*Botrytis cinerea* Pers.)。

7.4.3　蔬菜炭疽病(vegetables anthracnose)

蔬菜炭疽病主要危害葫芦科、茄科、十字花科和豆科蔬菜等。

1.辣椒炭疽病

根据症状和病原物的不同,辣椒炭疽病分为黑色炭疽病、黑点炭疽病和红色炭疽病3种。

1)症状观察

(1)黑色炭疽病主要危害成熟期果实及老叶。

①果实症状:果面病斑初生水渍状褐色小斑点,后扩大成近圆形或不规则形。病斑为灰褐色至黑褐色,中部色浅,边缘呈湿润状褪色圈,凹陷,其上有黑色小点(分生孢子盘);潮湿时病斑周围具湿润状变色圈;干燥时病斑干缩似羊皮纸状,易破裂。

②叶部症状:初为水渍状褪绿斑,后扩大成近圆形或不规则形病斑,边缘为深褐色,中央为灰白色,后期在病斑上产生同心轮纹状小黑点。

③茎、果梗症状:受害产生梭形或不规则形褐色凹陷病斑,干燥时病斑常常纵裂。

在北方,蔬菜炭疽病以黑色炭疽病为主。

(2)黑点炭疽病主要危害成熟果实。病斑与黑色炭疽病的病斑相似,但其上黑色小点较大,颜色更黑,潮湿时溢出黏质物。

(3)红色炭疽病主要危害幼果和成熟果实。病斑为黄褐色、水渍状,凹陷,其上密生呈轮纹状排列的橙红色小点,潮湿时病斑表面溢出淡红色黏质物。红色炭疽病发生较少。

2)病原物鉴定

(1)黑色炭疽病的病原物的无性态为胶孢炭疽菌[*Colletotrichum gloeosporioides* (Penz.)Sacc.],属半知菌亚门炭疽菌属。

(2)黑点炭疽病的病原物的无性态为辣椒炭疽菌[*C. capsici* (Syd.) Bisby.]。

(3)红色炭疽病的病原物的有性态为围小丛壳[*Glomerella cingulata* (Stonem.) Spauld. et Schrenk.],属子囊菌亚门。无性态为胶孢炭疽菌[*C. gloeosporioides*(Penz.)Sacc.],属半知菌亚门。

2.瓜类炭疽病

1)症状观察

瓜类炭疽病是瓜类作物上的重要病害,西瓜受害最重,甜瓜、黄瓜、冬瓜、瓠瓜和苦瓜次之,南瓜、西葫芦和丝瓜最轻。叶片、叶柄、茎蔓及果实均可发病。

(1)苗期症状:子叶边缘出现褐色半圆形或圆形微凹陷病斑,潮湿时病斑上可产生粉红色黏质物(分生孢子盘及黏孢团),近地面茎基部出现水渍状病斑,逐渐变褐、缢缩,幼苗易猝倒死亡。

(2)成株期叶片症状因瓜类植物的不同略有差异。开始时出现水渍状圆形小斑点,扩大后病斑呈圆形、近圆形(黄瓜、甜瓜)或纺锤形(西瓜),淡红褐色(黄瓜、甜瓜)或黑褐色(西瓜),病斑边缘有黄色(黄瓜)或紫色(西瓜)晕圈,病斑中央产生许多黑色小粒点,有时小粒点排列成同心轮纹状,潮湿时小粒点上溢出粉红色黏质物,干燥时病斑易开裂穿孔。病情严重时常多个病斑连成片,呈不规则形,整个叶片可干枯死亡。茎蔓和叶柄上的病斑为梭形或长圆形,黄褐色至黑色,稍凹陷或纵裂,病斑上散生小黑点和粉红色黏质物,当病斑绕蔓或叶柄一周时,引起茎蔓和叶片枯死。未成熟的瓜果不易受害,成熟瓜果发病时,病斑为椭圆形(黄瓜)或圆形(西瓜、甜瓜),暗褐色至黑褐色,病斑凹陷且常开裂,后期病斑上产生许多小黑点和粉红色的黏质物。黄瓜病果易弯曲、畸形。

注意观察病斑颜色、病部是否有小黑点。对比观察病株与健株的病害特征有何区别。

2)病原物鉴定

病原物有性态为围小丛壳圆形变种[*Glomerella cingulata* var. *orbicularis* Jenkins et al.],属于子囊菌亚门小丛壳属。无性态为瓜类炭疽菌(*Colletotrichum orbiculare*),属于半知菌亚门炭疽菌属。无性态病原物的分生孢子盘上的暗褐色刚毛具2~3个横隔,顶端色淡,较尖,分生孢子梗为无色单胞,为圆筒形,分生孢子为单胞,为长圆形或卵圆形,一端稍尖,无色,聚集成堆后呈粉红色。

挑取病部小黑点制片镜检,观察分生孢子盘是否有刚毛,分生孢子呈何形状、为何颜色、为单胞还是多胞。

7.4.4　蔬菜软腐病(vegetable bacterium rot disease)

蔬菜软腐病,又称烂葫芦、烂疙瘩等,除为害十字花科蔬菜外,还为害马铃薯、番茄、辣椒、大葱、洋葱、胡萝卜、芹菜等许多蔬菜。

1.症状观察

(1)白菜类、甘蓝类的病害从包心期开始。起初植株外围叶片在烈日下表现萎垂,但早晚尚能恢复。随着病情的发展,整株萎蔫,造成脱帮,露出叶球,叶柄基部和根茎处心髓组织完全腐烂,充满灰黄色黏稠物,臭气四溢,称为烂疙瘩。叶球内腐烂称为酱桶。菜株腐烂有的从根髓或叶柄基部向上发展蔓延,也有的从外叶边缘或心叶顶端开始向下发展,或从叶片虫伤处向四周蔓延,最后造成整株腐烂。腐烂叶在晴暖、干燥的环境下,失水干枯变成薄纸状。

(2)芥菜类,主要以茎基部或近地面根颈部受害最重,病部韧呈水渍状不规则斑,后由外向内扩展,致内部软腐,并流出具恶臭的黏液。

(3)萝卜,呈水渍状褐色软腐,病健部分界明显,并常有汁液渗出,留种植株往往老根外观完好,而心髓已完全腐烂,仅存空壳。

提示:蔬菜软腐病的症状因受病组织和环境条件不同,略有差异。一般柔嫩多汁的组织受侵害呈浸润半透明状,后渐呈明显的水渍状,由淡黄色、灰色变灰褐色,随即变为黏滑软腐状,并有恶臭。比较坚实少汁的组织受侵染后,病斑也先呈水渍状,先为淡褐色,后变为褐色,逐渐腐烂,但最后患部水分蒸发,组织干缩。

2.病原物鉴定

病原物为胡萝卜软腐欧文氏菌胡萝卜软腐致病型〔*Erwinnia carotovora* subsp. *carotovora*(Jones)Bergey et al.〕,细菌,属于欧文氏菌属。

观察病菌形态:病菌周生 2~8 根鞭毛,无荚膜,不产生芽孢。

7.4.5　蔬菜病毒病(vegetable virus diseases)

蔬菜病毒病主要危害茄科蔬菜和十字花科蔬菜。

1.症状观察

心叶叶脉透明,进而叶片出现深浅不一的花叶或叶片皱缩。白菜在适宜条件下,各生育期均可发病。苗期引起心叶叶脉透明,进而叶片出现深浅不一的花叶或叶片皱缩。有时叶片上还产生不整齐的波形坏死环纹。在成株期表现为不同程度的矮化,叶片往往出现黄绿相间的花叶、环形坏死斑、黑点、黑线,有时黑点会深入叶球内部,严重影响白菜的品质。一般幼苗在六叶期以前发病受害严重,植株不能包心。如果用病株留种,抽出的苔变短、扭曲畸形,植株矮小,新生叶出现明脉或花叶,老叶生褐色坏死斑,花蕾发育不良或花瓣畸形,不结荚或果荚瘦小,籽粒不饱满,发芽率降低,病株根系不发达,严重影响生长发育。

(1)甘蓝苗期发病初形成褪绿的圆斑,后逐渐变黄,直径为 2~3 mm,后期叶片具有黄绿色和淡绿色相间的斑驳,产生明显的花叶,老叶片背面形成黑色坏死斑。受病毒为害的植株发育迟缓,结球晚而松散。花期种株叶片斑驳较为明显。

(2)榨菜、萝卜轻病株心叶表现明脉、皱缩,呈花叶型,虽然没有明显的矮化现象,也能抽薹,但是结实不饱满。重病株畸形严重,矮化明显。

2.病原物鉴定

十字花科蔬菜病毒种类较多,常单独或复合致病。

(1)芜菁花叶病毒(TuMV):又称芸薹病毒 2 号,是对十字花科蔬菜为害最重的毒源,寄主广泛,发生普遍,以蚜虫传播和汁液接触侵染为主。

(2)黄瓜花叶病毒(CMV):常与 TuMV 复合侵染大白菜和甘蓝,由蚜虫传播和汁液接触传染。

(3)烟草花叶病毒(TMV):又称烟草花叶病毒 1 号,对十字花科蔬菜致病的范围较窄,因体外保毒期的长短而存在若干不同株系,仅以汁液接触传染。

7.4.6　蔬菜根结线虫病(vegetable root knot nematode)

蔬菜根结线虫病几乎危害所有蔬菜,其中以番茄、菜豆、瓜类、胡萝卜和芹菜等受害较重,葱、蒜、韭菜等受害较轻。

1.症状观察

根结线虫主要危害植株地下部分,侧根和须根最易受害。被害植株的根部形成大小不一、形状不同的瘤状物,即根瘤或根结,其大小因寄主和根结线虫的种类不同而异,最小的根结肉眼可见,呈微肿状,较大的根结如蚕豆大小甚至更大,有时数个根瘤成串珠状。根结的颜色初期与健根相同,表面光滑;发病中、后期,大型根结表面粗糙,最后变为褐色,易腐烂。剖视根结,可见许多柠檬形的雌虫,有时可见蠕虫形的雄虫。受害植株地上部分通常表现为营养不良,植株矮小,生长衰弱,叶片褪绿黄化,结果少且小,严重时整个植株逐渐萎蔫死亡。

2. 病原物鉴定

病原物为根结线虫（*Meloidogyne*），属于异皮科根结线虫属。主要种类有南方根结线虫 [*M. incognita*（Kofoid et White）Chitwood]、爪哇根结线虫 [*M. javanica*（Treub）Chitwood]、花生根结线虫 [*M. arenaria*（Neal）Chitwood] 和北方根结线虫（*M. hapla* Chitwood）。

7.4.7　瓜类白粉病（melons and gourds powdery mildew）

瓜类白粉病主要危害黄瓜、西葫芦、南瓜、甜瓜，也危害冬瓜、西瓜、丝瓜，主要侵染叶片，亦可为害茎和叶柄，一般不为害果实。

1. 症状观察

（1）叶片症状：叶面初现白色近圆形小粉斑，后逐渐扩大连接成片，呈边缘不整齐的大片白粉斑，严重时白粉布满整个叶片，叶面上好似撒了一层白粉（分生孢子梗及分生孢子）；后期白粉状物渐变成灰白色，上面散生许多小黑点（闭囊壳）。

（2）茎和叶柄症状：症状与叶片症状相似，只是白色粉状斑较小，白粉病斑上的白粉是病菌的菌丝体，小黑点是病菌的闭囊壳。

提示：注意观察白色粉状物的病征特点，并注意与白色霜状霉层的区别；注意观察不同颜色的小点。

2. 病原物鉴定

瓜类白粉病的病原物有两种，一种是二孢白粉菌（*Erysiphe cichoracearum* DC.），另一种是单丝壳白粉菌 [*Sphaerotheca fuliginea*（Schlecht）Poll.]。两种菌的主要区别为闭囊壳内子囊数目和子囊内子囊孢子数目不同。二孢白粉菌闭囊壳内有多个子囊，每个子囊内含有2个子囊孢子；单丝壳白粉菌闭囊壳内仅有1个子囊，子囊内含有8个子囊孢子。

提示：闭囊壳附属丝的形态，如丝状、球针状、钩丝状等，以及闭囊壳内子囊个数和子囊内子囊孢子的个数是白粉菌分属的重要特征。

7.4.8　黄瓜霜霉病（cucumber downy mildew）

1. 症状观察

黄瓜霜霉病主要危害叶片。取病叶，观察叶片表面病斑，叶正面出现淡黄色病斑，背面出现水渍状多角形病斑，或者叶片正反两面均出现水渍状多角形病斑。病斑发展后叶正面为褐色多角形病斑，外圈仍为黄绿色，病健交界模糊，潮湿时叶背病斑处产生紫黑色霉层。

2. 病原物鉴定

病原物为古巴假霜霉 [*Pseudoperonospora cubensis*（Berk. et Curt.）Rostov]，属于鞭毛菌亚门假霜霉属。

取叶片背面霉层制片镜检，注意孢子囊着生位置，孢囊梗的分枝情况，孢子囊形状、颜色，孢子囊顶端是否有乳头状突起。

7.4.9　黄瓜黑星病（cucumber scab）

黄瓜黑星病又叫疮痂病，是黄瓜的重要病害。除黄瓜外，西葫芦、南瓜、西瓜、甜瓜、笋瓜等作物也能受其危害。

1. 症状观察

黄瓜黑星病主要危害嫩叶、嫩茎、幼瓜。

(1)子叶症状:产生黄白色圆形斑点;严重时心叶枯萎,幼苗停止生长,全株枯死。

(2)叶片症状:病斑近圆形,直径为 1～2 mm,为淡黄褐色,后期病斑易呈星状开裂;叶脉受害,组织坏死,病部生长受阻,致使叶片扭曲皱褶。

(3)茎、卷须、叶柄、瓜柄症状:病斑为纺锤形或长梭形,有时可连成长条形,大小不等,为淡黄褐色,中间开裂、下陷,初期溢出乳白色胶状物,后期变成琥珀色。

(4)瓜症状:初生暗绿色圆形至椭圆形病斑,继而溢出乳白色胶状物,渐变为琥珀色,干后脱落,病斑直径为 2～4 mm,凹陷,星状龟裂呈疮痂状,瓜条畸形。

潮湿时以上病部均可长出灰黑色霉层。

2. 病原物鉴定

病原物为瓜枝孢(*Cladosporium cucumerinum* Ell. et Arthur),属半知菌亚门枝孢属。

7.4.10　黄瓜疫病(*phytophthora cucumber*)

1. 症状观察

黄瓜疫病在黄瓜整个生育期均可发生,能侵染黄瓜的叶、茎和果实,蔓茎基部及嫩茎节部发病较多。幼苗期到成株期都可以染病。幼苗染病,会在嫩尖上出现暗绿色、水浸状腐烂,逐渐干枯,形成秃尖。成株期,茎基部、嫩茎节部多发病,开始为暗绿色水渍状斑,后变软,明显缢缩,发病部位以上叶片萎蔫枯死,但仍为绿色;维管束不变色,此有别于枯萎病。叶片发病多从叶缘或叶尖开始,产生暗绿色圆形或不规则形水渍状大病斑,边缘不明显,有隐约轮纹,潮湿时扩展很快使全叶腐烂;干燥时边缘为褐色,中部为青白色,干枯易破裂。病斑扩展到叶柄时,叶片下垂。瓜条染病,病斑为水渍状,为暗绿色,逐渐萎缩,潮湿时表面长出稀疏灰白色霉层(孢囊梗及孢子囊),迅速腐烂,发出腥臭气味。观察病斑的形态、颜色,观察病斑是否有光泽,观察病部是否有腐烂现象、是否有霉层出现。

2. 病原物鉴定

病原物为德氏疫霉(*Phytophthora drechsleri* Tucker),属鞭毛菌亚门疫霉属。

取病部(或培养皿中)的病菌制片镜检,观察孢囊梗及孢子囊的形态、孢子囊的颜色。

7.4.11　番茄晚疫病(tomato late blight)

1. 症状观察

番茄晚疫病主要危害叶和青果。

(1)叶片症状:从叶尖、叶缘开始发病,初为暗绿色、水渍状、不规则病斑,后为褐色;高湿时,叶背病健交界处长出白霉,整叶腐烂,并可蔓延到叶柄和主茎。

(2)青果症状:病斑初呈油浸状暗绿色,后变成暗褐色至棕褐色,稍凹陷,边缘明显,云纹不规则,果实一般不变软,湿度大时其上长少量白霉,迅速腐烂。

2. 病原物鉴定

病原物为致病疫霉[*Phytophthora infestans* (Mont.) de Bary],属鞭毛菌亚门疫霉属。

7.4.12　番茄病毒病（tomato virus disease）

1. 症状观察

番茄病毒病的症状表现有多种，常见的主要有以下三种类型。

1）花叶型

花叶型为田间常见症状类型，根据花叶特征与轻重又可分为轻花叶、重花叶、黄色花叶、环斑花叶和蚀纹花叶等，轻花叶、重花叶和黄色花叶常见。

①轻花叶：在幼嫩叶片上出现深绿色与浅绿色相间的斑驳，呈现花叶状。

②重花叶：植株稍有矮化，叶片凹凸不平，有疱斑，扭曲或纵卷，新叶与嫩叶上花叶症状明显，叶片变长、变窄，果实少而小，着色不匀。

③黄色花叶：病株稍有矮化，叶片变小，叶片上形成大块的鲜黄色与深绿色相嵌花叶，结果减少。

2）条斑型

茎的上中部出现初为暗绿色油浸状短条斑，后短条斑相互愈合成长条斑，颜色变为深褐色，变色部分仅限于表层组织。条斑也可在叶背主脉上产生，并向支脉发展。果实畸形，其上有坏死斑或枯斑。病株常提前枯死。

3）蕨叶型

叶片上花叶症状明显，叶肉组织严重退化使叶片成为披针形，甚至叶肉组织完全退化，仅剩下主脉。病株伴有丛生、簇生、矮缩症状。发病早的植株不能正常结果。

2. 病原物鉴定

番茄病毒病的主要病原物为 ToMV（tomato virus disease）和 CMV，次要病原物为马铃薯 X 病毒和马铃薯 Y 病毒（potato virus Y，PVY）。TMV、烟草蚀纹病毒（tobacca etch virus，TEV）、苜蓿花叶病毒（Alfalfa mosaic virus AMV）等也可成为病原物。

（1）ToMV：ToMV 是烟草花叶病毒组（Tobamovirus）成员，与 TMV 在粒子形态大小、血清学、物理特性和传播方式等方面极为相似，但对鉴别寄主的反应有差异。

（2）CMV：病毒粒体为多面体球状，直径为 28～30 nm。

7.4.13　茄青枯病（bacterial wilt of solanum）

1. 症状观察

青枯病是一种会导致全株萎蔫的细菌性病害，当番茄株高 30 cm 左右，青枯病株开始显症；先是顶端叶片萎蔫下垂，后下部叶片凋萎，中部叶片最后凋萎，也有一侧叶片先萎蔫或整株叶片同时萎蔫的。发病初期，病株白天萎蔫，傍晚复原，病叶变浅。发病后，如果土壤干燥、气温偏高，2～3 d 全株即凋萎。如气温较低，连阴雨或土壤含水量较高时，病株可持续 1 周后枯死，但叶片仍保持绿色或稍淡，故称青枯病。

观察新鲜病株标本，观察病株叶片是否萎垂，观察叶片颜色是否改变。对比健康植株，观察病株整体形态上有何改变。剖开植株茎秆或根部，观察维管束是否变色腐烂。用手挤病茎切处，观察是否有乳白色黏液渗出。

2. 病原物鉴定

病原物为茄科劳尔氏菌[*Ralstonia solanacearum*（Smith）Yabuuchi et al.]，为细菌，属

劳尔氏菌属。注意观察病菌在培养基上菌落形态、颜色。

7.4.14　豆类锈病(legume rust)

豆类锈病主要危害菜豆、豇豆、蚕豆、豌豆等。

1.症状观察

各种豆类锈病的症状都十分相似。豆类锈病主要为害叶片,也为害叶柄、茎和豆荚。

叶、茎症状:初呈现边缘不明显的褪绿小黄斑,后中央稍突起,逐渐扩大呈现出黄褐色夏孢子堆,表皮破裂后,散出红褐色粉末,即夏孢子。在豇豆上,我们可见到在一个夏孢子堆周围还有许多次生夏孢子堆围成一圈,其外围还有黄晕。夏孢子堆一般多出现在叶的背面,而在相对的叶正面只形成褪绿斑点。后期,夏孢子堆转变为黑色的冬孢子堆,或者在叶片上长出冬孢子堆。另外,叶正面及荚上还会产生近圆形且具晕圈的黄褐色小斑点,上生黑褐色小粒点,即性孢子器,以后在性孢子器四周(茎、荚上)或相对的叶背产生黄白色小疱斑,即锈孢子器,再继续则形成夏孢子堆及冬孢子。性孢子器和锈子器不常见。

提示:豆类锈病以夏孢子堆堆破裂散出锈色夏孢子为其症状特点。

2.病原物鉴定

豆类锈病是由担子菌亚门单胞锈菌属(*Uromyces*)的不同种真菌侵染所致。

病原物包括菜豆单胞锈菌(*U. appendiculatus*)、豇豆单胞锈菌(*U. vignae*)、蚕豆单胞锈菌(*U. fabae*)。

7.4.15　豆类枯萎病(soybean fusarium wilt)

1.症状观察

豆类枯萎病是系统性侵染的整株病害,染病初期叶片由下向上逐渐变黄至黄褐色萎蔫,剖开病根及茎部可见维管束变为褐色,后期在病株茎的基部溢出橘红色胶状物,即病原菌菌丝和分生孢子。

2.病原物鉴定

豆类枯萎病的病原物是半知菌类(无性类)、丝孢纲、瘤座孢目、瘤座孢科、镰孢属的尖孢镰刀菌豆类专化型(*Fusarium oxysporum Schl. f.* sp. *tracheiphilum* Snyder et Hansen.)。菌丝无色,分隔。

病原物有大小两型分生孢子。大型分生孢子为镰刀形,平直或略弯,具 3～6 个隔膜,顶胞稍尖,有脚胞或无;小型分生孢子无色,具 1 个分隔或无分隔,椭圆形或长椭圆形,大小为 5～12.5 μm×1.5～3.5 μm。

厚垣孢子分圆形和椭圆形两种,前者直径为 8～12 μm,椭圆形的大小为 7～10 μm×5～7.5 μm,厚垣孢子单个顶生或串生在菌丝中间。

7.5　实验作业

(1)描述蔬菜细菌性腐烂病的症状特点,比较其与真菌所致腐烂病害的异同。

(2)描述蔬菜病毒病的症状特点。

(3)描述蔬菜根结线虫病的症状特点。

(4)绘制黄瓜霜霉病的病原物的孢子囊梗及孢子囊图。

(5)绘制黄瓜疫病病原物形态图。

（6）绘制瓜类白粉病、炭疽病分生孢子图。

（7）绘豆类锈病病原物形态图。

实验八   果树病害识别

8.1   实验目的与要求

要求识别和掌握苹果、梨、桃、枣、柑橘、葡萄等果树主要病害的症状及其病原物形态特征，对其他果树病害的典型症状也能识别。学习绘制病害症状图和病原物形态图。

8.2   实验材料

苹果、梨、桃、枣、柑橘、葡萄等果树主要病害的玻盒标本、浸渍标本、病原菌玻片标本，各种果树病害特征的挂图、病原菌照片或多媒体课件等。

8.3   实验用具

生物显微镜、放大镜、载玻片、盖玻片、解剖针、镊子、培养皿、双面刀片、浮载剂等常规用具。

8.4   实验内容与方法

8.4.1   苹果腐烂病（apple canker）

1. 症状观察

症状表现为溃疡型和枝枯型两种，以溃疡型为主。

（1）溃疡型：病部为红褐色，略隆起，水渍状，组织松软，用手指按压即下陷；后皮层腐烂，流出黄褐色汁液，湿腐状，有酒糟味；病斑为圆形或椭圆形，边缘不清晰；后期病部失水干缩，为黑褐色，下陷，生黑色小粒点（外子座及分生孢子器）。天气潮湿时，病部产生橘红色卷须状物（分生孢子角），生黑色粒点（内子座及子囊壳）。

（2）枝枯型：病部形状不规则，为红褐色或暗褐色，有明显的赤褐色轮纹，具黑色小粒点。

提示：苹果腐烂病与干腐病的症状有相似之处，注意在发生部位（主干和主枝）、流出黄褐色汁液的多少、酒糟味的浓淡、黑色小点的大小和疏密、潮湿时是否有橘黄色卷须状物等上两病的区别。

2. 病原物鉴定

病原物有性态为子囊菌亚门苹果黑腐皮壳菌（*Valsa mali* Miyabe et Yamada）；无性态为半知菌亚门苹果壳囊孢。

注意观察该病原物的分生孢子器和子囊壳分别生于外子座和内子座上的特征、分生孢子器为多腔室及从器口涌出橘黄色卷须状物的特点。

8.4.2　苹果褐斑病(apple leaf brown spot)

1.症状观察

苹果褐斑病主要危害叶片,也能危害叶柄和果实。叶部病斑有三种类型。

(1)同心轮纹型:病斑近圆形,直径为 1～2 cm,中心褐色,四周黄色,周围有绿色晕,病斑中部生排列成同心轮纹的黑色小粒点。

(2)针芒型:病斑为褐色,不规则,上生黑色小点(分生孢子盘)和黑色菌索,呈针芒放射状扩展。

(3)混合型:病斑很大,近圆形或不规则形,直径 0.5～3 cm,暗褐色,黑色小点在病斑中部呈同心轮纹状排列,在病斑外围呈放射状排列。

果实症状:病斑为圆形或不整形,直径 6～12 mm;病斑为褐色,凹陷,表面有黑色小粒点。

注意观察该病叶部病斑周围具绿色边缘及黑色小点(分生孢子盘)与线(菌索)相连呈放射状的特征,注意三种类型症状的特点,注意与苹果花叶病(病毒病害)的花叶的区别。

2.病原物鉴定

病原物有性态为苹果双壳菌(*Diplocarpon mali* Harada et Sawamura),属子囊菌亚门;无性态为苹果盘二孢菌[*Marssonina coronaria* (Ell. et Davis) Davis],属半知菌亚门。

提示:病原物常为无性态的苹果盘二孢菌,其产孢结构为分生孢子盘,分生孢子为双胞;注意观察双胞的特点、是否有油球。

8.4.3　苹果白粉病(apple powdery mildew)

1.症状观察

苹果白粉病主要危害新梢、嫩叶,也危害花器、芽、幼果等。

新梢症状:节间缩短、叶细长、叶缘上卷、质脆、被一层白粉覆盖,后期变为黄褐色、重者梢枯死。叶片症状:病叶生褪绿斑,生长受阻而皱缩不平;叶片窄小,纵卷,变脆直至枯死脱落。花瓣症状:花为淡黄色或绿色,变窄,扭曲,干枯脱落。芽症状:芽瘦小,为灰褐色至暗褐色,芽鳞松散,张口呈刷状。果实症状:在果顶或梗洼等处产生白粉斑,稍后形成网状锈斑、硬块,易造成龟裂。

受害部位产生白色粉状物(病菌的菌丝和分生孢子)为该病最明显的特征。在一些地区,病株的叶背主脉、支脉、叶柄上生成堆的黑色小点(闭囊壳)。

提示:症状部位以产生白色粉状物覆于表面及后期生黑色小点(闭囊壳,一些地区产生)为其特点;注意观察新梢发病后节间缩短、叶细长、叶缘上卷的特点。

2.病原物鉴定

病原物为子囊菌亚门白叉丝单囊壳菌[*Podosphaera leucotricha*(Ell. et Ev.)Salm]。

提示:挑取黑色小点制片,注意观察闭囊壳两种附属丝的形态;用解剖针于低倍镜下轻压盖玻片,让闭囊壳破裂、子囊释出;注意观察闭囊壳内子囊的个数及子囊内子囊孢子的个数。

8.4.4 苹果炭疽病(apple bitter rot)、苹果轮纹病(apple ring rot)和苹果褐腐病(apple brown rot)

1. 症状观察

1) 苹果炭疽病

果实症状：病斑为圆形，直径为 1～2 cm，中心生黑色小粒点(分生孢子盘)，常呈同心轮纹状排列；潮湿时，溢出绯红色黏质团(分生孢子团)；烂部呈圆锥状干腐。

2) 苹果轮纹病

苹果轮纹病又称粗皮病、轮纹褐腐病。

果实症状：以皮孔为中心出现水渍状褐色腐烂斑点，呈同心轮纹状向四周扩展，病斑不凹陷，烂不变形，病组织呈软腐状，病斑的中部产生黑色小粒点，散生，不突破表皮。

3) 苹果褐腐病

苹果褐腐病又名菌核病。

果实症状：病斑中心逐渐形成同心轮纹状排列的灰白色、绒球状菌丝团，这是褐腐病的典型症；病果干缩呈黑色僵果。

提示：上述三种苹果果实病害的共同特征是同心轮纹，但组成轮纹的病征或病状不同。苹果轮纹病的轮纹由深浅褐色的症状组成；苹果炭疽病的轮纹由病征黑色小点(分生孢子盘)或肉红色黏质物(分生孢子和黏质物)组成；苹果褐腐病的轮纹由病征灰白色、绒球状菌丝团组成。此外，它们在病斑大小、是否凹陷等方面也不同。

2. 病原物鉴定

(1) 苹果炭疽病的病原物有性态为子囊菌亚门围小丛壳 [*Glomerella cingulata* (Stonem.) Spauld. et Schrenk]；无性态为半知菌亚门盘长孢状刺盘孢 (*Colletotrichum gloeosporioides* Penz.)。有性态少见。

(2) 苹果轮纹病的病原物有性态为子囊菌亚门贝伦格葡萄座腔菌梨生专化型 (*Botryosphaeria berengeriana*)；无性态为半知菌亚门簇小穴壳菌 (*Dothiorella gregaria*)。

(3) 苹果褐腐病的病原物为子囊菌亚门果生链核盘菌 [*Monilinia fructigena* (Aderh. et Ruhl.) Honey]；无性态为半知菌亚门仁果丛梗孢菌 (*Monilia fructigena* Pers.)。

8.4.5 梨轮纹病(pear ring rot)

1. 症状观察

梨轮纹病主要危害枝干和果实，也可危害叶片。

(1) 枝干症状：以皮孔为中心先形成暗褐色瘤状突起，为近圆形或扁圆形暗褐色坏死斑，直径约 5～15 mm，沿病斑外缘产生一圈裂纹，边缘翘起呈马鞍状。病斑产生许多的小黑点(分生孢子器)，形成以皮孔为中心的同心轮纹状病斑。众多病斑导致树皮粗糙，故称"粗皮病"。潮湿条件下，病斑小黑点中可溢出灰白色黏液状分生孢子团。

(2) 果实症状：皮孔为中心，生成近圆形至红褐色圆形烂斑，形成浅褐色与红褐色至深褐色相间的同心轮纹。病斑上散生小黑点(分生孢子器)。

(3) 叶片症状：病斑初期近圆形或不规则形，褐色，略显同心轮纹；后期逐渐变为灰白色稀疏的小黑点。

提示：注意观察枝干上以皮孔为中心的马鞍状翘起病斑，注意其上是否散生黑色小点，判断黑色小点为何物。

2.病原物鉴定

一种病原物有性态为子囊菌亚门葡萄座腔菌属贝伦格葡萄座腔菌梨生专化型（*Botryosphaeria berengeriana*）；无性态为半知菌亚门轮纹大茎点菌（*Macrophoma kawatsukai* Hara）。

另一种病原物有性态为子囊菌亚门干腐病菌（贝伦格葡萄座腔菌）（*Botryosphaeria berengeriana* de. Not），无性态为半知菌亚门大茎点菌（*Macrophoma*）和杏核小穴壳菌（*Dothiorella gregaria*）。

观察有性态子囊壳形态、颜色等。观察子囊孢子的形状、颜色，判断其是单胞还是多胞。观察无性态的分生孢子器的颜色、形状、大小。分生孢子为梗棒状。分生孢子无色，单胞，纺锤形至长椭圆形。

8.4.6　梨黑星病（pear scab）

1.症状观察

梨黑星病能侵染梨树所有的绿色幼嫩组织，主要侵害叶片和果实，也可以危害花序、鳞芽、新梢、叶柄、果柄等部位。

（1）叶片症状：叶背主、支脉之间呈现圆形、椭圆形或不整形的淡黄色斑，病斑沿主脉边缘长出黑色的霉层，且有沿叶脉走向的特征。许多病斑互相结合，整个叶片的背面布满黑色的霉层。观察叶部病斑的颜色、形状，观察病斑上是否有黑色霉层（分生孢子梗和分生孢子）。

（2）果实症状：病斑为圆形，稍凹陷，上生黑霉，木栓化，坚硬、凹陷并龟裂。幼果畸形；成果生大小不等的圆形黑色病斑，病斑硬化，表面粗糙。

（3）叶柄症状：长条形、凹陷病斑，其上生黑色霉状物。

（4）病芽及病梢症状：病芽的主要特征是鳞片变黑和产生黑霉；病芽梢的主要特征是从新梢基部开始，逐渐向上产生黑色霉层。

病部生有黑色霉状物是该病的共同特征。

提示：注意观察叶背黑色霉层具有沿叶脉走向的特征。

2.病原物鉴定

病原物有性态为梨黑星菌（*Venturia nashicola* Tanaka et Yamamoto），属子囊菌亚门黑星菌属；无性态为梨黑星孢［*Fusicladium pyrinum*（Lib.）Fuck.］，半知菌亚门黑星孢属。

提示：病部黑色霉状物为病原物的分生孢子梗及分生孢子。注意观察无性态分生孢子梗的颜色、大小、形态。观察分生孢子梗是散生还是丛生，观察分生孢子着生于分生孢子梗何部位，观察是否有分生孢子脱落后留下的疤痕，观察分生孢子的形态、颜色、大小，观察分生孢子是否有隔膜、是单胞还是多胞。

8.4.7　梨锈病（pear rust）

1.症状观察

梨锈病主要为害叶片和新梢，严重时也能为害幼果和果梗。

（1）叶部症状：叶片正面生圆形小病斑，中央为橙黄色，有光泽，边缘为淡黄色，周围具有黄色晕圈。随着病斑的扩大，病斑中央产生蜜黄色微凸的小粒点（性孢子器），潮湿时小粒点溢出淡黄色黏液(性孢子),黏液干燥后黄色小粒点变成黑色。之后病斑组织变肥厚,正面凹陷,背面隆起并长出十多根灰白色或淡黄色的毛管状物(锈孢子器),内有大量褐色锈孢子,成熟后从锈孢子器顶端开列散出。后期病叶变黑干枯,早落。

(2)幼果症状:与叶片症状相似。

(3)叶柄、果柄症状:病部为橙黄色,隆起呈纺锤形,病斑上也可长出性孢子器和锈孢子器。新梢受害后的症状与叶柄、果柄相似。

(4)转主寄主柏科植物症状:针叶、叶腋或小枝上产生淡黄色斑点,病部于秋季黄化隆起,翌春,形成球形或近球形瘤状菌瘿,菌瘿继续发育突破表皮露出红褐色、圆锥形或楔形的冬孢子角。冬孢子角成熟后,遇雨吸水胶化、膨大,冬孢子萌发产生担子及担孢子。

提示:注意观察叶、叶柄、果及果梗上的性孢子器(蜜黄色微凸的小粒点)及锈孢子器(淡黄色的毛管状物)是否位于同一部位。

2.病原物鉴定

病原物为担子菌亚门亚洲胶锈菌(梨胶锈菌)(*Gymnosporangium haraeanum* Syd.)。整个生活史中可产生 4 种类型的孢子。

性孢子及锈孢子:性孢子器为扁烧瓶形,内生许多无色、单胞、纺锤形或椭圆形的性孢子;锈孢子器为细圆筒形,橙黄色,表面有瘤状细点。冬孢子及担孢子:冬孢子为纺锤形或长椭圆形,双胞,黄褐色,其分隔处各有两个发芽孔,柄细长;担孢子为卵形,淡黄褐色,单胞。

提示:梨胶锈菌具转主寄生特性,其性孢子器和性孢子、锈孢子器和锈孢子生于梨树,而冬孢子角和冬孢子、担子和担孢子生于柏科植物。该菌还具有多型性,生活史中共产生性孢子、锈孢子、冬孢子和担孢子等 4 种孢子(缺夏孢子)。注意观察性孢子器和性孢子、锈孢子器和锈孢子、冬孢子、担子和担孢子的形态特征。该病原物与苹果锈病菌(*Gymnosporangium yamadai* Miyabe)为同属不同种,不能交互侵染。

8.4.8　梨黑斑病(pear black spot)

1.症状观察

(1)叶片症状:圆形、黑色斑点,呈圆形或不规则形,中央为灰白色,边缘为黑褐色,有时具轮纹大斑。潮湿时,病斑表生黑霉(病菌的分生孢子梗和分生孢子)。

(2)幼果症状:病斑近圆形至椭圆形,褐色至黑褐色,病斑略凹陷,潮湿时表面也产生黑色霉层;果面龟裂,裂缝可深达果心,在裂缝内产生黑霉;重病果常数个病斑合并为大病斑,致使全果呈漆黑色,表面密生墨绿色至黑色霉层。

(3)新梢及叶柄症状:病斑为长椭圆形,淡褐色,明显凹陷;病健交界处常产生裂缝。

2.病原物鉴定

病原物为半知菌亚门菊池链格孢(*Alternaria kikuchiana* Tanaka)。

8.4.9　梨褐斑病(pear brown spot)

1.症状观察

梨褐斑病仅为害叶片。病斑为圆形或近圆形的褐色病斑,病斑相互愈合呈不规则形的褐色斑块。斑块呈灰白色,密生黑色小点,周围为褐色,最外层为黑色。

2.病原物鉴定

病原物有性态为子囊菌亚门梨球腔菌[*Mycosphaerella sentina*(Fr.)Schröer];无性态为

半知菌亚门梨生壳针孢菌(*Septoria piricola* Desm.)。

8.4.10　梨白粉病(powdery mildew of pear)

1. 症状观察

秋季,在梨树的基部叶片背面产生大小不一、数目不等的近圆形白色病斑,常扩展到全叶,病斑上形成灰白色粉层,即病原物的外生菌丝体、分生孢子和分生孢子梗,相应的叶片正面组织则出现黄绿色至黄色不规则病斑。后期在白粉状霉斑上产生黄褐色至黑色的小粒点,即病菌的闭囊壳。闭囊壳起初为黄色,后变为褐色至黑褐色。病害严重时可造成病叶萎缩、变褐枯死或脱落,也能危害嫩梢,病梢表面覆盖白粉。

2. 病原物鉴定

病原物为子囊菌亚门梨球针壳菌[*Phyllactinia pyri*(Cast.)Homma]。

8.4.11　桃穿孔病(peach shot hole)

1. 症状观察

桃穿孔病主要为害叶片,也能侵害果实和枝条。

1)细菌性穿孔病

桃细菌性穿孔病发生在全国各地,是造成桃早期落叶的主要原因之一。

①叶部症状:圆形或不规则形紫褐色至黑褐色病斑,直径约2 mm。病斑周围呈水渍状并有黄绿色晕环,病健组织交界处发生一圈裂纹,脱落后形成穿孔,穿孔边缘破碎,不整齐。病斑连在一起时,穿孔形状不规则,病叶提前脱落。

②果受害后产生油渍状褐色小点,病斑扩大,最后凹陷、龟裂。病枝以皮孔为中心产生水渍状紫褐色的斑点,后凹陷龟裂。

2)霉斑穿孔病

病斑褐色,圆形或不规则形,直径为2～6 mm,潮湿时,病斑背面长出污褐色霉状物。

3)褐斑穿孔病

病斑圆形,直径为1～4 mm,边缘清晰并略显环纹。病斑上长出灰褐色霉状物,中部干枯脱落,形成边缘整齐的穿孔。

2. 病原物鉴定

(1)细菌性穿孔病的病原物为薄壁菌门黄单胞菌属甘蓝黑腐黄单胞杆菌桃李致病变种[*Xanthomonas campestris* pv. *Pruni*(Smith) Dye.]。

(2)霉斑穿孔病的病原物为半知菌亚门嗜果刀孢菌[*Clasterosporium carpophilum*(Lév.)Aderh.]。

(3)褐斑穿孔病的病原物为核果尾孢菌(*Cercospora circumscissa* Sacc.)。

8.4.12　桃缩叶病(peach leaf curl)

1. 症状观察

桃缩叶病主要为害桃树幼嫩部分,以嫩叶片为主,也可为害花、嫩梢和幼果。

(1)叶部症状:叶片变厚变脆,凹凸不平,卷曲,红褐色,叶表面生出一层灰白色粉状物(子囊层)。

（2）枝梢症状:受害后呈灰绿色或黄色,病部肥肿,枝条节间短,其上叶片丛生。

（3）花症状:花瓣肥大、变长。

（4）幼果症状:受害后呈畸形,果表龟裂。

提示:注意观察叶部畸形的特点,注意与蚜虫为害状的区别。

2. 病原物鉴定

病原物有性态为子囊菌亚门畸形外囊菌[*Taphrina deformans*（Berk.）Tul.]。

提示:注意该病原物子囊外无包被,子囊裸生;注意观察子囊的形态特征及足细胞;观察子囊内子囊孢子的个数是否为 8 个,分析原因。

8.4.13　桃流胶病（peach tummosis）

1. 症状观察

桃流胶病主要发生于树干和主枝,枝条上也可发生。枝条发病时,病部肿起,随后溢出淡黄色半透明的柔软树脂。树脂硬化后,成红褐色晶莹、柔软的胶块,最后变成茶褐色硬质胶块。病部皮层褐腐朽,易被腐生菌侵害。随着流胶量的增加,树势日趋衰弱,叶片变黄,长势衰弱,严重时甚至枯死。

2. 病原物及发病规律

各种原因都可引起桃流胶病,如生理失调、细菌寄生、伤害。

8.4.14　枣疯病（jujube witch's broom）

1. 症状观察

枣疯病的症状主要为花梗延长,花变叶和主芽不正常萌发而构成枝叶丛生。

（1）花器症状:花器变成营养器官;花梗延长 4~5 倍,萼片、花瓣、雄蕊均变为小叶。

（2）叶片病状:叶肉变黄,叶脉仍绿,叶黄化,叶缘上卷,暗淡无光泽,硬而脆;有的叶尖边缘焦枯,似缺钾状;花后所长的叶片狭小,明脉,翠绿色,易焦枯;有时在叶背中脉上,长一片鼠耳状的明脉小叶。

（3）枝症状:病树枝呈丛枝状。

（4）根蘖症状:根蘖枝纤细,节间缩短,叶小而黄,丛枝状更为明显。

2. 病原物鉴定

枣疯病植原体为不规则球状,直径为 90~260 nm,外膜厚度为 8.2~9.2 nm,堆积成团或联结成串。

8.4.15　柑橘溃疡病（citrus canker）

1. 症状观察

柑橘溃疡病主要危害柑橘新梢枝叶和未成熟的果实。

柑橘叶片上先出现针头大小的浓黄色油渍状圆斑,接着叶片正反面隆起,呈海绵状,随后病部中央破裂,木栓化,呈灰白色火山口状。病斑多为近圆形,常有轮纹或螺纹,周围有一暗褐色油腻状外圈和黄色晕环。果实和枝梢上的病斑与叶片上的病斑相似,但病斑的木栓化程度更为严重,山口状开裂更为显著,枝梢受害以夏梢最严重,严重时引起叶片脱落,枝梢枯死。

注意观察柑橘溃疡病叶片症状,观察病斑颜色,病斑形态,病部表皮是否破裂,病部中心是否凹陷,是否有微细轮纹、黄色晕环,潮湿条件下是否有粉红色小点状物,叶是否畸形。观察夏枝梢症状,注意其与叶片症状的差别,并与疮痂病做比较。观察果实症状,注意病斑与叶片上的病斑的区别。

溃疡病与疮痂病的症状区别主要表现在叶片上。

叶片上的症状区别,溃疡病病斑突破叶表,呈现于叶的两面,病斑较圆,中央稍凹陷,边缘显著,外围有黄色晕环,疮痂病病斑仅呈现于叶的一面,不突破表皮,一面凹陷,另一面凸起,呈漏斗状或牛角状,病斑较不规则,外围无黄色晕环,潮湿条件下,牛角状顶端有粉红色小点状物(分生孢子盘和分生孢子);溃疡病病叶外形一般正常,疮痂病病叶常因病斑凹陷而畸形。

2. 病原物鉴定

病原物为地毯草黄单胞菌柑橘致病变种[*Xanthomonas axomopodis* pv. *citri*(Hasse) Vauterin],属黄单胞菌属细菌,菌体为短杆状,两端圆,极生单鞭毛,有荚膜,无芽孢。取病原玻片观察,注意病菌呈何形状、是否有荚膜。

8.4.16　柑橘疮痂病(citrus scab)

1. 症状观察

柑橘疮痂病危害柑橘叶片、新梢及果实的幼嫩组织。病斑在叶片上初期为油渍状的黄色小点,接着病斑逐渐增大,颜色变为蜡黄色。后期病斑木栓化,多数向叶背面突出,叶面则凹陷,形似漏斗。严重时叶片畸形或脱落。嫩枝被害后枝梢变短,严重时呈弯曲状,但病斑突起不明显。花器受害后,花瓣很快脱落。果上发病症状在谢花后不久即可出现,开始为褐色小点,以后逐渐变为黄褐色木栓化突起。幼果受害严重时多脱落,不脱落的也果形小、皮厚、味酸甚至畸形。空气湿度大时,病斑表面能长出粉红色的分生孢子盘。

注意观察叶部病斑颜色、表面特征,观察病斑多向叶的哪一面突起,观察病斑中央是否凹陷,观察病叶是否变形,观察枝梢病斑与果实病斑的区别。

2. 病原物鉴定

病原物有性态为柑橘痂囊腔菌(*Elsinoe fawcettii* Bitancour et Jenkins);无性态为柑橘痂圆孢(*Sphaceloma fawcettii* Jenkins)。观察病菌子囊座形态、颜色,观察子囊腔内有几个子囊,观察子囊形状、颜色,观察子囊是否有隔膜,观察分生孢子梗的排列及是否有隔膜,观察分生孢子的形状、颜色,观察分生孢子是单胞还是多胞,观察分生孢子两端是否着生有油球。

8.4.17　柑橘黄龙病(citrus yellow shoot)

1. 症状观察

柑橘黄龙病又称黄梢病、立枯病,为国内(B类)植物检疫对象。其主要为害梢、叶和果,表现为全株系统性症状。病树初期典型症状是在浓绿的树冠中出现1~2条或多条黄梢。病梢叶片黄化分为均匀黄化和斑驳黄化两类。

(1)春梢:春梢症状的特点为叶片黄化程度较轻且不均匀,形成斑驳。

(2)夏梢和秋梢:两梢表现的症状基本相同。病梢停止转绿。叶脉往往先变黄,随之叶肉由淡黄绿色变成黄色(黄化)。中、下部叶片已经转绿,但也会褪绿变黄,出现黄绿相间的斑驳。

(3)枝梢的中后期症状:当年发病的黄梢,一般到秋末叶片陆续脱落。翌春病梢萌芽多而早,长出的新梢短而纤细,叶片小而窄,新梢叶片老熟时,叶肉停止转绿而变黄,但叶脉及其周围组织仍呈绿色,与缺锌的症状相似,称为花叶。病叶较健叶厚,有革质感,在枝上着生较直立,有些黄叶的叶脉木栓化肿大,开裂,叶端稍向叶背弯曲。

（4）病果：果小，畸形，果脐常偏歪在一边，着色较淡或不均匀。有些品种的果蒂附近变为橙红色，而其余部分仍为青绿色"红鼻果"。

提示：注意观察叶片变色的黄化和斑驳的特征，注意与缺锌症状的区别；注意"红鼻果"的症状特征。

2. 病原物鉴定

病原物为一种原核生物，为薄壁菌门韧杆菌属亚洲韧皮杆菌（*Liberobacter asiaticus*）。柑橘黄龙病病原物菌体多数呈圆形、椭圆形或线形，少数呈不规则形。菌体的外部界限是膜质结构，厚为 17～33 nm，平均厚 25 nm，由三层膜组成。

8.4.18　柑橘炭疽病（citrus anthracnose）

1. 症状观察

该病主要危害叶、花和果。

1）叶片症状

①叶斑型（慢性型）：病斑多出现在成长叶片或老叶的近叶缘、叶尖处，病斑呈半圆形或近圆形，稍凹陷，中央为灰白色，边缘为褐色或深褐色。天气潮湿时，病斑上出现许多肉红色黏质小点；在干燥条件下则为黑色小粒点，散生或呈轮纹状排列（分生孢子盘）。

②叶枯型（急性型）：症状常从叶尖开始，病斑为黄色或黄褐色，病健分界不明显，似云纹状。病部组织枯死后，常呈"V"字形，上生肉红色小点或黑色小点，病叶脱落。

2）枝梢症状

枝梢症状有两种：一种为由梢顶向下枯死，病斑多出现在受冻害后的秋梢上，病部初为褐色，后为灰白色，枯死，其上生许多小黑点；另一种症状出现在枝梢中部，病部为淡褐色，椭圆形，后扩展呈梭形，稍凹陷。

3）幼果症状

病部出现暗绿色油渍状斑点，后扩至全果，在潮湿条件下，出现白色霉层及淡红色小粒点。症状表现有干疤、泪痕和腐烂三种类型。干疤型症状多在果腰部，圆形或近圆形，黄褐色至深褐色，病部果皮革质或硬化。泪痕型症状为果皮外表红褐色或暗红褐色条点状微凸的干疤，似泪痕。腐烂型症状多在果蒂或其附近，初为淡褐色、水渍状，后变褐腐烂。

2. 病原物鉴定

病原物为半知菌亚门盘长孢状刺盘孢（*Colletotrichum gloeosporioides* Pen.）。

8.4.19　葡萄霜霉病（grape downy mildew）

1. 症状观察

葡萄霜霉病为害葡萄所有绿色器官，叶片受害最重。

1）叶部症状

病斑为黄色至红褐色、坏死，多角形，多数病斑相互融合成大斑；后期病叶干枯脱落。

2）新梢、卷须、穗轴、叶柄症状

病斑微凹陷，为黄色至褐色，病梢生长停滞，扭曲，甚至枯死。

3）果梗及果实症状

果梗为黑褐色,坏死,果粒病部为灰色,变硬、下陷。潮湿时病部产生白色霜状霉层(孢囊梗及孢子囊)为其典型特征。

提示:白色霜状霉层是霜霉病的一般特征,但并非霜霉病都有白色霜状霉层。大多数白色霜状霉层生于叶背,或多或少受叶脉限制而呈多角形。

2.病原物鉴定

病原物为鞭毛菌亚门葡萄生单轴霉[*Plasmopara viticola*（Berk. et Curtis）Berl. et de Toni]。

提示:学习撕制片法制片观察病原物,其做法为用镊子夹住病斑边缘,撕下病斑后取最薄部位(不带叶肉组织)制片。孢囊梗的分枝处的特点(二叉分枝、假二叉分枝、是否有一个主轴、分枝是锐角或近直角等)及顶端形态是分属的重要依据。注意观察孢囊梗丛何处伸出,是否有一个主轴;分枝处是否为近直角;短梗(着生孢子囊处)形态特征。观察孢子囊的形态及乳突。

8.4.20　葡萄黑痘病（grape anthracnose）

1.症状观察

黑痘病主要为害葡萄果实、果梗、叶片、叶柄、新梢和卷须等绿色、幼嫩的部分。

(1)叶部症状:病斑为圆形或不规则形,中央坏死呈灰白色,稍凹陷,边缘为暗褐色或紫色,直径为1～4 mm,中央破裂穿孔,周围有紫褐色晕圈。

(2)叶脉症状:病斑为梭形,凹陷,为灰色或灰褐色,边缘为暗褐色,组织干枯后,叶片扭曲、皱缩。

(3)果实症状:病斑为圆形,为褐色,直径为2～5 mm,中央凹陷,呈灰白色,外部仍为深褐色,周缘为紫褐色,似“鸟眼状”。潮湿时,病斑上出现乳白色的黏质物(分生孢子团)。

2.病原物鉴定

病原物为半知菌亚门葡萄痂圆孢(*Sphaceloma ampelinum* de Bary);有性态为子囊菌亚门痂囊腔菌[*Elsinoe ampelina*(de Bary) Shear],我国尚未发现。

8.4.21　葡萄褐斑病（grape brown spot）

1.症状观察

葡萄褐斑病仅为害叶片。

(1)大褐斑病:病斑定形后,直径为3～10 mm 的称大褐斑病。大褐斑病在美洲系统葡萄上,病斑不规则或近圆形,直径为5～9 mm,边缘为红褐色,中部为黑褐色,外围为黄绿色,背面为暗褐色,并生有黑褐色霉层。

(2)小褐斑病:病斑为圆形,直径为2～3 mm,为深褐色,中部颜色稍浅,后期背面长出黑色霉状物。

2.病原物鉴定

(1)大褐斑病的病原物为半知菌亚门葡萄褐柱丝霉[*Phaeoisariopsis vitis*（Lév.）Sawada]。

(2)小褐斑病的病原物为半知菌亚门座束梗尾孢[*Cercospora roesleri*（Catt.）Sacc.]。

8.4.22　果树其他病害

果树其他病害包括梨树腐烂病、梨环纹花叶病、梨叶疫病、葡萄白腐病、蔓枯病、柑橘树脂病、柑橘根结线虫病、柑橘裂皮病等,仔细观察病害标本,掌握病害典型症状特征,了解其病原物形态。

8.5　实验作业

(1)比较苹果腐烂病和干腐病的症状特点。

(2)比较苹果轮纹病、苹果炭疽病和苹果褐腐病果实上的症状特点。绘制梨轮纹病菌子囊壳及子囊孢子、苹果褐斑病病原物形态图。

(3)绘制梨黑星病无性态病原物形态图。

(4)绘制桃缩叶病的病原物形态图。

(5)比较柑橘溃疡病和柑橘疮痂病叶部症状特点的不同,并绘制柑橘溃疡病病原物形态图。

(6)绘制葡萄霜霉病、葡萄褐斑病的病原物形态图。

实验九　园林植物病害识别

9.1　实验目的与要求

识别和掌握园林植物病害主要病状和病征,熟悉观察对象的基本特征,为园林植物病害诊断奠定基础。学习绘制园林植物病害症状图和病原物形态图。

9.2　实验材料

园林植物主要病害的玻盒标本、浸渍标本、病原菌玻片标本,各种园林植物病害特征的挂图、病原菌照片和多媒体课件等。

9.3　实验用具

生物显微镜、放大镜、载玻片、盖玻片、解剖针、镊子、培养皿、双面刀片、浮载剂等常规用具。

9.4　实验内容与方法

9.4.1　牡丹锈病(peony rust)

1.症状观察

牡丹植株叶片受侵染后,叶面无明显病斑,或出现圆形、椭圆形、不规则形的褐色小病斑,叶片褪绿,叶背着生黄褐色小疱斑,破裂露出黄色粉堆,即夏孢子堆。夏孢子可在草本寄主上重复侵染。后期叶背出现丛生或散生的暗褐色、纤细的毛状物,即冬孢子堆,在转主寄主松树上侵染枝干,引起纺锤形肿瘤。

2.病原物及发病规律

病原物为松芍柱锈菌[*Cronartium flaccidum*(Alb. et Schw.)Wint]。

松芍柱锈菌为转主寄生菌,木本寄主为牡丹、松树,草本寄主为芍药、凤仙花等。在松树上锈菌4—6月产生性孢子和锈孢子,锈孢子借风雨传播到草本植株上,草本植株受侵染后,夏孢子可在草本寄主上重复侵染。生长后期产生冬孢子,冬孢子萌发产生担孢子。担孢子侵染松树,在其上越冬。

9.4.2　牡丹褐斑病(brown leaf spot of peony)

1.症状观察

牡丹褐斑病是牡丹的常见叶部病害之一,在牡丹栽培地均有发生。感病的叶片最初在叶面产生大小不一的圆形斑点,褐色,有同心轮纹,后期病斑上产生黑色霉状物,邻近病斑相连成不规则形大斑,严重时叶片枯死。

2.病原物及发病规律

病原物为尾孢属的 *Cercospora paeoniae* 和 *C. variicolor*。

病原物在枯枝、落叶等病残体上越冬,翌年借风雨传播。7—9月为发病高峰。

9.4.3　紫荆枯梢病(blight of cercis chinensis)

1.症状观察

感病的植株先从枝条尖端的叶片枯黄脱落开始,在一丛苗木中,先有一两枝枯黄,随后全株枯黄死亡。感病植株茎部皮下木质部表面有黄褐色纵条纹,横切则在髓部与皮层间有黄褐色轮状坏死斑。

2.病原物及发病规律

病原物为镰刀菌。

病原物在病株残体上及土壤里越冬。来年6—7月,病菌从根侵入,顺根、茎维管束往上蔓延,达到树木顶端,病菌能破坏植物的输导组织,使叶片枯黄脱落。

9.4.4　紫荆角斑病(spot of redbud)

1.症状观察

该病主要为害叶片,病斑呈多角形,黄褐色,病斑扩展后,互相融合成大斑。感病严重时叶片上布满病斑,导致叶片枯死、脱落。

2.病原物及发病规律

病原物为尾孢属的一种真菌 *Cercospora chionea*。该病一般在 7—9月发生,一般下部叶片先感病,逐渐向上蔓延扩展。植株生长不良,多雨季节发病重,病菌在病株残体上越冬。

9.4.5　蔷薇白粉病(powdery mildew of rose)

1.症状观察

感病的植株的幼叶为淡灰色,叶变扭曲,上覆一层白粉,严重时叶片枯萎、花朵小而少,甚至不能开花,病菌也可侵染花柄、茎等部位。

2.病原物及发病规律

病原物为蔷薇单丝壳菌(*Sphaerotheca pannosa*)。

病菌以菌丝体在病芽、病叶或病枝上越冬。病害与气温关系密切,当气温为 17～25 ℃时为发病盛期,即 4—5 月、9—10 月为发病盛期。

9.4.6　金盏菊白粉病(powdery mildew of calendula)

1.症状观察

病菌可侵染叶和茎。感病的叶片出现直径为 0.5～1.2 mm 的粉状圆形病斑,不规则分布,以后遍布全株,叶面上覆盖一层白粉。茎感病时同样为白色。感病严重时,植株茎、叶发黄,不久枯死。

2.病原物及发病规律

病原物为二孢白粉菌(*Erysiphe cichoracearum*)。

病菌以闭囊壳或菌丝在被害的叶、茎的病组织中越冬,病菌主要通过风雨传播,在气温为 17～25 ℃、气候干燥时,发病严重。

9.4.7　樱花褐斑穿孔病(brown spot perforation of cherry blossom)

1.症状观察

樱花褐斑穿孔病是樱花叶部的一种重要病害,在我国樱花种植区均有发生。病害主要发生在老叶上,也侵染嫩梢。感病叶片最初产生针头状紫褐色小点,不久扩展成同心轮纹状圆斑,直径为 5 mm 左右,病斑边缘几乎为黑色,易产生离层,后期在病叶两面有褐色霉状物出现,病斑中部干枯脱落,形成圆形小孔,几个病斑重叠时,穿孔不规则。

2.病原物及发病规律

病原物为核果尾孢菌(*Cercospora circumscissa* Sacc.)。

病菌在落叶、枝梢病组织内越冬。子囊孢子在春季成熟,翌年气温适宜便借风雨传播。病株一般从 6 月开始发病,8—9 月为发病盛期,风雨多时发病严重。当树势生长不良时,也可加重发病。该病除为害樱花外,还可为害桃、李、梅、榆叶梅等植物。

9.4.8　贴梗海棠锈病(sticky stem begonia rust)

1.症状观察

感病的叶片初期在叶片正面出现黄绿色小点,逐渐扩大,表面为橙黄色斑,6 月中旬病斑上生出略呈轮状的黑点,即性孢子器,后期背面生出黄色粉状物,即锈孢子器,内产生锈孢子。该病害在秋冬季为害松柏。

2.病原物及发病规律

病原物为山田胶锈菌(*Gymnosporangium yamadai*)。

病菌在松柏上越冬,3 月下旬形成冬孢子,4 月遇雨产生小孢子,借风雨传播,侵染海棠,7 月产生锈孢子,借风传播到松柏上,侵入嫩梢,雨水多是该病发生的主要条件。

9.4.9　月季枯枝病(Chinese rose wilt disease)

1.症状观察

月季枯枝病通常发生于枝干部位,病斑最初为红色小斑点,逐渐扩大变成深色,病斑中心变为浅褐色,病斑周围褐色和紫色的边缘与茎的绿色对比明显,病菌的分生孢子器在病斑中心变褐色时出现,随着分生孢子器的增大,茎表皮出现纵向裂缝,发病严重时,病部以上部分枝叶萎缩枯死。

2. 病原物及发病规律

病原物为蔷薇盾壳霉(*Coniothyriun fuckelii*)。

病菌以分生孢子器在病枝上越冬,翌年产生分生孢子借风雨传播,该病菌一般从伤口侵入,嫁接及修剪时的切口易感染此病。

9.4.10 月季黑斑病(black spot of rose)

1. 症状观察

月季黑斑病是世界性病害,危害十分严重。病菌为害叶片,引起大量落叶,致使植株生长不良。叶片受侵染后,叶面出现圆形紫黑色病斑或不规则状斑,病斑边缘呈红褐色或紫褐色,呈放射状。病斑逐渐连在一起,形成大斑,周围叶肉大面积变黄。病叶易脱落,严重时整个植株下部叶片全部脱落,变为光干状。

2. 病原物及发病规律

病原物是蔷薇双壳菌(*Diplocarpon rosae*)。

病菌以菌丝体或分生孢子盘在病残体上越冬。借助雨水或喷灌水飞溅传播,也可借助昆虫传播。在温暖潮湿的环境中,特别是多雨的季节,寄主植物发病严重。特别是新移植的植株,根系受损、长势衰弱极易发病。一般浅色花、小朵花以及直立性品种易感病。

9.4.11 月季白粉病(powdery mildew of rose)

1. 症状观察

月季白粉病是世界性病害,中国各地均有发生。该病对月季的危害较大,病重时引起月季早落叶、花蕾畸形或完全不能开放,温室发病比露地严重。发病部位为叶、嫩梢和花,明显的特征是感病部位出现白色粉状物。生长季节感病的叶片出现白色的小粉斑,逐渐扩大为圆形或不规则状的白粉斑,严重时白粉斑相互连接成片。老叶比较抗病。叶柄及皮、刺上的白粉层很厚,难剥离。花蕾染病时,表面布满白粉,花朵畸形。

2. 病原物及发病规律

病原物为蔷薇单丝壳菌(*Sphaerotheca pannosa*),属子囊菌亚门,无性态为白尘粉孢(*Oidium leucoconium*)。

病原物以菌丝体在芽中越冬,翌年,病菌随芽萌动而开始活动,侵染幼嫩部位,产生新的病菌孢子,借助风力等方式传播。露地栽培月季以春季 5—6 月和秋季 9—10 月发生较多,北方地区主要在春季受害,温室栽培可周年发生。当室温为 2~5 ℃时,便可发生白粉病。夜间温度较低(15 ~ 16 ℃)、湿度较高(90% ~ 99%)有利于孢子萌发及侵入,白天气温高(23~27 ℃)、湿度较低(40%~70%)有利于孢子的形成及释放。品种间抗病性也有差异,小叶、无毛的蔓生多花品种较抗病;芳香族的多数品种,尤其是红色品种均易感病。

9.4.12 玫瑰锈病(rose rust)

1. 症状观察

该病可侵染玫瑰的芽、叶片、花托、嫩枝等部位。春季感病的芽呈淡黄色,芽肿大,病芽陆续枯死。秋季腋芽感病后,少数能长出叶片,冬后枯死。感病叶片正面出现浅黄色不规则病斑,叶背出现黑色孢子堆,叶片提早脱落。

2. 病原物及发病规律

病原物为玫瑰多孢锈菌(*Phragmidium rosaerugosae*)。

病菌以菌丝在芽内越冬,来年成为主要侵染源。本菌为单主寄生。不同玫瑰品种间抗病性有差异,保加利亚红玫瑰、白玫瑰和苏联香水玫瑰较抗病。发病适温为 24~26 ℃,降雨多是病害流行的主导因素。

9.4.13　白兰花炭疽病(white orchid anthracnose)

1. 症状观察

该病主要为害叶片,发病初期叶面上有褪绿小点出现并逐渐扩大,形成圆形或不规则形病斑,边缘为深褐色,中央部分为浅色,上有小黑点出现。病斑出现在叶缘处,则使叶片稍扭曲。病害严重时病斑相互连接成大病斑,引起整叶枯焦、脱落。

2. 病原物及发病规律

病原物为胶胞炭疽菌(*Colletotrichum gloeosporioides*)。

病菌在病残体中越冬,翌年 6—7 月借风雨传播。病株雨水多、空气潮湿、通风不良时发病,7—9 月为发病盛期。白兰花的幼树发病较重。

9.4.14　夹竹桃褐斑病(brown spot of nerium indicum)

1. 症状观察

夹竹桃褐斑病主要危害叶片,初在叶尖或叶缘出现紫红色小点,扩展后形成圆形、半圆形至不规则形褐色病斑。病斑上具轮纹。后期中央退为白色,边缘红褐色较宽。湿度大时病斑两面均可长出灰褐色霉层,即病菌的分生孢子梗和分生孢子。

2. 病原物及发病规律

病原物是半知菌亚门欧夹竹桃尾孢(*Cercospora neriella* Sacc.)。病菌以菌丝体在病叶上或随落叶留在土表越冬,翌年春天产生分生孢子,通过风雨传播到夹竹桃上。萌发的孢子从气孔或伤口侵入,引起发病。3—7 月发病,苗木生长过密或细弱时发病重。

9.4.15　夹竹桃黑斑病(black spot of oleander)

1. 症状观察

病斑出现于叶的边缘或中部,呈半圆形或圆形,几个病斑相连时形成波纹状,正反两面都有,正面比背面颜色稍深,病斑呈灰白色或灰褐色。后期在病部有黑色粉状霉层,一般出现在老叶上。

2. 病原物及发病规律

病原物为链格孢(*Alternaria* sp.),分生孢子为橄榄色,椭圆形,有纵横分隔,链状,着生在较长的分生孢子梗上。

孢子借风雨传播,雨水过多易引起此病,老叶、下部叶片及根部萌发的蘖枝发病多。

9.4.16　朱顶红红斑病(erythema of amaryllis)

1. 症状观察

叶、花梗、苞片及球根均可感染此病。感病初期叶片上出现不规则的红褐色斑点,后期病斑扩大为椭圆形或纺锤形凹陷的紫褐色病斑,病斑互相连接使叶变形枯死。花梗也出现红褐色小斑点,后迅速扩展成赤褐色条斑,使花梗向有病斑一侧弯曲。球根感染时形成圆形或椭圆形的病斑,环境潮湿时会出现粒状的深褐色小点霉层。

2. 病原物及发病规律

病原物为水仙壳多孢(*Stagonospora curtisii*)。

病菌以分生孢子器在病残体上越冬。如果种植病球就成为第二年侵染源。病菌的分生孢子借风雨传播。以水仙为前作,或与文殊兰等邻作时会相互感染。

9.4.17 唐菖蒲病毒病(gladiolus virus disease)

1. 症状观察

唐菖蒲病毒病是世界性病害,种植唐菖蒲的地区均有该病发生。该病主要引起球茎退化,植株矮小,花穗短,花少、花小,严重影响切花质量。该病主要侵染叶片、花器等部位。感病叶片最初在叶片上出现褪绿圆斑,因病斑扩展受到叶脉限制呈多角形,最后变为褐色。病叶颜色呈深绿色与浅绿色相间,严重时黄化、扭曲。有些品种得病后花瓣变色,呈碎锦状。

2. 病原物及发病规律

病原物为菜豆黄花叶病毒(bean yellow mosaic virus)和黄瓜花叶病毒(Cucumber mosaic vinus)。

这两种病毒均在病球茎和病残体内越冬,由汁液和多种蚜虫传播。两种病毒的寄主范围很广,很多蔬菜和杂草是它的毒源植物。

9.4.18 唐菖蒲条斑病(stripe of gladiolus)

1. 症状观察

感病植株最初在叶片上形成褪绿斑点,斑点被叶脉包围呈多角形,植株变矮,叶片皱缩扭曲,花朵变小,在粉红色花品种上花瓣呈碎色状。

2. 病原物及发病规律

病原物为菜豆黄花叶病毒(bean yellow mosaic virus)。

病毒在病球茎及病植物体内越冬,成为次年的初侵染源,病毒由汁液、蚜虫传播,用带毒的小球作为繁殖材料也能使病毒广泛传播。病毒均从微伤口侵入。

9.4.19 唐菖蒲枯萎病(gladiolus wilt disease)

1. 症状观察

该病主要发生于田间,感病后的植株幼嫩叶柄弯曲、皱缩,叶簇变黄、干枯,花梗弯曲,色泽较浓,最后黄化枯萎。球茎被侵染时,部分出现水渍状不规则近圆形小病斑,病斑逐渐变为赤褐色到暗褐色,病斑凹陷成环状萎缩,严重时,整个球茎呈黑褐色干腐。当球茎严重感病时,苗纤弱,或很快死亡。当球茎感病较轻时,植株可以长到正常株的高度,但以后叶尖发黄并逐渐死亡。

2. 病原物及发病规律

病原物为尖孢镰刀菌(*Fusarium oxysporum* var. *gladidid*)。

病原物在病球茎和土中越冬,从伤口侵入,是种传和土传病害。连作或种植有病球茎都易加重病害。

9.4.20　苏铁斑点病(spot disease of cycas)

1. 症状观察

植株感病后在苏铁小叶上有近圆形或不规则形的小病斑出现。病斑中央为暗褐色至灰白色,周缘呈红褐色;病斑逐渐扩大,相互连接形成一段斑,其上端的叶组织不久便枯死。

2. 病原物及发病规律

病原物为苏铁壳盘多毛孢(*Pestalotia cycadis*)。

病菌在病叶上越冬,翌年产生分生孢子进行传播。在高温多雨的季节和栽培管理不善的条件下发病严重。苏铁冬季受冻害后容易并发此病。

9.4.21　君子兰日灼病(clivia sunburn)

1. 症状观察

感病叶片边缘出现不清晰的发黄的干枯斑块。

2. 病原物及发病规律

君子兰日灼病为君子兰生理性的伤害。

君子兰日灼病多发生在炎热的夏季,尤其是在君子兰苗期叶片较嫩,太阳光过强的条件下,易发生日灼病(见图 1-40)。

9.4.22　君子兰叶斑病(leaf spot of clivia)

1. 症状观察

该病主要侵染叶片,感染君子兰叶斑病的症状有两种:一是叶片上会有黄色的小斑点,病斑部分会慢慢变大;二是叶片上的病斑大,感病初期叶片有褐色小斑点,逐渐扩大成黄褐色至灰褐色不规则形的大病斑(见图 1-41)。后期病斑背面会有黑色的小点。病部稍下陷,边缘略隆起。后期病斑干枯,上面长有黑色小粒。整个病斑看起来稍显轮纹状,病健交接处比较明显。

图 1-40　君子兰日灼病

图 1-41　君子兰叶斑病

2. 病原物及发病规律

病原物为半知菌亚门豆荚大茎点菌(*Macrophoma mame*)。病原物分生孢子器为扁球形,黑褐色;分生孢子呈椭圆形,单胞。在栽培中过多地施用氮肥、磷肥、钾肥相对较少时,植物易发生该病。在高温干燥的条件下,或受介壳虫为害严重时,君子兰叶斑病容易产生。

9.4.23　合欢枯萎病(albizzia wilt)

1. 症状观察

该病为合欢的系统性传染病,是一种毁灭性病害,可流行成灾。幼树、大树均可发病,1 年生苗发病少,3～5 年生树发病多且严重,生长势弱的植株发病多、发病速度快、易枯死。幼苗染病叶片变黄,根茎基部变软,易猝倒,最后全株枯死。成株染病,先在 1～2 根枝条上出现症状,病枝上的叶片下垂,呈枯萎状,叶色呈淡绿色或淡黄色,后期叶片脱落,随后部分枝条开始枯死,逐步扩展到整株死亡。检查植株边材,可明显观察到变为褐色的被害部分。截开主干断面,可见一整圈变色环,树根部断面呈褐色或黑褐色。

2. 病原物及发病规律

病原物为尖孢镰刀菌合欢专化型($Fusarium\ oxysporum$ schl. f. sp. $perniciosium$)。在叶片尚未枯萎时,病株的皮孔中会产生大量的病原菌分生孢子。这些孢子通过风雨传播。

9.4.24　菊花黑斑病(black spot of chrysanthemum)

1. 症状观察

菊花黑斑病又称褐斑病、斑枯病,是菊花上的一种严重病害,全国各地均有发生。感病的叶片最初在叶上出现圆形、椭圆形或不规则形的大小不一的紫褐色病斑,后期变成黑褐色或黑色,直径为 2～10 mm。感病部位与健康部位界限明显,后期病斑中心变浅,呈灰白色,出现细小黑点,严重时只有顶部 2～3 片叶无病,病叶过早枯萎,但并不马上脱落,而是挂在植株上。

2. 病原物及发病规律

病原物为菊壳针孢菌($Septoria\ chrysanthemella$)。

病菌以菌丝体和分生孢子器在病残体上越冬,成为来年的侵染源,分生孢子器散发出大量分生孢子,由风雨传播。秋季多雨、种植密度大、通风不良等均有利于病害的发生。品种间抗病性存在着差异,如紫荷、鸳鸯比较抗病,广东黄感病最重,分根繁殖的植株病重,从健壮植株上部取芽扦插时感病较轻。

9.4.25　紫薇煤污病(crape myrtle coal stain)

1. 症状观察

病害先在叶片正面沿主脉产生,逐渐覆盖整个叶面,严重时叶面布满黑色煤尘状物。病菌的菌丝体覆盖叶表,阻塞叶片气孔,妨碍正常的光合作用。

2. 病原物及发病规律

病原物为半知菌亚门煤炱菌($Capnodium$ sp.),菌丝为暗褐色,串珠状,出现于叶面。分生孢子形态多样,如单胞、双胞或砖格状。分生孢子器竖立,长棍棒状,淡褐色,单胞,长 3～4 μm,宽 2～3 μm。分生孢子器也有近球形的,直径为 49～70 μm。

病菌以菌丝体或子囊座在叶面或枝上越冬。春、秋为病害盛发期,过分荫蔽潮湿环境中的植物容易感病,病菌由紫薇绒蚧、紫薇长斑蚜或风雨传播。植物分泌的蜜汁会给病菌的生长提供营养源,诱发煤炱菌的大量繁殖。

9.4.26　一串红病毒病(cluster of red virus diseases)

1. 症状观察

一串红病毒病又称一串红花叶病,是一串红最常见的病害,全国各地均有发生。植株感病后,叶片主要表现为深浅绿相间的花叶、黄绿相间花叶,严重时叶片表面高低不平,甚至呈蕨叶症状,花朵数急剧减少,植株矮化。

2. 病原物及发病规律

病原物是黄瓜花叶病毒（CMV）、烟草花叶病毒（TMV）、一串红病毒 1 号、甜菜曲顶病毒和蚕豆萎蔫病毒。

黄瓜花叶病毒寄主范围很广，可以由多种蚜虫传播。在北京、上海等地，一串红生长季节正好是蚜虫繁殖盛期，蚜虫与病害的发生有很大的相关性。

9.4.27　凤仙花白粉病（powdery mildew of impatiens）

1. 症状观察

该病主要为害叶片，也可蔓延至嫩茎、花、果。感病的叶片最初在叶表面上出现零星不规则状的白色粉块，随着病害的发展，叶面逐渐布满白色粉层。初秋，在白粉层中形成黄色小圆点，后逐渐变深呈黑褐色。病叶后期变枯黄、扭曲。

2. 病原物及发病规律

病原物为单丝壳菌（*Sphaerotheca fuliginea*）。病菌在凤仙花的病残体和种子内越冬，翌年发病期散放子囊孢子进行初次侵染，以后产生分生孢子进行重复侵染。病菌借风雨传播。8—9 月为发病盛期，气温高、湿度大、种植过密、通风不良时发病重。

9.4.28　萱草时枯病（day lilies are diseased）

1. 症状观察

感病的叶片最初在叶尖或叶缘处出现褪绿的黄褐色至灰褐色病斑，病部产生许多黑色小粒，发病严重时，病斑相连形成大病斑，使全叶枯死。

2. 病原物及发病规律

病原物为大茎点霉属的真菌和炭疽菌属的真菌。病菌主要在病残体上越冬，借风雨传播。病株翌年 5—6 月发病，8 月发病严重。通风条件差、排水不良均有利于此病的发生。

9.4.29　水仙大褐斑病（large brown spot of narcissus）

1. 症状观察

水仙大褐斑病为世界性病害，中国栽培水仙地区发病普遍，感病植株轻者部分叶片枯萎，重者在鳞茎成熟之前地上部分提早 4～6 周调枯死亡，严重降低了鳞茎的成熟度。发病初期，病斑出现于叶子尖端，呈褐色，与健康部分分界明显。以后叶子的边缘和中部也会出现病斑，花梗也可被侵染。病斑初为褐色斑，扩展后成为椭圆形或不规则形病斑。单个病斑大小可达 1 cm×4.5 cm。病斑合并呈细长条斑，上下端迅速黄化。病斑在边缘发生时。叶片生长停滞，变成扭曲状。中国水仙上的病斑明显加厚，周围组织黄化。喇叭水仙的病斑为褐色，周围不黄化。

2. 病原物及发病规律

病原物为水仙大褐斑菌（*Stagonospora curtisii*）。

病菌以菌丝体或分生孢子在鳞茎表皮的上端或枯死的叶片上越冬或越夏。分生孢子借风雨传播。病菌也可在其他寄主，如孤挺花、文殊兰上越夏。南方地区 4—5 月雨水多，发病较重。栽植过密、排水不良、连作都会加重发病。品种间抗病性也有差异，多花水仙感病重，青水仙、喇叭水仙感病轻。

9.4.30　芍药红斑病（erythema paeoniae）

1. 症状观察

芍药红斑病又称芍药褐斑病，是栽培芍药中最常见的重要病害，在我国各地均有发生。芍药红斑病使芍药叶片早枯，连年发生能削弱植株的生长势，使植株矮小，花少、花小直至植株枯死。此病主要为害叶片，也侵染枝条。花和果壳等部位，感病叶片初期在叶背出现绿色针头状小点，后扩展成直径为 4～25 mm 的紫褐色近圆形的小斑。叶片正面病斑上有不明显的淡褐色轮纹，病斑相连成片，严重时整叶焦枯，叶片常破碎。在潮湿气候条件下，病部背面会出现墨绿色霉层。当病害侵染茎时，茎上出现紫褐色长圆形小点，有些突起，病斑扩展慢，长为 3～5 mm，中间开裂并下陷，严重时也可相连成片。叶柄感病的症状与绿色茎相同。萼片、花瓣上的病斑均为紫红色小斑点。

2. 病原物及发病规律

病原物是半知菌亚门丝孢纲丛梗孢目枝孢属牡丹枝孢霉（*Cladosporium paeoniae*）。病菌主要以菌丝体在病叶、病枝条、果壳等残体上越冬；翌年春季产生分生孢子侵染植物。下部叶片最先感病。该病菌再侵染次数极少，初次侵染的程度决定了发病是否严重。在北京地区，病株 4—5 月开始发病，7—8 月为发病盛期。不同品种间抗病性也有差异，如东海朝阳、小紫玲、兰盘银菊、凤落金池等品种抗病性强，紫芙蓉、胭脂点玉、娃娃面等品种易感病。

9.4.31　大叶黄杨白粉病（powdery mildew of boxwood）

1. 症状观察

白粉大多分布于大叶黄杨的叶正面，也可分布在叶背面，单个病斑为圆形、白色，多个病斑连接后形态不规则。将白色粉层抹去时，发病部位出现黄色圆形斑。感病严重时病叶发生皱缩，病梢扭曲成畸形。

2. 病原物及发病规律

病原物为正木粉孢霉（*Oidium euonymi japonicae*）。病菌以菌丝体和分生孢子在落叶上越冬，经风雨传播。种植过密、不及时修剪时发病较重。

9.4.32　蜡梅炭疽病（anthracnose of wintersweet）

1. 症状观察

蜡梅炭疽病多发生在叶尖或叶缘处。发生在叶片上时，病斑近椭圆形至不规则形，大小为 8～12 mm，灰褐色至灰白色，有时呈淡红色，边缘为红褐色至褐色，后期病部散生黑色小粒点，即病原菌分生孢子盘。严重的病斑易破裂。

2. 病原物及发病规律

病原物无性态为胶孢炭疽菌［*Colletotrichum gloeosporioides*（Penz.）Sacc.］。病菌以分生孢子盘和菌丝体在病嫩梢上越冬，翌春产生分生孢子借风雨传播引致初侵染，生长季节内分生孢子不断重复侵染。侵入丝直接从寄主表面的角质层、皮孔、伤口侵入，且处于潜伏侵染状态，暂时不表现症状。植物进入生长中后期才进入发病期，病情扩大、蔓延。梅雨季节和台风多雨季节有利于发病。

9.4.33　蜡梅叶斑病（leaf spot of wintersweet）

1.症状观察

感病的叶片最初在叶面上产生淡绿色水渍状小圆斑，随后病斑扩大，发展为圆形或不规则状的褐色病斑，后期病斑中部有小黑点出现。

2.病原物及发病规律

病原物为大茎点霉属的真菌（*Phyllosticta calycanthi*）。

病菌在病残体、落叶上越冬，借风雨传播。气、候潮湿时，植物发病严重。

9.4.34　福禄考病毒病（phlox virus disease）

1.症状观察

感病的植株、花器不正常，花变为绿色、畸形，叶片褪绿，组织变硬，质脆易折，有时叶尖和叶缘变红、变紫而干枯。

2.病原物及发病规律

病原物为烟草脆裂病毒（tobacco rattle virus）、烟草坏死病毒（tobacco necrosis virus）。病毒通过汁液、叶蝉及蚜虫传毒。

9.4.35　大丽花病毒病（dahlia virus disease）

1.症状观察

大丽花病毒病又称大丽花花叶病，严重时导致植株生长萎缩，一般呈零星分布。大丽花叶产生明脉或叶脉黄化及花叶、叶片发育受阻，有些叶片出现具有特征性的环状斑。植株在夏季接近开花期受病毒侵染，暂时不表现任何症状，翌年才表现花叶及矮化现象。

2.病原物及发病规律

病原物为番茄斑萎病毒（tomato spotted wilt virus）。病毒可以通过汁液及嫁接传染。叶蝉及蚜虫也可传毒。在一般条件下，大丽花难以汁液接种成功。大丽花的块根也能带毒。但大丽花种子不传毒。病毒也能使蛇目菊、金鸡菊、矮牵牛、百日草等植物发病。

9.4.36　郁金香碎色花瓣病（broken petals of tulip disease）

1.症状观察

郁金香碎色花瓣病又称郁金香白条病，各郁金香产区都有发生。该病是造成郁金香种球退化的重要原因之一，主要侵染郁金香的叶片及花冠。感病的叶片上出现浅绿色或灰白色条斑，有时形成花叶。花瓣畸形、单色花的花瓣上出现淡黄色、白色条纹或不规则的斑点。感病的鳞茎退化变小，植株生长不良、矮化，花变小、畸形。

2.病原物及发病规律

病原物为郁金香碎色病毒（tulip breaking virus，TuBV）。

该病毒在病鳞茎内越冬，成为来年侵染源，由桃蚜和其他蚜虫进行非持久性的传播。此病毒也可以为害百合，百合受侵染后产生花叶或隐症现象。在自然栽培的条件下，重瓣郁金香比单瓣郁金香更易感病。

9.4.37　郁金香褐斑病（brown spot of tulip）

1. 症状观察

叶片发病时,初生淡黄色斑,后沿叶脉成丝状延伸,病斑周围有暗色水渍状边缘,稍凹陷,灰白色至灰褐色,常扩大和相互汇合,直至扩大到整个叶片,病斑发生在叶片边缘上,则引起叶片向一侧卷皱。潮湿天气病部覆盖灰色霉层,其上有大量分生孢子。花部受害出现灰白色或褐色斑,以后病斑扩大变深褐色,花被干枯褶皱,最后花枯萎。花芽受害后,引起芽枯和败蕾。花莛上病斑与叶片上的相似,但病斑较长,凹陷较深,扩展合围后倒折腐烂。球茎发生病害,鳞片上可发现许多浅黑色或深褐色小菌核,剥去外鳞片,可见近圆形深绿色或褐色斑,引起全株矮化呈黄色,花枯萎。

2. 病原物及发病规律

病原物为半知菌亚门郁金香葡萄孢（*Botrytis tulipae* Lind.）。菌丝和菌核残留在腐烂的鳞茎和土壤中越冬。病鳞茎种植后,受害枯死,幼芽上产生大量分生孢子,是地上部病害的侵染来源。病菌在 5 ℃和湿度为 90%～100%时即能产生分生孢子。春季低温、雨天多湿时发病重。

9.4.38　郁金香基腐病（tulip basal decay）

1. 症状观察

该病多发生于植株开花期。发病初期,感病鳞茎外部鳞片上产生暗褐色和灰色斑驳,病斑稍下陷,往后逐渐扩展,并变为黄褐色或深褐色。湿润时,病部生出白色或粉红色霉层,为病原菌的分生孢子。感病鳞茎组织皱缩,变硬,导致植株叶片早衰,有的叶片直立且逐渐变为特有的紫色。此时球根已发生软腐,有恶臭味。储藏阶段,感病球根初现水渍状斑,病斑稍下陷,呈圆形或椭圆形,淡褐色,往后病斑逐渐扩展,病球根很快变为灰白色,干腐。该病严重影响植株的观赏价值,使经济效益受损。

2. 病原物及发病规律

病原物为半知菌丛梗孢目镰孢属（*Fusarium*）。病菌以厚垣孢子在植株病组织及土壤中越冬,条件适宜时产生分生孢子进行侵染。高温、高湿利于病害发生。该病的发生与球根遭受根螨危害有关。球根上的各种伤口利于病菌的侵染。过多使用氮肥亦利于病害的发生。

9.4.39　牵牛花白锈病（white rust of morning glory）

1. 症状观察

发病部位主要是叶、叶柄及嫩茎。受害叶片初期在叶上产生浅绿色小斑,后逐渐变成淡黄色,边缘不明显,严重时扩展成大型病斑,后期病部背面产生白色疤状突起,破裂时,散发出白色粉状物,为病菌的孢囊孢子,嫩茎受害时造成花、茎扭曲,当病斑包围叶柄、嫩梢时,环割以上的寄主部分生长不良,萎缩死亡。

2. 病原物及发病规律

病原物为旋花白锈菌（*Albugo ipomoeae panduranae*）。病菌在病组织内以卵孢子越冬,翌年春天,卵孢子萌芽产生孢子囊,侵入牵牛花等旋花科植物,一般 8—9 月为发病盛期。牵牛花种子可带菌并成为翌年侵染源。

9.4.40　荷花褐纹病(brown stripe of lotus)

1.症状观察

荷花褐纹病又名荷花黑斑病,中国荷花栽培区常有发生。发病初期荷花叶上出现褪绿大黄斑,叶背更为明显。病斑逐渐扩大成不规则形褐斑,发病严重时,除叶脉外,整个叶片布满病斑,远看如火烧一般。后期病斑上着生许多黑褐色霉状物。

2.病原物及发病规律

病原物为莲链格孢(*Alternaria nelumbii*)。病菌在病残体上越冬,在荷花生长期产生分生孢子随风雨传播,能重复侵染,湿度高时病情严重。夏季气温过高及在受蚜虫为害的植株上发病严重。

9.4.41　翠菊猝倒病(China aster fell ill)

1.症状观察

该病主要发生在幼苗期,发病部位在茎基部和根部。病部凹陷缢缩,黑褐色,幼苗倒伏枯死,如茎部组织木质化。病株常不倒伏而表现立枯症状。土壤湿度高时,在病苗及附近土表常可见一层白色絮状菌丝体。

2.病原物及发病规律

病原物为爪哇镰刀菌(*Fusarium javanicum*)。病菌在土壤内或病株残体上越冬,腐生性较强,能在土壤中长期存活,借灌溉水和雨水传播。土壤湿度大、播种过密、温度不适都有利于该病发生,连作发病较重。

9.4.42　美人蕉花叶病(canna mosaic)

1.症状观察

美人蕉花叶病是美人蕉的常见病害,在我国栽植美人蕉地区普遍发生。感病植株的叶片上出现花叶或黄绿相间的花斑,花瓣变小且形成杂色,植株发病较重时叶片变成畸形、内卷,斑块坏死。

2.病原物及发病规律

美人蕉花叶病是由黄瓜花叶病毒(CMV)引起的。

传播的途径主要是蚜虫和汁液接触传染。美人蕉不同品种间抗病性有一定差异。普通美人蕉、大花美人蕉、粉叶美人蕉发病严重,红花美人蕉抗病力强。

9.4.43　吸汁类害虫诱发的煤污病(coal sludge disease)

1.症状观察

观察山茶、米兰、牡丹、夹竹桃、桂花、玉兰、含笑、金橘等花木的煤污病症状。受害叶片表面布满黑色煤烟状物,影响植物生长,降低观赏价值。

2.病原物观察

挑取病叶上的黑色煤烟层制片,置显微镜下观察,注意菌丝形态,分生孢子梗、分生孢子着生情况,有性阶段闭囊壳的特征。区分引起煤污病的小煤炱菌与煤炱菌的差异。

9.5　实验作业

(1)绘制蔷薇白粉病、月季黑斑病的子囊壳形态图。

(2)牡丹褐斑病和牡丹锈病的症状有何不同?

(3)描述一串红病毒病的主要症状。

(4)描述郁金香碎色花瓣病的主要症状。

(5)阐述荷花褐纹病的主要症状,并绘出病原物形态特征图。

(6)描述煤污病的症状,并阐述其诱发因素。

实验十　植物病原物培养基的配制及棉塞的制作

10.1　实验目的与要求

(1)学习并掌握配制培养基的一般方法和步骤。

(2)学习并掌握棉塞的制作方法。

10.2　培养基的配制原理

培养基(medium)是人工配制的各种营养物质供微生物生长繁殖的基质,用以培养、分离、鉴定、保存各种微生物或积累代谢产物。因为自然界中的微生物种类繁多、营养类型多样、实训和研究的目的不同,所以培养基的种类很多,但不论是何种培养基,均应含有水分、碳源、氮源、能源、无机盐等。不同微生物对 pH 值要求不一样,所以配制培养基时还应根据不同微生物对 pH 值的要求将培养基调到合适的 pH 值。

10.3　实验材料与用具

琼脂、可溶性淀粉、葡萄糖、10% NaOH、10% HCl、1 mol/L NaOH、1 mol/L HCl、KNO_3、NaCl、$K_2HPO_4 \cdot 3H_2O$、$MgSO_4 \cdot 7H_2O$、$FeSO_4 \cdot 7H_2O$、牛肉膏、蛋白胨。

500 mL 大烧杯、500 mL 三角烧瓶、试管、量筒、量杯、玻璃棒、pH 试纸(pH 5.5～9.0)、药棉、牛皮纸、记号笔、线绳、纱布、药品勺、漏斗(带橡皮管的铁夹)、电磁炉、刀具、不锈钢锅、铁架、面板、培养基分装器、电子天平、高压蒸汽灭菌锅、超净工作台等。

10.4　操作方法与步骤

10.4.1　培养基的配制

培养基的基本制作流程:原料称量、溶解→调节 pH→过滤、澄清→分装→加塞和包扎→灭菌。

1.马铃薯葡萄糖琼脂培养基(简称 PDA 培养基,potato dextrose agar medium)的配方和配制步骤

PDA 培养基主要用于培养酵母菌、霉菌、蘑菇等真菌。

1)PDA 培养基的配方

马铃薯 200 g,葡萄糖 20 g,琼脂 15～20 g,蒸馏水 1000 mL,pH 值为自然。

2)PDA 培养基的配制步骤

(1)称量和熬煮:计算药品实际用量后,按培养基配方逐一称取去皮土豆;土豆切成小块放入不锈钢锅中,加水 1000 mL 在加热器上加热至沸腾,维持 20～30 min;可用 2 层纱布趁热在量杯上过滤,滤渣弃取,滤液补充水分到 1000 mL。

(2)加热溶解:把滤液放入锅中加入葡萄糖 20 g;琼脂 15～20 g 提前搞碎,然后放在石棉网上小火加热,并用玻璃棒不断搅拌,以防琼脂糊底或溢出,待琼脂完全溶解后再补充水分至 1000 mL。

(3)分装:按实训要求将配制的培养基分装入试管或 500 mL 三角瓶内;分装时可用三角漏斗以免使培养基沾在试管口或三角烧瓶口上造成污染。

(4)加塞:培养基分装完毕后,在试管口或三角烧瓶口塞上棉塞(泡沫塑料塞、试管帽等),以阻止外界微生物进入培养基内造成污染,并保证有良好的通气性能。

(5)包扎:加塞后,将全部试管用线绳或橡皮筋捆好,再在棉塞外包一层牛皮纸以防止灭菌时冷凝水润湿棉塞,其外再用一道线绳或橡皮筋扎好,并用记号笔注明培养基名称、组别、配制日期等。

(6)灭菌:将上述培养基以 0.1 MPa(1.05 kg/cm²),121 ℃,20 min 高压蒸汽灭菌。

(7)搁置斜面:将灭菌的试管培养基冷却至 50 ℃ 左右,将试管棉塞端搁在玻璃棒上,搁置的斜面长度以不超过试管总长的一半为宜。

(8)培养基经灭菌冷却后,必须放在 37 ℃ 恒温箱中培养 24 h,无菌生长者方可使用,贮存备用。

2. 马铃薯蔗糖琼脂培养基(potato sucrose agar medium,PSA 培养基)的配方和配制步骤

1)PSA 培养基的配方

马铃薯(去皮)200 g、蔗糖 20 g、琼脂 20 g、水 1000 mL、pH 值为自然。

2)PSA 培养基的配制步骤

其具体制作方法同 PDA 培养基。

3. 牛肉膏蛋白胨培养基(beef extract peptone agar medium)的配方和配制步骤

牛肉膏蛋白胨培养基也称营养琼脂(nutrient agar,NA)培养基,主要用于细菌总数测定(计数)、保存菌种及纯培养,也可用于消毒效果测定(GB/T 4789.28—2003 中的 4.7 条,GB/T 4789.2—2016、GB 15979—2002 和 GB 15981—2021,ISO 标准),不含糖,可作为血琼脂基础和传代用(国家标准)。

1) 牛肉膏蛋白胨培养基的配方

牛肉膏 3.0 g、蛋白胨 5.0～10.0 g、NaCl 5.0 g、蒸馏水 1000 mL、pH 为 7.0～7.6。

2) 牛肉膏蛋白胨培养基的配制步骤

(1)称量:按培养基配方比例依次准确地称取牛肉膏、蛋白胨、NaCl 放入烧杯中;牛肉膏常用玻璃棒挑取,用热水熔化后倒入烧杯,也可放在称量纸上,称量后直接放入水中,这时如稍微加热,牛肉膏便会与称量纸分离,然后立即取出纸片;蛋白胨很易吸潮,在称取时动作要迅速;称药品时严防药品混杂,一把牛角匙用于一种药品,或称取一种药品后,洗净、擦干,再称取另一药品,瓶盖也不要盖错。

（2）熔化：在上述烧杯中先加入少于所需要量的水，用玻璃棒搅匀，然后，在石棉网上加热使其溶解，待药品完全溶解后，补充水到所需的总体积；若配制固体培养基，将称好的琼脂放入已溶解的药品中，再加热熔化，在琼脂熔化的过程中，需不断搅拌，以防琼脂糊底使烧杯破裂。最后补足所失的水分。

（3）调 pH：在未调 pH 前，先用精密 pH 试纸测量培养基的原始 pH 值，若 pH 偏酸，用滴管向培养基中逐滴加入 1 moL/L NaOH，边加边搅拌，并随时用 pH 试纸测其 pH 值，直至 pH 达 7.6；反之，则用 1 moL/L HC1 进行调节；pH 值不要调过头，以避免回调，否则，将会影响培养基内各离子的浓度；对于有些要求 pH 值较精确的微生物，其 pH 的调节可用酸度计进行。

（4）过滤：趁热用滤纸或多层纱布过滤，以利结果的观察；一般无特殊要求的情况下，这一步可以省去。

（5）分装：按实验要求，将配制的培养基分装入试管或三角烧瓶；分装过程中注意不要使培养基沾在管口或瓶口上，以免玷污棉塞而引起污染。

①液体分装高度以试管高度的 1/4 左右为宜。

②固体分装试管，其装量不超过管高的 1/5，灭菌后制成斜面；分装三角烧瓶的量以不超过三角烧瓶容积的一半为宜。

③半固体分装高度一般以试管高度的 1/3 为宜，灭菌后垂直待凝。

（6）加塞：培养基分装完毕后，在试管口或三角烧瓶口塞上棉塞，以阻止外界微生物进入培养基内造成污染，并保证有良好的通气性能。

（7）包扎：加塞后，将全部试管用麻绳捆扎好，再在棉塞外包一层牛皮纸，以防止灭菌时冷凝水润湿棉塞，其外再用一道线绳扎好，用记号笔注明培养基名称、组别、日期；三角烧瓶加塞后，外包牛皮纸，用线绳以活结形式扎好，使用时容易解开，同样用记号笔注明培养基名称、组别、日期。

（8）灭菌：将上述培养基以 0.1 MPa(1.05 kg/cm²)，121 ℃，15～20 min 高压蒸汽灭菌。

（9）搁置斜面：将灭菌的 18 mm × 180 mm 试管分装培养基，分装量一般为 5 mL，冷却至 50 ℃左右，将试管棉塞端搁在玻璃棒上，搁置的斜面长度以不超过试管总长的一半为宜。

（10）培养基经灭菌冷却后，必须放在 37 ℃恒温箱中培养 24 h，无菌生长者方可使用，贮存备用。

4.放线菌培养基的配方和配制步骤

1）淀粉琼脂培养基（高氏 1 号培养基）

（1）配方。

可溶性淀粉 20 g、KNO₃ 1 g、NaCl 0.5 g、K₂HPO₄ 0.5 g、MgSO₄ 0.5 g、FeSO₄ 0.01 g、琼脂 20 g、H₂O 1000 mL、pH 为 7.2～7.4。

（2）配制步骤。

先把可溶性淀粉放在烧杯里，用 5 mL 水调成糊状后，倒入 95 mL 蒸馏水，搅匀后加入其他药品，使药品溶解；在烧杯外做好记号，加热到煮沸时加入琼脂，不停搅拌，待琼脂完全溶解后，补足失水；调整 pH 值到 7.2～7.4，分装后灭菌，备用。

2）面粉琼脂培养基

（1）配方。

面粉 60 g、琼脂 20 g、蒸馏水 1000 mL。

（2）配制步骤。

把面粉用蒸馏水调成糊状，加水到 500 mL，放在文火上煮 30 min。另取 500 mL 蒸馏水，放入琼脂，加热煮沸到溶解后，把两液调匀，补充水分，调整 pH 值到 7.4，分装，灭菌，备用。

10.4.2　棉塞的制作

1. 棉塞的作用

棉塞的作用有两个：一是防止杂菌污染，二是过滤空气，保证通气良好。因此，棉塞质量的优劣对实验的结果有很大的影响。正确的棉塞的形状、大小、松紧要与试管口（或三角烧瓶口）完全适合：过紧则妨碍空气流通，使操作不便；过松则达不到滤菌的目的。

2. 棉塞制作

加塞时，应使棉塞长度的 1/3 在试管口外，2/3 在试管口内，如图 1-42 所示。做塞的棉花要选纤维较长的棉花，一般不用脱脂棉，因为脱脂棉容易吸水变湿、造成污染，而且价格也贵。棉塞制作过程如图 1-43 所示。

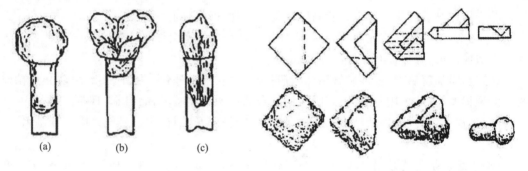

图 1-42　棉塞　　　　　　　　　　　　图 1-43　棉塞制作过程

此外，在植物病原微生物实验和植保科研中，我们往往要用到通气塞。通气塞由几层纱布（一般 8 层）相互重叠而成，或在两层纱布间均匀铺一层棉花做成。这种通气塞通常加在装有液体培养基的三角烧瓶口。接种后，培养基应放在摇床上进行振荡培养，以达到良好的通气效果，促使菌体的生长或发酵。通气塞如图 1-44 所示。

(a)配制时纱布塞法　　　　(b)灭菌时包牛皮纸　　　　(c)培养时纱布翻出

图 1-44　通气塞

10.5 实验作业

(1)简述配制 PDA 培养基、PSA 培养基、牛肉膏蛋白胨培养基和放线菌培养基的基础配方,并简述配制基本流程。

(2)试管分装培养基摆放在斜面时,为什么要控制斜面的斜度?

(3)若遇到培养基中的某种成分不能加热灭菌时,应如何处理?

(4)制作棉塞,并简述棉塞的作用和制作棉塞的基本步骤。

实验十一 消毒与灭菌技术

11.1 实验目的与要求

通过本实验了解和认识植物病理学实验常用的灭菌和消毒方法,学会常用的灭菌和消毒技术。

11.2 实验材料与仪器

高压灭菌锅、烘箱、培养皿、钢丝筐(装培养皿用)、吸管、铝筒(装吸管用)

马铃薯葡萄糖琼脂(PDA)培养基、营养琼脂(NA)培养基、灭菌水、75%酒精、5%煤酚皂、0.25%新洁尔灭等。

11.3 实验内容与方法

11.3.1 消毒

1. 器具的消毒

植物病理学实验过程所用的玻璃仪器、刀片、剪刀等小型器具,洗净干燥后用消毒剂,如75%酒精、5%煤酚皂或 0.25%新洁尔灭等擦拭、淋洗或浸泡消毒;也可用75%酒精擦拭后,再用点燃的酒精棉球擦拭,利用酒精火焰消毒,同时将多余的酒精烧掉。

2. 工作场所的消毒

植物病原菌的分离、培养等工作场所往往需要无菌条件。因此,工作之前,我们需要对工作场所进行消毒。消毒前应做好清洁工作。空间大的场所,可用自来水喷雾使附着在空气中的微生物沉降到台面或地面,再用湿布擦拭干净;空间小的场所,可用温度较高的热水产生蒸汽除尘或用漂白粉水溶液、甲醛、新洁尔灭、煤酚皂等消毒剂喷雾或擦拭;空间大且无菌条件要求严格的场所,可用硫黄熏蒸或在高锰酸钾中加入甲醛(加入量为高锰酸钾的 2～3 倍)熏蒸进行空气消毒。

注意事项:在耐热容器中先放入高锰酸钾,再倒入甲醛溶液,高锰酸钾与甲醛接触后会立即产生热反应,释放大量甲醛蒸气,对眼睛和黏膜组织刺激极大,操作时应注意对人身的安全防护。

11.3.2　灭菌

1. 干热灭菌

干热灭菌指利用干燥的热空气(160～180 ℃)保持 1～2 h 的方法杀死器皿或土壤颗粒中的微生物。玻璃器皿(如吸管、培养皿等)、金属用具等不适合用其他方法灭菌而又能耐高温的物品都可用此法灭菌,但含纤维物品、橡胶制品、塑料制品、绝对含水量超过 5% 以上的物品不宜用干热灭菌。电热鼓风干燥箱灭菌是干热灭菌的主要方法,使用其灭菌时应注意以下几点:

①所有的玻璃器皿预先洗净、晾干后装在金属容器内;

②箱内待灭菌的物品不能装得太满,物品之间应留有间隙,上部应留有 1/3 的空间;

③物品不能直接排放在底板上,纸、棉塞等含纤维物品原则上不能采用该设备灭菌,非使用不可时,应放在上部且不能与箱壁接触;

④非精准控温的电热鼓风干燥箱,升温时要打开排气孔,待温度升至所要求的数值后再关闭排气孔,使用时应有专人值守;

⑤灭菌后应让箱内温度自然下降到 60 ℃以下才能打开箱门,以防骤然降温导致玻璃器皿爆裂。

2. 火焰灭菌

微生物接种工具,如接种环、接种针或其他金属用具等,可直接在酒精灯火焰上灼烧至红热进行灭菌。这种方法灭菌迅速彻底。此外,接种过程中,玻璃棒、接种针、移植铲、试管和三角瓶口等也可通过火焰灼烧灭菌。

3. 常压蒸汽灭菌

常压蒸汽灭菌是湿热灭菌的方法之一。待灭菌的材料装在不能密闭的容器里,利用水蒸气进行灭菌。不宜用高压蒸煮的物质,如糖液、牛奶、明胶等,可采用常压蒸汽灭菌。巴斯德灭菌法和间歇灭菌法是常用的常压蒸汽灭菌方法,如牛奶的巴斯德灭菌法就是用 75 ℃的蒸汽处理 30 min 或用 80 ℃的蒸汽处理 15 min。这种灭菌方法所用的灭菌器有阿诺氏(Aruokd)灭菌器或特制的蒸锅,也有普通的蒸笼。

常压蒸汽的温度不超过 100 ℃,压力为常压,能杀死大多数微生物,但不能在短时间内杀死细菌的芽孢。因此,必须采取间歇灭菌或持续灭菌的方法,杀死细菌芽孢,达到完全灭菌。

常压蒸汽间歇灭菌是指将待灭菌的培养基或物品装入常压灭菌器,加热至 100 ℃,大量产生蒸汽时,维持 30～60 min,每天灭菌 1 次,连续灭菌 3 d。每次蒸煮间隙里,培养基或物品应放在室温(20～30 ℃)条件下培养,第一次蒸煮杀死微生物的营养体;芽孢则在培养过程中萌发成营养体,第二次蒸煮即可杀死。经过两次培养、3 次反复蒸煮,即可达到完全灭菌。

常压蒸汽持续灭菌中,从蒸汽大量产生开始,继续加大火力保持充足蒸汽,持续加热 3～6 h,杀死绝大部分芽孢和全部营养体,达到灭菌的目的。

以上两种方法通常在无高压蒸汽灭菌条件的地方(如农村)使用。

注意事项有以下几条。

(1)使用间歇法或持续法灭菌,都必须在灭菌物品完全热透后(一般锅顶有大量蒸汽冒出后),才开始计算灭菌时间。

(2)为利于蒸汽穿透灭菌物品,锅内或蒸笼上堆放物品不宜过满过挤,应留有空隙。固体培养料大量灭菌时,每袋以 1.5～2.0 kg 为宜,料袋在锅内用箅子分层隔开,不能堆压在一起。

（3）灭菌期间应保证能产生足够的水蒸气。一次持续灭菌时，如一次装水，锅内的水量不足以维持至所需要的时间，应在蒸锅侧面安装加水口，以便在蒸煮过程中添加水。添加的水应使用开水，以防骤然降温影响水蒸气产生量。

（4）使用间歇法灭菌时，在每次加热后，迅速降温，然后在室温（20～30 ℃）静置24 h，再第二次加热。降温慢，往往使未杀死的杂菌大量滋长，反而导致灭菌物变质，特别是固体培养料包装过大时，靠近中心部分更易发生这种情况。

（5）从使用效果看，分装试管、三角瓶或其他容器的培养基，因其体积小、透热快，用间歇法为佳。固体培养料，因其体积较大、透热慢，用间歇法容易滋生杂菌导致变质或者水分蒸发过多，培养料变得不新鲜，影响培养效果，因此，使用一次持续灭菌法效果较好。

4. 高压蒸汽灭菌

高压蒸汽灭菌是实验室最常用的一种湿热灭菌方法。高压蒸汽灭菌利用加压来提高蒸汽的温度，因此，其灭菌的原理是利用高温（121 ℃）灭菌。灭菌时排除空气是非常重要的，若立式（卧式）高压灭菌锅（见图1-45）内混有空气，即使压力超过0.105 MPa，温度也达不到121 ℃。因此，灭菌时要求将空气完全排除。

图1-45　立式和卧式高压蒸汽灭菌器

高压蒸汽灭菌锅（立式和卧式）的使用方法如下。

（1）加水：使用前在锅内加入足量的水（一般锅底设有加水标志线），以防将灭菌锅烧干，引起炸裂事故。

（2）装锅：将灭菌物品放在内胆中，上部应留有一定空间，装量不宜超过3/4；盖好锅盖，旋紧四周固定螺旋，打开排气阀。

（3）加热排气：加热后待锅内沸腾并有大量蒸汽自排气阀冒出时，维持2～3 min以排除锅内的空气。大型的高压灭菌锅或灭菌物品不易透气时，排空气的时间可适当延长，务必使锅内空气彻底排出，然后将排气阀关闭。

（4）保温保压：当压力升至0.105 MPa（温度达121 ℃）时，开始计算灭菌时间，此时应控制热源，保持压力不变。

（5）排气：达到需要的灭菌时间后，切断加热源，稍微打开排气阀排气。排气阀打开太大会导致排气过快，由于压力差大的原因造成培养基剧烈沸腾冲出瓶、管口沾湿棉塞或将棉塞冲开；排气阀打开太小或利用自然降温会导致排气过慢，培养基受高温处理时间长，有些培养基的成分会分解或变质。因此，打开排气阀应先小后大，当压力表降至"0"处（排气阀不再冒气），稍停1～2 min，使温度降至100 ℃以下，旋开固定螺旋，开盖，取出灭菌物。

（6）保洁：灭菌完毕取出物品后，将锅内余水倒出，以保持内壁、内胆和锅盖内干燥、干净，盖好锅盖。

5.过滤除菌

过滤除菌是指含菌液体或气体通过细菌滤器，使杂菌留在滤器或滤板上，从而去除杂菌。此法常用于许多不宜用湿热灭菌的液体物质，如抗生素、血清、糖类、维生素、氨基酸、病原物的代谢产物等溶液。用于除菌的细菌过滤器是由孔径极小，能阻挡细菌的陶瓷、硅藻土、石棉或玻璃粉等制成的。为了加快过滤，一般多采用抽气减压或加压的方法进行操作。细菌过滤器的种类很多，主要有硅藻土过滤器、陶瓷过滤器、石棉板过滤器、玻璃过滤器和水系（有机）微孔滤膜等（见图1-46）。

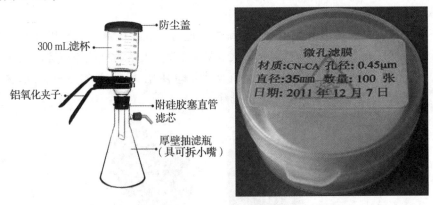

图1-46　玻璃过滤器和微孔滤膜

除微孔滤膜外，细菌过滤器在使用前后都要彻底洗涤干净。新过滤器在使用前应先在流水中浸泡洗涤，再放在0.1%盐酸中浸泡数小时，最后用流水冲洗洁净。硅藻土过滤器在使用后应立即洗涤，从反方向压入流水，冲去滤孔中大部分物质，然后浸入2%胰蛋白酶液中，并置于37 ℃恒温箱内24 h，使残余的有机物完全分解，再用流水冲洗干净，干燥。新玻璃过滤器在使用前要用流水洗涤，再以热盐酸进行抽滤，并立即用蒸馏水洗净，除去滤器中的灰尘等杂物。过滤器灭菌前应先用水浸湿，然后用2~3层纱布包装，放在流通蒸汽灭菌器中加热到100 ℃维持1 h，冷冻后取出。过滤器用过以后，应浸泡在热硫酸中（加入少量硝酸钾及次氯酸钾），24 h后再用水洗涤，最后用蒸馏水清洗，直至没有硫酸，可用氯化钡检测至无白色沉淀。注意：勿用洗液浸泡（洗液可能影响玻璃孔的电荷）。玻璃过滤器不能用来过滤氢氟酸、热浓磷酸、热或冷浓碱液（这些物质能溶解滤板的微粒，使滤孔变大或造成滤板脱裂），滤板两面的压力差不能超过0.098 MPa（滤板的厚度是兼顾过滤的速度和必要的强度而设计的）。另外，任何一种过滤除菌装置的滤板、滤膜、接受容器和滤板或滤膜的承载装置等在使用前都需要事先灭菌。

6.紫外线杀菌

紫外线的波长范围是15~300 nm，其中波长在260 nm左右的紫外线的杀菌作用最强。紫外线灯辐射主要波长为253.7 nm的紫外线，杀菌能力强而且较稳定。此波长的紫外线易被细胞中的核酸吸收，造成细胞损伤而杀菌。

紫外线一般适用于表面灭菌和空气灭菌。一般试验室、接种室、接种箱、手术室和药厂包装室等,均可利用紫外线灯杀菌。以普通小型接种室为例,按空间容积为 2 m×2 m ×2.5 m=10 m³ 计算,在工作台上方距地面 2 m 处悬挂 30 W 紫外线灯 1～2 只,每次开灯照射 30 min,就能使室内空气灭菌,照射前,适量喷洒石炭酸或煤酚皂溶液等消毒剂,可加强灭菌效果。

紫外线对眼黏膜及视神经有损伤作用,对皮肤有刺激作用,所以实验人员不能在紫外灯下工作,必要时需穿防护工作衣帽,并戴有色眼镜进行工作。

7. 化学灭菌

化学药剂分杀菌剂和抑菌剂。杀菌剂是能破坏细菌代谢机能并有致死作用的化学药剂,如重金属离子和某些强氧化剂等(见表 1-2)。有些药剂并不破坏细菌的原生质,只是阻抑新细胞物质的合成,使细菌不能增殖,称抑菌剂,如磺胺类、抗生素制剂等。

表 1-2　常用化学杀菌剂的使用浓度和应用范围

杀菌剂种类		实例	常用使用剂量	应用范围
凝固蛋白消毒剂	醇类	乙醇	70%～75%	皮肤及器械消毒
	酸类	乳酸	0.33～1 moL	空气消毒(喷雾或熏蒸)
		食醋	3～5 mL/m³	熏蒸空气消毒
	酚类	石炭酸	5%	空气消毒、地面或器皿消毒
		来苏水	2%～5%	空气消毒、皮肤消毒
醛类		甲醛(福尔马林)	40%溶液 2～6 mL/m³	接种室、接种箱或器皿消毒
碱类		石灰水	1%～3%	地面消毒
重金属离子		升汞	0.1%	植物组织表面消毒
		硝酸银	0.1%～1.0%	皮肤消毒
		硫柳汞	0.01%	生物制品防腐
氧化剂		高锰酸钾	0.1%～3%	皮肤、水果、蔬菜、茶杯消毒
		过氧化氢	3%	清洗伤口、口腔黏膜消毒
		氯气	0.2×10^{-6}～1×10^{-6}	饮用水清洁消毒等
		漂白粉	1%～5%	培养基容器及饮水粪便消毒
		过氧乙酸	0.2%～0.5%	塑料、玻璃、皮肤消毒等
表面活性剂(季铵盐类)		1:20 水溶液	新洁尔灭	皮肤及不能遇热器皿的消毒
		度米芬(消毒宁)	0.05%～0.10%	棉织品、塑料、橡胶物品消毒
烷基化合物		环氧乙烷	50 mg/100 mL	手术器械、敷料、搪瓷类灭菌
金属整合剂		8-羟基喹啉硫酸盐	0.1%～0.2%	外用清洗消毒

11.4　实验作业

(1)写出用高压蒸汽灭菌消毒培养基的具体操作过程。

(2)列举植物病理学实验常用材料采用的灭菌方法,并说出采用该方法的优缺点。

第2章 农业昆虫学实验

实验十二　双目立体解剖镜的构造和功能

12.1　实验目的与要求

掌握双目立体解剖镜的基本结构和使用方法。

12.2　实验材料

双目立体解剖镜、各种昆虫针插标本等。

12.3　实验内容

12.3.1　双目立体解剖镜的原理和特点

双目立体解剖镜(dissecting microscope)又被称为实体显微镜或立体显微镜,是为了不同的工作需求设计的显微镜,主要由两组平行的接物镜和两组平行的接目镜构成。双目立体解剖镜由于多一次聚焦,能将放大的倒像校正为正立像,立体感强(见图2-1)。因此,使用者可以自如地在镜下进行各项细小操作。双目立体解剖镜常用于昆虫解剖、组织培养、一些固体样本的表面观察、钟表制作和小电路板检查等工作。

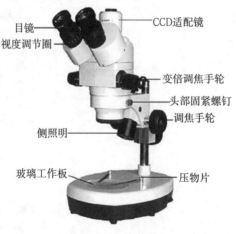

目镜　　　　　　　　　　CCD适配镜
视度调节圈
　　　　　　　　　　　　变倍调焦手轮
　　　　　　　　　　　　头部固紧螺钉
　　　　　　　　　　　　调焦手轮
侧照明
玻璃工作板　　　　　　　压物片

图 2-1　双目立体解剖镜的基本结构

双目立体解剖镜有如下特点：

①双目镜筒中的左右两光束不是平行的,而是具有一定的夹角——体视角(一般为12°～15°),因此成像具有三维立体感;

②像是直立的,便于操作和解剖,这是因为在目镜下方的棱镜把像倒转过来;

③虽然放大率不如常规显微镜,但其工作距离很长;

④焦深大,便于观察被检物体的全层;

⑤视场直径大。

12.3.2 机械部分

①底座:双目立体解剖镜的最下面的部分,即载物盘。载物盘一面为白色,在底座的中央有1个可活动的圆盘,另一面为黑色。有的载物盘用透明的玻璃制成。底座的中后部有1对压脚,用以压虫体和其他易动物体。

②支柱:支持镜体的部件,是焦距的粗调装置,可使镜体上下移动或左右旋转。

③调焦装置:为了避免镜身向下滑动和左右偏转,支柱的上部和下部分别装了两个螺丝,下方的螺丝为锁紧螺丝(锁紧手轮),上方的为升降螺丝(调焦手轮)。

④读数盘:镜体中央有1个两侧转动的圆盘(或手柄),用以改变放大倍率。

12.3.3 光学部分

①物镜:镜体下安装有大物镜(镜体内部还有变焦物镜),根据观察的需要,大物镜下还可以添置一个加倍大物镜。

②棱镜罩:镜身上面为两个棱镜罩,内部为棱镜,使物像倒转,在目镜可看到物体的正像。

③目镜管和目镜:在棱镜罩的上方,左右各有一个目镜管,用以承放目镜。

④视觉圈(目镜调节环):一般位于右边的目镜管上端,可调节目镜的上下距离,使观察者左右两眼都可以看到清晰物体。

⑤眼罩:为了防止外来光线的干扰,多在目镜上设眼罩,便于更好地进行观察。

⑥防尘罩:有些型号的双目立体解剖镜带有防尘罩,使用前后均放在目镜管上端。

12.4 双目立体解剖镜的使用方法和注意事项

(1)润湿标本,务必使用玻璃镜台。暗色标本与淡色标本,除须改用白色底板或黑色底板外,上面可加灯光照射。透明标本只用玻璃镜台,并可移动镜台下的反光镜,以调节光线明暗度。

(2)在取用(放回)解剖镜时,若需要连镜箱搬动,应将镜箱锁好,以免双目立体解剖镜零件倾出而损坏。同时镜箱的钥匙必须拔除,避免不小心将钥匙碰断在锁孔里。

(3)取用双目立体解剖镜时,必须用右手握持支柱,左手托住底座,小心平稳地取出或移动,严禁单手取用或移动。

(4)使用前必须检查附件是否缺少及镜体各部有无损坏,转动升降螺丝有无故障,若有问题立即报告,否则自己负责。

(5)镜管上若有防尘罩,应取下防尘罩换上目镜,再将眼罩放在目镜的上端。注意用完后再将防尘罩放回目镜管上。

(6)将所观察的物体置于玻片上或蜡盘中,再放到载物盘上,待观察。

(7)拧开锁紧螺丝,先把镜体提升到与物镜"操作距离"合适的高度,然后旋紧螺丝,紧固镜筒,防止掉落。

(8)观察时,使用者可根据自己的眼距,先转动调节两个目镜管间的宽度,使其适合两眼间的距离。转动升降螺丝,使没有视觉圈的目镜成像清晰,另一个目镜若不清晰,可转动视觉圈,直至两眼同时看到的物像合为一个清晰的物像。如果需要放大观察时,再转动倍率盘直到所需要的放大倍率。

(9)在调节焦距时,转动升降螺丝时应适度,不要用力过猛,也不能太快,以免滑丝。在使用的过程中,若遇到故障应立即停止使用,并向老师报告。

(10)使用时若发现目镜或物镜上有异物,千万不能用手、布、手绢、衣服等去擦拭。为了保护镜头,应用吸耳球吹或用拭镜纸依直线方向轻轻擦拭,不宜以回转方式揩拭,忌用酒精擦拭。必要时可以用极少量二甲苯揩拭,再用拭镜纸搽净。

(11)双目立体解剖镜用毕后,先将载物盘上的东西拿走,松开锁紧螺丝,将镜筒放下恢复原来位置并锁紧。取出目镜,换上防尘罩。将其他暂时安装的零件,如灯、镜头、解剖台搁臂等元件全部放回原处,注意不要与其他显微镜的零件互换。

(12)使用完毕后,镜身金属部分,可用清洁保洁布擦干净,防止强碱物质污染,将镜放入镜箱内,锁紧镜箱。每月应仔细擦拭与检查一次,发现损坏或失灵时,应及时送修理组进行检修。

(13)双目立体解剖镜箱必须放置于干燥场所,箱内应放硅胶等防潮,干燥剂失效后,应予烘干或调换。

(14)使用时,镜子不能受日光直接照射,以免镜头受热后金属与透镜的膨胀系数不同而引起脱胶开裂,使柏油浸入镜头而造成油浸镜头模糊。

(15)粗动螺旋与微动螺旋的松紧不在齿轮和齿板上面而在轴上,因此不可用加油或垫纸来达到调整松紧的目的;移动器的松紧也在螺旋的轴上,不在齿轮或齿板上。

(16)若外出田间或出差时,目镜与物镜必须全部卸下,用薄而软的纸包裹后捆紧,聚光器及反光镜亦宜卸下,用多层纸包好,放在箱底正中,镜台及某些关节宜用原有的垫板垫稳。将镜子推入箱内,插入撑板,先用固定螺钉自箱底把镜子紧紧固定,再用废纸团、纱布、擦片、毛巾等把镜箱内部塞紧,再关门上锁。

实验十三　昆虫外部形态结构观察

13.1　实验目的与要求

(1)认识昆虫的体躯和分段、分节及附属器官的着生情况和功能。

(2)了解昆虫的口式,着重认识不同的口器类型的基本构造、变化和特点。

(3)认识和理解昆虫触角、足、翅的构造及类型。

13.2 实验材料

蝗虫(东亚飞蝗、稻蝗、棉蝗等)、金龟子、家蝇、蜘蛛、蜈蚣、虾、粉蝶、天蛾、蜜蜂、白蚁、蝉、绿豆象、棉铃虫、雄蚊、苍蝇、步行虫、蝼蛄、蟓象、龙虱、飞虱、螳螂、蜻蜓等标本和挂图。

13.3 实验用具

双目立体解剖镜及外光源照明、蜡盘、镊子、解剖针和大头针等。

13.4 实验内容与方法

13.4.1 昆虫外部形态与节肢动物的比较

1. 昆虫体躯观察

1)以蝗虫为例

取蝗虫1只,使头向左,侧放在蜡盘中,用针自后胸插入,固定在蜡盘上,把盖在体背面的覆翅和折叠着的后翅用镊子拉开,分别用大头针固定在蜡盘上,使两翅向上伸展而不遮盖体躯,然后进行观察(见图2-2)。

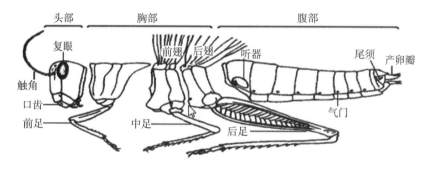

图2-2 蝗虫体躯分段

①体躯分段、分节及排列情况。昆虫体躯分为头、胸、腹三段,胸部和腹部由一系列连续的环节组成,称为体节(somite)。体躯表面为体壁所形成的坚硬外骨骼(exoskeleton)。

②头部各体节愈合成一个坚硬的头壳(capsule),上面着生有触角、复眼、单眼和口器,是感觉和取食的中心。注意它们着生的位置与数目。

③胸部由三个体节组成,从前向后分别称为前胸、中胸和后胸,各体节由背板、侧板和腹板组成,在各节的侧板与腹板间生有1对分节的足。在中、后胸的背板与侧板间各生有1对翅,分别称为前翅和后翅。胸部是运动的中心。注意观察各体节连接的紧密程度,足的分节情况及前后翅质地的差异。

④一般昆虫腹部由9~11个体节组成。注意蝗虫能观察到几个体节。在腹部末端有外生殖器、尾须及肛门,注意它们的位置和形状。用镊子夹住腹部后端轻轻拉动,观察体节与体节间的连接方式及坚硬程度。大部分内脏器官位于腹部。所以,腹部是内脏活动与生殖中心。

⑤气门是器官系统和外界沟通的构造,一般在中、后胸的前部及腹部第1~8个体节各有1对,位于每个体节的两侧。

蝗虫第 1 腹节两侧有 1 对大的骨膜听器。观察它与第 1 对腹气门的位置关系。

2)以金龟子和家蝇为例

取金龟子和家蝇各一只,按观察蝗虫的步骤进行观察,比较各部分构造的异同点。注意,家蝇只有一对翅,判断其是前翅还是后翅。观察金龟子的腹部气门有几对。观察这两种昆虫的腹部的体节数量。

2. 与节肢动物比较

取蜘蛛、虾和蜈蚣各 1 只进行观察,并与蝗虫比较。

蜘蛛体躯分为头胸部与腹部 2 个体节,头部不明显,无触角。胸部有 4 对行动附肢。虾的体躯也分为头胸部与腹部 2 个体节,有两对触角,腹部有 4 对行动附肢。蜈蚣的体躯分为头部和胴部(胸腹部)2 个体节,有 1 对触角,每个体节都有 1 对行动附肢,第 1 对附肢特化成颚状的毒爪。

13.4.2 昆虫外部形态结构

1. 昆虫头部

头部位于昆虫身体最前端,以膜质的颈与胸部相连,头部着生口器、触角、复眼、单眼等器官(见图 2-3)。头部按功能是取食和感觉中心。

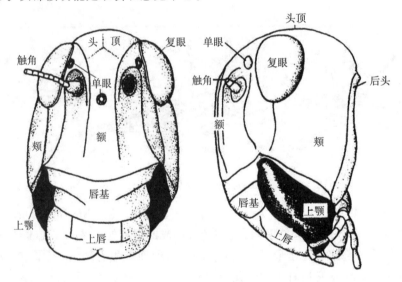

图 2-3 蝗虫的头部分区

1)昆虫头壳的构造及分区

昆虫头壳上有一些后生的沟(sulcus)把头壳分成若干个区(area)。以蝗虫为例,观察以下项。

①额唇基(frontoclypeal sulcus)。额唇基又称口上沟,是位于两上颚前关节之间的横沟。沟的上面部分是额(frons),下面部分是唇基(clypeus)。额与唇基通常合称为额唇基区,构成头壳的前面。此沟两端有 2 个陷口,称前幕骨陷(anterior tentorial pits)。

②额颊沟(frontogenal sulcus)是由上颚前关节向上伸至复眼下面的纵沟,为额与颊的分界线。两沟间的区域为额,沟的外侧部分为颊(gena)。此沟在高等昆虫中已消失。

③后头沟(occipital sulcus)是两上颚后关节向上环绕后头孔的第二条马蹄形沟。沟后的部分为窄条骨片(occiput),颊后的部分为后颊(postgena)。

④次后头沟(cipital sulcus)是环绕后头孔的第一条马蹄形沟。在此沟近两侧下,有陷口,称后幕骨陷。沟后的骨片称次后头(postocciput)。次后头与颈膜相连,因此,必须将头拉出才能观察到。沟的侧面有两个后头突,它们是颈部侧颈片的支接点。

⑤颊下沟(subgenal sulcus)是额颊沟与次后头沟间的 1 条横沟,沟下的部分称颊下区。

⑥蜕裂线(ecdysial line)是头顶中央的 1 条倒"Y"形线,蜕皮时由此裂开,其两侧臂常为额的上界(参看蝗虫或蟋蟀头部)。

头壳的上面部分为头顶(vertex),它与颊合称为颅侧区(parietals)。头顶与颊之间没有沟。此外,头部还有环绕复眼的围眼沟(ocular sulcus),环绕触角的围角沟(antennal sulcus)等。

昆虫头部的主要变化是在头的前面和后面部分。

(1)额唇基区的变化。

①额唇基区的延长,通常呈象鼻状。象甲是额区延长,触角着生位置移到了喙的中部附近,离复眼甚远(观察象甲标本)。蝎蛉则是唇基延长,触角和额唇基沟仍在正常位置(观察蝎蛉标本)。

②额和唇基的位置与形状的变化:蝉头部的前面,在触角之间,单眼区以下隆起的一大片,都称为唇基。在此区的下部有一条横沟将其分成两部分,上面的大块为后唇基(postclypeus),下面的小块为前唇基(anteclypeus)。后唇基很发达,上面有横纹。额区则被后唇基挤到头顶,成为中单眼周围划分不明显的小区(观察蝉的标本)。

鳞翅目幼虫(如家蚕和粘虫等)头部前面的一块三角形骨片称为唇基。唇基三角两侧边的沟称为额唇基沟,在沟的中部附近有前幕骨陷,此沟两侧呈"八"字形的两块狭窄骨片称为额,即额位移到了唇基的两侧(观察家蚕或粘虫标本)。

③颅中沟和蜕裂线。家蚕和粘虫幼虫的头顶中央,有 1 条从次后头沟向前伸到额区的纵沟,称为颅中沟(epicranial sulcus)。蜕裂线的中干与颅中沟重合,只有两侧臂外露。两侧臂以内的狭条骨片为额区。

(2)后头区的变化。

昆虫后头区的变化主要是扩大的口后片、口后桥、后颊轿及外咽片的形成。这里着重介绍外咽片和外咽缝。

①外咽片(gula)。在前口式昆虫中,由于口器转向前方,头部前面的额唇基区转向上面,后颊区及口后区扩展延伸,使头部的后面转向下面,原次后头沟下端的后幕骨陷被拉向前方、远距后头孔。这样,后幕骨陷、后头孔、两段次后头沟围成一块骨片,即外咽片。

②外咽缝(gular suture)是外咽片与后颊的分界线。外咽片常因后颊相向扩展而变狭,如果两后颊没有相接,可见到两条外咽缝。若彼此相接就只有 1 条外咽缝。观察步行虫的两条外咽缝和象甲的 1 条外咽缝(象甲体上有细毛,需用针将其去掉才看得清楚)。

2)口器

昆虫的口器一般分为两大类。

①咀嚼式口器(如蝗虫)。咀嚼式口器是最原始的口器,由五部分组成:上唇、上颚、下颚、下唇、舌。上唇为唇基下方的一块薄片,外壁骨化,内壁膜质,有味觉作用。上颚为一对,左右

各一,为黑色坚硬的块状物,前端有齿,用来切断食物,称切区;基部用来磨碎食物,称磨区。下颚为一对,在上颚的下方,有一对下颚须,下颚的功能是帮助取食。下唇由两个下颚合并而成,也有一对下唇须,下唇的功能主要是取食时托挡食物。舌在口器中央,是一个柔软的袋状物,有味觉作用,并能帮助舌咽食物(见图2-4)。

　　②吸收式口器是由咀嚼式口器演变来的,又可分为刺吸式、虹吸式、舐吸式、锉吸式、刮吸式、嚼吸式等类型,其中重要的是刺吸式,如蝉(见图2-5)。刺吸式口器虽然也由上唇、上颚、下颚、下唇和舌组成,但每一部分都发生了变化。上唇退化为芒状物盖在喙管基部,上颚和下颚分别特化为上颚口针和下颚口针,下唇延长成保护和收藏口针的喙管,下颚须、下唇须退化,舌和咽喉形成一个强有力的抽吸机构——食窦咽喉。

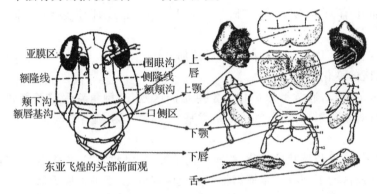

图 2-4　东亚飞蝗的咀嚼式口器

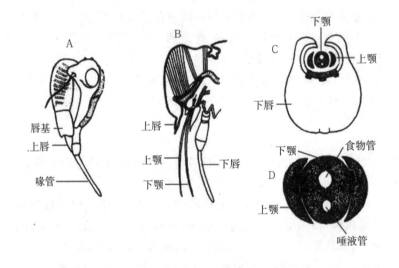

图 2-5　蝉的刺吸式口器

3)眼睛

(1)复眼。

功能:复眼是昆虫最重要的一类视觉器官,能辨别近距离的物体,特别是运动的物体。

结构:复眼多位于头部侧上方,常为圆形或卵圆形,一般由许多小眼组成,小眼数目越多,成像越清晰;不同昆虫小眼的数目不同,家蝇的复眼由4000个小眼组成,蛾蝶的小眼有一万多个,蜻蜓的小眼多达二万八千个,而蚂蚁的复眼只由一个小眼组成。

(2)单眼。

昆虫的单眼相当于一个小眼,但不能视物,只能判断光线的方向和强弱。单眼的数目和排列方式是昆虫分类的依据。

4)触角(antena)

昆虫的触角变化很大,有时同种昆虫不同性别的触角也不相同,但其基本构造都是一致的。

(1)基本构造。

触角是1对分节的构造,基本上由3节组成(见图2-6):柄节(scape)是基部的1节,通常粗短,由膜与头壳相连;梗节(pedicel)为第二节,较为细小;鞭节(flagellum)为第二节以后的整个部分,通常分为若干亚节,并且变化很大,形成各种类型。

(2)触角的类型。

触角的形状多种多样,其变化都在鞭节,可以归纳为若干主要类型(见图2-6)。观察标本,鉴定其所属类型。

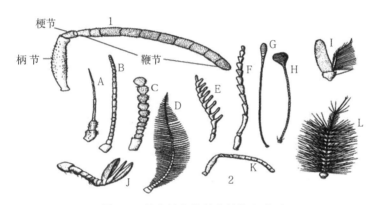

图2-6　昆虫触角的基本结构和类型

1.触角的基本结构;2.昆虫触角的基本类型

A.刚毛状(蜻蜓);B.丝状(飞蝗);C.念珠状(白蚁);D.羽毛状(樟蚕蛾);

E.栉齿状(绿豆象);F.锯齿状(锯天牛);G.棒状(菜粉蝶);H.锤状(长角蛉);

I.具芒状(蝇);J.鳃叶状(金龟甲);K.膝状(蜜蜂);L.环毛状(库蚊)

①刚毛状:触角短小,基部1~2节较粗大,鞭节突然缩小,细如刚毛,如蜻蜓、叶蝉和飞虱等。

②线状或丝状:各节基细相仿,整个触角细长如线,如东亚飞蝗和一些蛾类等。

③念珠状:各节略呈球形,大小相仿,整个触角像一串念珠,如白蚁、褐蛉等。

④锯齿状或栉齿状:鞭节各亚节向一边突出,略呈三角形,状似锯齿,如雄性叩头虫、雌性绿豆象等;鞭节各亚节向一边伸出枝状突起,形似梳子,如雄性绿豆象等。毒蛾和雄性蚕蛾等的触角鞭节各亚节向两边伸出枝状突起,形似羽毛,称羽毛状或双栉齿状。

⑤膝状或肘状:鞭节长、柄节短小,两者间折成一角度,呈膝状或肘状弯曲.鞭节由一些相似的亚节组成,如蜜蜂和一些象甲等。

⑥具芒状:触角短,末节(第3节)最粗大,其背侧面着生一个芒状构造,称触角芒。此芒可以是1根刚毛或为羽状毛,如蝇类。

⑦环毛状：鞭节各亚节环生细毛，如雄性蚊和摇蚊等。

⑧球杆状：端部数亚节膨大合成球形，其他各节细长如杆，如蝶类等。

⑨锤状：端部数亚节突然膨大，合成锤状，如埋葬虫、瓢虫等。

⑩鳃叶状：端部数亚节向一边扩展成片状，合起来像鱼鳃，如金龟子等。

5）昆虫的头式

不同类群的昆虫，头部的结构可以发生一些变化，口器在头部着生的位置或方向也有所不同。昆虫头部的形式（头式）常以口器在头部着生的位置分成三类。观察昆虫头部标本。

①下口式（hypognathous）：口器向下，约与体躯纵轴垂直。具有这类口式的大部分是植食性的昆虫，取食方式比较原始，如蝗虫和粘虫的幼虫等。

②前口式（prognathous）：口器向前，与体躯纵轴呈钝角或近乎平行。具有这类口式的许多是捕食性昆虫，如步行虫、草蛉幼虫等。

③后口式（opisthognathous）：口器向后斜伸，与体躯纵轴成锐角，不用时常弯贴在身体腹面。具这类口式的多为刺吸式口器昆虫，如蝉、蚜虫和蟟等。

2. 胸部

昆虫的胸部是第二体节，分为前胸、中胸、后胸，三部分各有一对足，后胸和中胸各有一对翅；胸部是运动和支撑中心。

1）胸足（thoracic legs）

每个胸节都有一对胸足。胸足的变化很大，同一种昆虫的 3 对胸足往往因功用不同在形态上发生变化。

（1）基本构造。

成虫的胸足分成 6 节，从基部向端部依次为基节（coxa）、转节（trochanter）、腿节（femur）、胫节（tibia）、跗节（tarsus）和前跗节（pretarsus）（见图 2-7）。

节间由膜质相连，节与节之间由 1～2 个关节相接。观察蝗虫的中足。基节粗短，以膜与胸部相连，上缘有一个关节窝与侧基突支接；转节是很小的一节，略呈筒形，基部与基节以前、后两个关节连接；腿节往往是胸足的最粗壮的一节，基部与转节紧密相连，呈长筒形，末端与胫节以前后关节连接，活动范围较大；胫节可以折贴于腿节之下，为长筒形，比腿节细且稍短，胫节腹面有两排刺；跗节位于胫节末端，与胫节间由膜连接，分为 3 个亚节，第 1 亚节和第 3 亚节长，第 2 亚节最短，各亚节腹面有成对的肉质跗垫，第 1 跗节下面有 3 对跗垫；前跗节包括 1 对爪（claw）和 1 个中垫。

转节是胸足的第二节，一般较小。蜻蜓类的转节分为两节（看示范标本）。姬蜂类的转节好像有两节，实际上第二节是腿节划分出来的一部分。跗节在各类昆虫中变化较大，可以有 2～5 个亚节，在同种昆虫的 3 对胸足中，跗节的数目也可以不同。观察金龟子的跗节分为几节。前跗节的变化也很大。观察虻和家蝇的爪间突与爪垫。

（2）足的类型。

观察足的玻片标本或针插昆虫标本。

①步行足：较细长，各节无显著特化，适于行走，如步行虫和蟟等的足。

②跳跃足：腿节特别膨大，胫节细长，当折在腿节下的胫节突然直伸时，可使虫体跳起，如蝗虫和跳甲的后足。

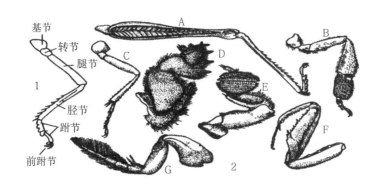

图 2-7 胸足的基本构造和类型

1.胸足的基本构造;2.胸足的类型

A.跳跃足(蝗虫后足);B.携粉足(蜜蜂后足);C.步行足(步行虫);D.开掘足(蝼蛄前足);

E.抱握足(雄龙虱前足);F.捕捉足(螳螂前足);G.游泳足(龙虱后足)

③开掘足:胫节宽扁有齿,适于掘土,如蝼蛄和金龟子前足。

④游泳足:足扁平,有较长的缘毛,形似桨,用以划水,如龙虱后足。

⑤抱握足:跗节特别膨大,有吸盘状构造,在交配时用来夹抱雌虫,如雄性龙虱前足。

⑥携粉足:胫节宽扁,两边有长毛,相对环抱,形成"花粉篮",用以携带花粉;基跗节(第一跗节)很大,内侧有 10~12 横排硬毛,用以梳刷附着在体毛上的花粉,如蜜蜂的后足。

⑦捕捉足:基节延长,腿节的腹面有槽,胫节可以折嵌在腿节的槽中,形似折刀,用以捕捉猎物,如螳螂前足。

昆虫幼虫的胸足构造比较简单,跗节不分节,前跗节只有一个爪。节间膜发达,节与节间通常只有一个背关节。观察粘虫幼虫的胸足。

2)翅(wings)

(1)翅的基本构造。

取蝗虫一只,观察后胸和中胸的两翅,观察后翅的形状,注意"三角"(肩角、顶角和臀角)、"三缘"(前缘、外缘、内缘或后缘)和"四区"(臀前区、臀区、腋区、轭区)的位置等(见图 2-8)。

蝗虫的后翅很薄,为透明膜质,两层膜间的翅脉清晰可见。注意翅的厚度和翅脉分布的疏密程度在翅的前缘与后缘、翅基与翅尖的差别,分析这与飞行功能的关系。

(2)翅的关节。

观察蝗虫翅基的关节骨片——腋片(axillaries)和中片(median plates),注意它们的形状、位置、相互关系以及与背板、侧板的连接情况。蝗虫前翅的腋片比后翅的标准,观察时选用前翅较好。

①第 1 腋片是一块不规则的厚骨片,前端延伸呈细颈状,其内缘与背板的前背翅突相支接,外缘与第 2 腋片相接,前端的突起与亚前缘脉(SC)的基部相支接。

②第 2 腋片是一块长三角形骨片,位于第 1 腋片的外侧,前部宽、后部窄,表面隆起。外缘的前端与径脉(R)基部相支接,后半部与内中片相接,末端与第 3 腋片相接。第 2 腋片的下部正顶在侧板的侧翅突上,成为翅的活动枢纽。

③第 3 腋片是一块长形骨片,位于第 1 腋片、第 2 腋片及内中片的后方,以膜与盾片、第 1 腋片、第 2 腋片相连,基部与第 4 腋片相连(在无第 4 腋片的昆虫中则与后背翅突相连),外端

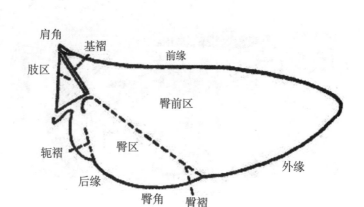

图 2-8　翅的基本构造

与臀脉(A)的基部支接。第 3 腋片前缘中部有一个前伸的突起,突起的外面与内中片紧接,外中片连接在它的外缘。中片与中脉(M)及肘脉(Cu)基部支接。

④第 4 腋片是钩形小骨片,里半部宽且隆起;外半部细且骨化较强,通过韧带与第 3 腋片等连接。

⑤中片位于翅基的中部,里面的为内中片,外面的为外中片。两个中片间有一个斜缝,就是基褶。在翅折叠时,两个中片沿基褶折叠。在翅展开时,两个中片平展。前翅的内中片为三角形,位于第 2 腋片与外中片之间,与第 2 腋片间有 1 条窄缝,后面与第 3 腋片按合。外中片接近三角形,外缘与径脉(R)基部连接,里缘在前端与径脉及第 2 腋片前外端角连接,在后端与内中片连接。

翅基的关节骨片在翅的折叠中有重大作用。翅的折叠的大致过程:着生在第 3 腋片上的腋肌收缩使第 3 腋片外端突出部分向上翘起,牵动基褶使腋区沿基褶向上拱,同时使翅以第 2 腋片与侧翅突顶接处为支点向后旋转,臀区折向翅下和翅向后覆盖在背上。翅的展开则是着生在前上侧片里面的前上侧肌收缩,拉动前上侧片使翅展开。

翅不能折叠在背上的蜻蜓 蜉蝣,其腋片愈合为一整块,不能折叠。

(3)脉序及其变化。

脉序(venation)是翅脉在翅面上的分布形式。脉序在不同类群的昆虫中变化很大,呈现出多种多样的类型,但在同一类群中基本一致。所以,脉序在昆虫分类及追溯昆虫的演化关系方面都是重要的依据。为了研究和交流上的需要,昆虫学家将多样化的脉序归纳成一种基本的形式,给各条翅脉以统一的名称。这个脉序是根据现代昆虫与化石昆虫脉序的比较、翅芽内气管分布推断出来的,故称为假想式脉序或理想脉序(见图 2-9)。

在现代昆虫中,只有毛翅目昆虫的脉序同较通用的假想脉序相似。观察石蛾(毛翅目)的前翅玻片标本,辨认各条纵脉及横脉,并与假想脉序对照,牢记各脉名称及相互位置。

现代昆虫除毛翅目外,脉序都发生了不同程度的变化。这些变化主要包括翅脉的增多和减少。

① 翅脉的增多主要有两类。一类是原有纵脉出现分支,这种分支被称为副脉(accesory veins)。观察脉翅目的草蛉或褐蛉的翅脉可以发现,R 脉出现很多分支,并在外缘分叉。另一类是在两条纵脉间加插一些较细的纵脉,称为加插脉或闰脉(intercalary veins)。观察蜉蝣的翅脉可以发现,R_3 与 R_{4+5} 之间加插了 1 条纵脉 IR_3。蜻蜓的 R_2 和 R_3 后面有加插脉 IR_2 和

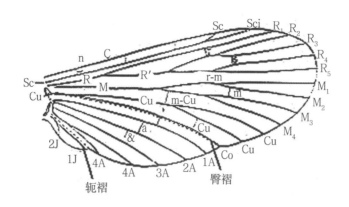

图 2-9　昆虫的理想脉序

IR_3。蝗虫前翅中室里有中闰脉。

②翅脉的减少主要是翅脉的合并与消失。如蝶、蛾后翅的 Sc 与 R_1 合并为一条 $Sc+R_1$ 脉、M 不分支、M 的中干消失、M 只分 3 支等。

膜翅目与双翅目昆虫的翅脉都有不同程度的合并与消失。小蜂的前后翅都只有 1 条翅脉。缨翅目(蓟马)昆虫至多有 2 条长的纵脉。

(4)翅的类型。

在各类昆虫中,由于功能不同,翅的质地、大小、形状、被物等也有所不同(见图 2-10)。同种昆虫的前后翅也可以完全不同。

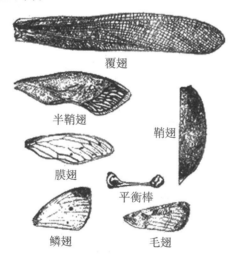

图 2-10　昆虫翅的类型

①观察蝗虫的前后翅:前翅狭长,较厚,革质,有明显的翅脉,主要用来覆盖和保护后翅,故名为覆翅(tegmen);后翅很大,膜质,可折叠如扇,藏于前翅下面,用于飞行。

②观察金龟子的前后翅:前翅硬化成角质,无翅脉,用来保护后翅和腹部,被称为鞘翅(elytra);后翅为膜质,褶藏于前翅下面。

③观察蝽的前翅:其基半部较骨化,端半部仍为膜质,被称为半鞘翅(hemielytra)。

④观察蜜蜂的前后翅:质地透明如膜,被称为膜翅。

⑤观察石蛾的前后翅:虽也是膜质翅,但翅面上有很多细毛,被称为毛翅。

⑥观察天蛾或其他鳞翅目成虫的翅:翅面有鳞片,被称为鳞翅。

(5)翅的连锁器。

翅为飞行器官的昆虫,常用连锁装置把前后翅连在一起,使后翅与前翅协同动作,以增强飞行的效能。

①观察蝉的连锁器。前翅后缘有一个向下的卷褶,后翅前缘有一段短而向上的卷褶。起飞时,前翅向前平展,与后翅勾连在一起。当前翅向后收并往背上覆盖时,两卷褶自动脱开。试模仿蝉展翅与收翅的动作。

②观察蜜蜂的前后翅。前翅后缘有一个向下的卷褶;后翅前缘有一列向上弯的小钩,即翅钩(hamuli)。小钩挂在前翅的卷褶上将翅连锁。

③观察天蛾(或粘虫)翅上的翅缰(frenulum)和翅缰钩(frenulum hook)。翅缰是从后翅前缘基部生出的一根或几根硬鬃;翅缰钩是位于前翅下面翅脉上的一丛毛或鳞片所形成的钩。翅缰穿插在翅缰钩内形成连锁器。观察雄蛾与雌蛾翅缰的数目、粗细、长短,翅缰钩的位置有何不同。

3. 腹部

腹部是第三体节,无分节的跗肢,腹部内包藏着各种脏器和生殖器官,腹部末端有外生殖器;腹部1~8节各有一对气门。雌虫第8、9腹节的跗肢特化成产卵器(见图2-11)。雄性第9腹节着生交配器,第11腹节上长有尾须(见图2-12)。昆虫腹部是新陈代谢和生殖中心。

观察盒装标本示范的各种产卵器。

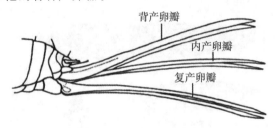

图 2-11　雌性昆虫生殖器

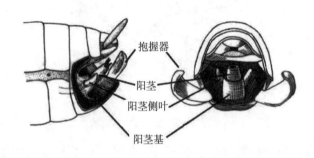

图 2-12　雄性昆虫生殖器

13.5　实验作业

(1)绘制粉蝶的触角图,并标明各部分名称。

(2)绘制蝗虫的后足图,并标明各部分名称。

（3）列表说明所给昆虫的触角类型和胸足的类型。

（4）解析昆虫咀嚼式口器和刺吸式口器的解剖构造，并分别阐述其危害特点。

（5）绘制蝶或蛾类前翅形态图，标明"三缘、三角、三褶、四区"。

（6）昆虫足的构造和功能变化是怎样适应生活环境和生活方式的？

（7）将所观察昆虫的外部形态特征填入表2-1。

表 2-1　昆虫胸足、翅和触角的基本构造观察记录表

昆虫名称	口器类型	触角类型	翅			胸足类型		
			质地	被覆物	形态	前足	中足	后足

实验十四　昆虫生物学习性观察

14.1　实验目的与要求

（1）认识昆虫的变态及主要类型。

（2）了解昆虫卵的各种类型。

（3）认识昆虫卵、幼虫和蛹的主要类型。

（4）观察成虫的性二型及多型现象。

14.2　实验材料

昆虫生活史标本（直翅目、半翅目、鳞翅目、鞘翅目、膜翅目、双翅目、缨翅目、脉翅目）；各种类型的卵、幼虫、蛹和成虫的标本和挂图。

14.3　实验用具

双目立体解剖镜及外光源照明、蜡盘、镊子、解剖针和大头针等。

14.4　实验内容与方法

14.4.1　观察昆虫的变态类型

变态(metamorphosis)是指昆虫在个体发育过程中,特别是胚后发育阶段不仅体积不断生长增大(因为发生着量的变化),而且外部和内部组织器官等也发生着周期性的质的改变的现象,即昆虫在发育过程中伴随着一系列形态变化。变态的类型主要有增节变态、表变态、原变态、不全变态和完全变态5个基本类型。昆虫最常见的变态类型是不完全变态和完全变态。观察生活史标本,认识昆虫的变态类型。

1. 不完全变态(incomplete metamorphosis)

不完全变态的昆虫只有3个虫期,即卵期、幼虫期和成虫期(见图2-13)。不完全变态又分为半变态、渐变态和过渐变态。

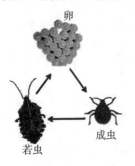

卵

若虫　　成虫

图 2-13　半翅目昆虫的不完全变态

(1)半变态(hemimetamorphosis):不完全变态类蜻蜓目昆虫,由于幼虫期营水生生活,所以体型、呼吸器官、取食器官、行动器官等均有不同程度的特化,以致成虫和幼虫具有明显的形态分化,称为半变态。蜻蜓目的蜻蜓、豆娘等进行半变态,幼虫为稚虫(naiad),俗称水虿。

(2)渐变态(paurometamorphosis):昆虫幼体与成虫在外部形态、栖境、生活习性等方面都很相似,所不同者,主要是翅(一般在第2~3龄期出现翅芽)和生殖器官(无论是外生殖器还是内生殖器官)没有发育完全,特称为若虫(nymph);转变为成虫后,除了翅和性器官的完全成长外,在形态上与幼虫没有其他重要差别。常见的渐变态昆虫有直翅目、螳螂目、蜚蠊目、半翅目等昆虫。

(3)过渐变态(metamorphosis):不完全变态类缨翅目、半翅目中的粉虱科和雄性介壳虫等的变态方式较为特殊,它们的幼虫在转变为成虫前有一个不食又不大动的类似蛹的虫龄,因此将原有若虫龄数减少到三龄或更少,但翅仍在体外,和完全变态类又有根本的差别,所以常称为过渐变态。

2. 完全变态(complete metamorphosis)

完全变态的昆虫具有4个虫期,即卵期、幼虫期、蛹期和成虫期(见图2-14)。

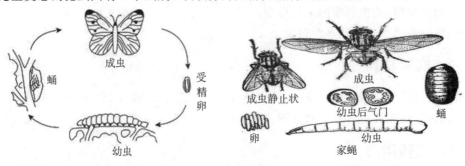

成虫　　　蛹　　　受精卵　　　幼虫

成虫静止状　　成虫　　蛹　　幼虫后气门　　卵　　幼虫　　家蝇

图 2-14　鳞翅目和膜翅目昆虫的完全变态

14.4.2 观察昆虫卵的类型

昆虫卵的大小种间差异很大,较大者,如蝗卵,长6～7 mm,赤眼蜂的卵则很小,长度仅为0.02～0.03 mm。昆虫卵的形状也是多种多样的,最常见的为卵圆形和肾形,此外还有半球形、球形、桶形、瓶形、纺锤形等。草蛉类的卵有一个丝状卵柄,蝽的卵还具有卵盖。昆虫的卵粒有各种各样的形态的变化,注意观察。

14.4.3 观察幼虫类型

全变态昆虫的幼虫可以分为4种类型。

(1)原足型:附肢和体节尚未分化完全,像一个发育不完全的胚胎,如内寄生蜂的幼虫。

(2)多足型:除具发达的胸足,还有腹足,如鳞翅目和叶蜂幼虫。

(3)寡足型:胸足发育完全,腹部分节明显但无腹足,如金龟子幼虫。

(4)无足型:既无胸足也无腹足,如家蝇的幼虫。

14.4.4 观察蛹的类型

(1)被蛹:这类蛹的触角和附肢等紧贴在蛹体上,不能活动,腹节多数或全部不能活动。鳞翅目、鞘翅目的隐翅虫,双翅目直裂亚目(蚊、蚋、蠓)的蛹都是被蛹。

(2)离蛹:这类蛹的特征是附肢和翅不贴附在身体上,可以活动,腹节间也能自由活动,如毛翅目、脉翅目等昆虫的蛹。

(3)围蛹:蛹体本身是离蛹,但是蛹体被末龄幼虫所脱的皮包裹,如蝇类的蛹。

14.4.5 观察成虫性二型及多型现象

(1)性二型现象:昆虫雌雄两性除性器官存在差异外,雌雄的区别常常还表现在个体的大小、体型的差异、颜色的变化等方面,这种现象称为性二型现象,如阳彩臂金龟和犀金龟(亦称独角仙)性二型现象(见图2-15)。注意比较小地老虎雌虫和雄虫触角的不同、玉带凤蝶雌雄成虫颜色和斑纹的不同、锹甲的雌雄成虫的不同。

图 2-15 阳彩臂金龟和犀金龟性二型现象

(2)多型现象:同种昆虫同一性别具有两种或更多不同类型的个体的现象。这种不同类型的变化并非表现在雌雄性的差异上,而是同一性别个体中不同类型的分化。多型现象在"社会性"昆虫中更为典型,如膜翅目的蜜蜂、蚂蚁,白蚁等(见图2-16)。观察蜜蜂的多型现象发现,除了能生殖的蜂王、雄蜂外,不能生殖的全是雌性的工蜂。

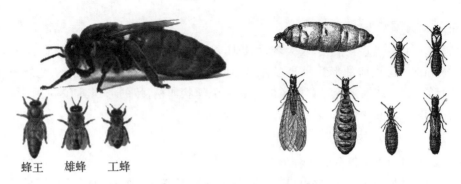

蜂王　　雄蜂　　工蜂

图 2-16　蜜蜂和白蚁的多型现象

14.5　实验作业

(1)列表注明所观察昆虫卵的形态特点。

(2)列表记载所观察的昆虫幼虫和蛹的类型。

(3)举例说明完全变态和不全变态的成虫、幼(若)虫在外部形态上的主要区别。

(4)区别鳞翅目幼虫和叶蜂幼虫。

(5)解释性二型和多型现象,并列举案例说明。

实验十五　昆虫纲主要目特征观察及检索表的编制与运用

15.1　实验目的与要求

(1)了解直翅目、缨翅目、半翅目、鳞翅目、双翅目、膜翅目、鞘翅目、脉翅目、螳螂目以及蛛形纲蜱螨目(不是昆虫纲)的主要形态特征。

(2)掌握上述各目昆虫中重要科代表的主要形态特征。

(3)学会昆虫分类检索表的编制与运用。

15.2　实验材料

各目昆虫的分类标本、生活史标本及载玻片、教学挂图。

15.3　实验用具

扩大镜、双目立体解剖镜、蜡盘、尖头镊子等。

15.4　实验内容与方法

15.4.1　直翅目(Orthoptera)

直翅目包括蝼蛄、蝗虫、蟋蟀等,中到大型,咀嚼式口器,触角多为丝状,前胸背板发达,前翅为覆翅,翅脉多是直的,后翅为膜翅,后足大多为跳跃足,产卵器发达,一般有听器和发音器。

重点观察对比蝗虫与蝼蛄的主要特征及区别。观察触角形状、长度,翅的质地、形状,前胸背板、前后足、产卵器等的特征。

(1)蝗科(Acrididae):前胸背板为马鞍形,听器位于第一腹节两侧,产卵器为锥状,雄虫用后足与前翅摩擦发音,如稻蝗、棉蝗等。

(2)蝼蛄科(Gryllotalpidae):前足为开掘足,前胸背板为盾形,听器位于前足胫节基部(裂缝状),前翅短,雄虫有音锉(发音器),后翅长,折叠成燕尾状,超过腹部末端,后足不能跳跃,如华北蝼蛄、非洲蝼蛄等。

(3)蟋蟀科(Gryllidae):体粗壮,触角为线状,比体长,产卵器为矛状,听器位于前足胫节基部,雄虫发音器在前翅基部,前翅前缘基部急剧弯曲,如油葫芦、大蟋蟀等。

(4)螽蟖科(Tettigoniidae):目前世界上已知的螽蟖科昆虫有6800多种。螽蟖科的成虫身体呈扁或圆柱状,颜色多呈绿色或褐色;触角一般长于身体;翅发达、不发达或退化。雄性具翅个体在前翅上具有发音区,通过左右前翅摩擦发音。前足胫节基部左、右两侧听器为开放式、闭合式。后足股节发达,跗节为4节。产卵器为剑状或镰刀状。

15.4.2 缨翅目(Thysanoptera)

缨翅目通称蓟马,体型为微小型,口器为锉吸式,翅狭长,边缘有长而整齐的缘毛,触角略呈念珠状。

(1)蓟马科(Thripidae):前翅末端尖,腹末为圆锥状,产卵器向下弯曲,如稻蓟马、烟蓟马、花蓟马等。

(2)管蓟马科(Phlaeothripidae):前翅末端为钝圆,翅脉退化,腹末为管状,产卵器不可见,如稻管蓟马。

15.4.3 半翅目(Hemiptera)

世界上已知的半翅目昆虫有45 000多种,广泛分布于世界各地。中国已知的半翅目昆虫有3000多种。

半翅目的特征(见图2-17):喙出头下近前足,叶蝉、飞虱、蚜和蚧常危害农林与果蔬,通称蝽,体型为小型到大型,身体扁平,刺吸式口器从头前方伸出,转弯贴于腹面,中胸小盾片发达,前翅为半鞘翅。观察蝽象的形态特征,对比叶蝉、蚜虫等的形态特征及区别。观察口器、触角,观察前翅的质地、形状及各部位的名称(革区和膜区),着重观察蝽科革区和膜区的翅脉的特征。着重观察蚜虫触角的构造,腹管、尾片的形态特征。

1.异翅亚目(Heteroptera)

(1)蝽科(Pentatomidae):体宽扁,中胸小盾片长达膜区,前翅膜区有许多纵脉均从基部一横脉上生出,如稻蝽、菜蝽等。

(2)缘蝽科(Coreidae):体狭长,两侧平行,前胸背板两侧呈刺状突出,如稻棘缘蝽。

(3)盲蝽科(Miridae):体小,无单眼,前翅膜区有1~2个翅室,前翅有楔区,如三点盲蝽、苜蓿盲蝽、中黑盲蝽等。

(4)猎蝽科(Reduviidae):体细长,头窄,喙短且坚硬如锥状,基部弯曲呈钩状,不能平贴于身体腹面,如中华猎蝽。

(5)网蝽科(Tingidae):小型到中型,体多扁平,有相对宽平的前翅,体色缺乏鲜艳的色彩,

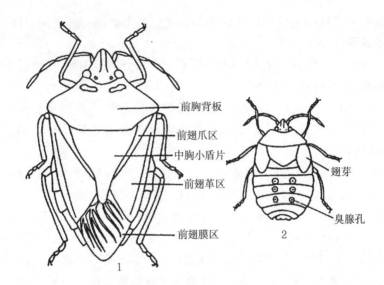

图 2-17　半翅目的特征

1.成虫；2.若虫(仿杨惟义)

前胸背板及前翅遍布网格状棱起所组成的花纹,极易识别。世界上已知的盲蝽科昆虫有 2000 种以上,世界性分布。我国已知的盲蝽科昆虫有 170 多种。盲蝽科昆虫生活在植物上,多栖息于叶片反面,若虫尤其如此。也有的种类生活在树皮缝隙、地被物间及苔藓层下。盲蝽科昆虫全部为植食性,少数能形成虫瘿。常见的盲蝽科昆虫有亮冠网蝽等。

(6)田鳖科(Belostomatidae):又叫负子蝽科,体大宽扁,喙短坚硬如锥状,前足为捕捉足,中后足为游泳足,腹末有一呼吸管,如大田鳖(俗称桂花蝉)。

2.同翅亚目

同翅亚目有两对翅,静止时多呈屋脊状置背上,前翅质地均一,发育过程为渐变态;粉虱发育近似全变态。同翅亚目因本亚目昆虫前翅质地相同而得名,包括蝉类、飞虱、蚜虫、蚧壳虫。同翅亚目体型为微小到大型,口器为刺吸式,从头后方伸出,前翅大多为膜质,少数为皮革质(叶蝉、斑衣蜡蝉)。

(1)叶蝉科(Cicadellidae):体小,触角为刚毛状,前翅为皮革质,后足胫节有两排刺,如黑尾叶蝉、大青叶蝉、白翅叶蝉、电光叶蝉、棉叶蝉等。

(2)飞虱科(Delphacidae):体小,头尖,为触角锥状,前翅为膜质,后足胫节末端有一个很大的距,有长翅型和短翅型,如褐飞虱、白背飞虱、灰飞虱等。

(3)蚜科(Aphididae):体小柔弱,前翅为膜质,翅痣明显,腹部第六节两侧有一对腹管,腹末有尾片,有无翅蚜和有翅蚜之分,触角常生有感觉孔,如麦蚜、棉蚜等。

15.4.4　鳞翅目(Lepidoptera)

鳞翅目包括蛾蝶类,体型为小型到大型,口器为虹吸式,体表和翅面密披许多鳞片。

(1)夜蛾科(Noctuidae):体粗壮,前翅颜色深暗,后翅 $Sc+R_1$ 脉在中室基部只有一点点愈合,形成一个小型基室,如棉铃虫、大螟、地老虎等。

(2)螟蛾科(Pyralidae):小型到中型,色淡,下唇须向前伸出或弯过头顶,前翅为三角形,后翅 Sc＋R₁ 脉在中室外愈合,如三化螟、玉米螟、豆荚斑螟等。

(3)粉蝶科(Pieridae):体型为中型,前翅为三角形,后翅为卵圆形,翅面多为黄色和白色,常有黑斑,如菜粉蝶等。

(4)弄蝶科(Hesperiidae):体型为中型,粗壮,色深暗,触角端部膨大并有一个弯钩,翅面常有白斑,如直纹稻苞虫等。

(5)麦蛾科(Gelechiidae):体型为小型到中型,前翅为柳叶形,后翅为菜刀形,前后翅外缘和后缘都有长而整齐的缘毛,如麦蛾、棉红铃虫等。

(6)天蛾科(Sphingidae):大型,前翅狭长,外缘倾斜度大,后缘凹入,后翅短小,前后翅常有许多斑纹,如豆天蛾、旋花天蛾等。

15.4.5　双翅目(Diptera)

双翅目包括蚊、蝇、虻,体型为微小型到中型,复眼大,占头部的大部分,只有一对前翅,后翅退化成平衡棒。观察食蚜蝇等的成虫形态、触角形状和幼虫特点。

(1)瘿蚊科(Cecidomyiidae):体型微小,柔软,触角为念珠状,各节环生细毛,前翅宽,只有3～5 条纵脉,无横脉,如小麦吸浆虫。

(2)潜蝇科(Agromyzidae):体小,黑色,触角具芒状,翅前缘有一处折断,如豆秆黑潜蝇、豌豆蛇潜蝇等。

(3)食蚜蝇科(Syrphidae):体型为中型,翅面常有艳丽的斑纹,径脉和中脉之间有一条两端游离的假脉,翅外缘有与边缘平行的横脉,可以在空中悬飞,如中华食蚜蝇。

15.4.6　膜翅目(Hymenoptera)

膜翅目包括蜂类和蚂蚁,体型为微小型到大型,翅为膜质或无翅,腹部第一节常并入胸部,第二节常收缩成细腰状。观察叶蜂幼虫的形状、腹足数目;赤眼蜂科成虫形态、翅上的微毛及复眼颜色。

(1)叶蜂科(Tenthredinidae):体粗壮,头与胸等宽,前胸背板后缘深凹,前翅有翅痣,体背有橘红色斑,前足胫节末端有两个端距,如麦叶蜂。

(2)小蜂科(Chalcididae):体微小,触角为膝状,翅脉退化,仅有一条纵脉,后足基节和腿节膨大,为前足基节和腿节的 5～6 倍,如广大腿小蜂。

(3)姬蜂科(Ichneumonidae):前翅中央有一个多角形的小室,小室下面有一条横脉(第二回脉),腹部细长且向下弯曲,如三化螟沟姬蜂。

(4)蜜蜂科(Apidae):体型为中型,复眼长满细毛,后足为典型的携粉足,如中国蜜蜂。

15.4.7　鞘翅目(Coleoptera)

鞘翅目通称甲虫,体型为小型到大型,体壁坚硬,咀嚼式口器,前翅为鞘翅,后翅为膜质。

(1)步甲科(Carabidae):体型为中型,色较暗,少数有金属光泽,头为前口式,后翅退化,不能飞行,足细长,适于步行,如中华步甲、黄缘步甲等。

(2)瓢甲科(Coccinellidae):体为半球,头部缩入前胸,鞘翅上常有明显的斑纹,触角棒状,如七星瓢虫、异色瓢虫等。

(3)叩甲科(Elateroidae):体型为中型到大型,体色较暗,雌虫触角为锯齿状,雄虫触角为丝状,前胸背板两侧向后呈刺状突出,前胸腹板有一个锐刺,嵌入中胸腹板的沟内,如沟叩甲、细胸叩头虫等。

(4)金龟科(Scarabaeidae):体型为中型,椭圆形,触角为鳃片状,前足胫节宽扁有齿,为不典型的开掘足,如铜丽金龟子、大黑金龟子等。

(5)象甲科(Curculionidae):头部极度向前延伸,呈象鼻状,咀嚼式口器生于象鼻的尖端,触角弯曲呈膝状,末端膨大,如稻象甲、梨象甲等。

(6)豆象科(Bruchidae):体小,卵圆形,色暗,常有白斑,鞘翅短,腹末外露,跗节隐5节,为储粮害虫,如蚕豆象、豌豆象、绿豆象。

(7)天牛科(Cerambycidae):体型为小型到大型,下口式,上颚为齿状,触角为鞭状,超过体长,复眼包围在触角基部,如桑天牛、麻天牛等。

(8)叶甲科(Chrysomelidae):体型为小型到中型,身体为椭圆形,常有金属光泽,触角为丝状,跗节隐5节,如大猿叶甲、小猿叶甲等。

15.4.8　脉翅目(Neuroptera)

脉翅目为小型至大型昆虫,细长柔弱;咀嚼式口器;前、后翅均为膜质;翅脉为网状,大小、形状略相等,停息时置于背上呈屋脊状;无尾须;完全变态;幼虫为肉食性;陆生种类捕食蚜虫和介壳虫等害虫,为著名的益虫;有4000多种。常见的脉翅目昆虫有草蛉、蚁蛉、粉蛉和蝶角蛉等。观察草蛉成虫前后翅的质地、翅脉的特点及复眼的特征。

1.草蛉科(Chrysopidae)

草蛉科昆虫多为绿色,具金属或铜色复眼,触角为长丝状,翅的前缘区有30条以下的横脉,Rs脉不分叉。幼虫为长形,两头尖削,胸部与腹部两侧有毛瘤,口器为捕吸式,捕食蚜虫,称为蚜狮。老熟幼虫在丝质茧内化蛹,茧一般附着在叶片背面。卵通常被产于叶片上,有丝质长柄。世界已知的草蛉科昆虫有12 000多种,我国常见的草蛉科昆虫有大草蛉、中华草蛉、丽草蛉、叶色草蛉等。

2.褐蛉科(Hemerobiidae)

褐蛉科昆虫为小型到中型,一般为褐色,无单眼,触角长,触角为念珠状,翅脉上常多毛,前翅R脉多分支,前缘横脉分叉,Rs脉有2~4个分支。幼虫为长形,每侧有3个单眼,头小,无明显毛瘤。褐蛉科昆虫常见于林区,捕食蚜虫、蚧、粉虱、木虱等。已知的褐蛉科昆虫有800多种,我国常见的褐蛉科昆虫有点线脉褐蛉等。

3.粉蛉科(Coniopterygidae)

触角为念珠状。前后翅相似,翅脉简单,纵脉不超过10条,到翅缘不再分叉,前缘横脉至多2条。卵为椭圆形,略扁,有网状花纹,一端有突起的受精孔。幼虫身体扁圆,两端尖削,触角为2节。上颚和下颚组成粗短的吸管常被唇基和下唇包围,下唇须为2节、棒状。成虫栖居在果树和林木之间。成虫和幼虫均捕食蚜、螨、蚧和粉虱等。

4.蚁蛉科(Myrmeleontidae)

蚁蛉科昆虫体形大,体、翅均狭长,颇似蜻蜓。触角短,为棍棒状;前后翅的形状、大小和脉序相似,静止时前后翅覆盖腹背,呈明显的屋脊状。Sc与R_1脉平行,在近端部约1/4处愈合。

翅痣不明显,但有狭长形的翅痣下室。卵为球形,具有两个很小的精孔。幼虫体粗大,身上有毛。头小,上颚强大,呈长镰刀状,内缘具齿。足强大,后足胫节与跗节愈合。

15.4.9 蜚蠊目(Blattaria)

头为后口式,即口器长在头腹面,并指向后方。口器为咀嚼式。触角为丝状。多数复眼发达。足发达,适于疾走。前翅为覆翅,后翅为膜质,臀域发达,或无翅。腹部为10节,有1对多节的尾须。腹背常有臭腺,能分泌臭气,开口于第6、7腹节的背腺最显著。有些种类有雌雄异型现象,雄虫有翅,雌虫无翅或短翅。蜚蠊目为渐变态,陆生。

2007年开始,原等翅目的白蚁并入蜚蠊目,等翅目废除。

1. 蜚蠊科(Blattidae)

蜚蠊科昆虫俗称蟑螂。有些种类生活在室内,善跑,取食并污染食物、衣物和生活用具,留下讨厌的气味,传播疾病和寄生虫,是全球性的卫生害虫。有些种类是中药材,可用于治病救人。野外生活的种类有少数危害农作物。

雌雄基本同型,体形中等至大,通常具光泽和浓厚的色彩。头顶常露出前胸背板之前,单眼明显。前、后翅均发达,极少退化,翅脉显著,多分支。飞翔能力较弱,雄性仅限短距离移动。足较细长,多刺。中足和后足股节腹缘具刺,跗节各节具有跗垫,爪对称,爪间具中垫。雄性第1腹节背板中央具分泌腺,极少具毛簇。雌雄两性肛上板对称。雄性下生殖板横宽,对称,具1对细长的腹突。雄性外生殖器较复杂,不对称,阳具端刺位于左侧,顶端为钩状。雌性下生殖板具瓣。全世界已知的蜚蠊科昆虫约44属525种,我国记载10属39种:澳洲大蜚蠊(*Periplaneta australasiae*)为广布种;东方蜚蠊(*Blatta orientalis*)广泛分布于北温带,在我国分布于新疆和北京;德国小蠊(*B. germanica*)是我国南方地区的主要危害蟑螂种群,分布范围广泛。

2. 白蚁科(Termitidae)

白蚁科是原等翅目中最大的科,约占全部种类的3/4。兵蚁、工蚁常有多态现象出现,但也有无兵蚁的组合类群。该科属土栖性白蚁,筑巢于地下或土垅中,属于最进化的高等白蚁。兵蚁的前胸背板狭于头部,前缘翘起呈马鞍状,具囟,尾须为1~2节,跗节为3~4节。有翅成虫的左上颚仅具1~2枚缘齿,前翅鳞稍大于后翅鳞,前、后翅鳞分开,径脉退化或缺,后唇基大,隆起,囟明显;前胸背板狭于头部,尾须为1~2节,跗节为3~4节。

15.4.10 蜱螨目(Arachnoidea)

蜱螨目通称螨类,属蛛形纲,有4对足,身体分为头部和胸腹部,无翅。

1. 叶螨科(Tetranychidae)

叶螨科昆虫体长1 mm以下,卵圆形,前宽后窄,肛门生于腹面,第1、4对足显著长于第2、3对足,如麦岩螨(麦长腿蜘蛛)(*Petrobia Latens* Muller)、朱砂叶螨(棉红蜘蛛)(*Tetranychus*)、柑橘全爪螨(*Panonychus citri* McGregor)、二斑叶螨(*Tetranychus urticae* Koch)。

2. 真足螨科(Eupodidae)

真足螨科也称走螨科,体圆形,黄绿色、黄色、红色或黑色,皮肤柔软有细毛,口器为刺吸式,足为 2 对,肛门开口于体背面。

3. 瘿螨科(Eriophyidae)

瘿螨科是仅次于叶螨科的重要的农业害螨,能传播植物病毒病。瘿螨科体形微小,蠕虫形或纺锤形;足为 2 对,前肢体背板呈盾形,后肢体节和末体节延长,有很多环纹,如小麦瘿壁虱(*Eriophyes*)、拟郁金香瘿螨(*Eriophyes tulipae*)、黍瘿螨(*Eriophys mili*)等。

4. 跗线螨科(Tarsonemidae)

体型微小,体长仅 0.1～0.3 mm,一般呈乳白色、黄色、绿色或黄褐色,表皮的骨化程度比较高,体壁具光泽;身体明显分成囊状的假头、前足体和后半体 3 个部分,前足体和后半体由明显的横缝分开,后半体分节或具有分节的痕迹。爪间突附在爪上,膜质下垂。体躯背面具背毛 8～9 对。腹面具发达的表皮内突是跗线螨科重要的特征之一。另一个重要特征是具明显的性二型现象:雌螨体型较大,椭圆形,背面凸圆;雄螨体型较小,狭长,躯体末端具生殖乳突。跗线螨科代表动物有茶黄螨(*Polyphagotarsonemus latus* Banks)等。

5. 细须螨科(Tenuipalpidae)

体型微小,体长 0.2～0.3 mm,卵形、梨形或细长,多为鲜红、黄绿、黄色或褐色。体壁骨化,背、腹面多具网状、线形或回形花纹。口器为刺吸式。螯肢为针状,位于可伸缩的针鞘内,须肢简单,无拇爪复合体。须肢为 1～5 节。须肢跗节刚毛为 3 根,胫节无爪。眼为 1 对。体前端有喙板或无喙板。背面具 10～16 对背毛。足短,具环状皱纹。足Ⅰ、Ⅱ跗节顶端具有小枝状的感觉毛。跗节爪为钩状或垫状,爪间为突垫状,二者均具粘毛。细须螨科动物有卵形短须螨(茶短须螨)(*Brevipalpus obovatus* Donnadieu)、刘氏短须螨(葡萄短须螨)(*B. lewisi* McGrego)、桃细须螨(*Tenuipalpus taonicas* Ma et Yuan)、柿细须螨(棉细须螨)(*Tenuipalpus zhizhilashviliae* Reck)等。

6. 植绥螨科(Phytoseiidae)

体小,椭圆形,一般为乳白色或淡褐色;须肢跗节的趾节为二叉,雌螨螯肢为简单的剪刀状,雄螨螯肢有各种形状的导精趾;背板完整或分为略相等的 2 块,有刚毛 20 对或更少;属于捕食性螨类,是栖息在植物上最普通的螨类,捕食叶螨、瘿螨、跗线螨、植食性螨类、蚜虫、蓟马、介壳虫等。植绥螨科动物有智利小植绥螨(*Phytoseiulus persimilis*)、尼氏钝绥螨(*Amblyseius nicholsi* Ehara et Lee)等。

15.4.11 昆虫分类检索表的编制与运用

检索表是用分析和归纳的方法,从不同种类昆虫的特征中,选用明显、稳定的外部特征,严格对称的性状,做成简明条文归类排列,以供运用。

检索表的使用方法:在检索表中列有 1、2、3 等数字,每个数字后都列有 2 条对立的特征描述;拿到要鉴定的昆虫后,从第 1 查起,2 条对立特征哪一条与所鉴定的昆虫一致,就按该条后面所指出的数字继续查下去,直到查出所属目。例如,若被鉴定的昆虫符合第 1 中"有翅"一条,此条后面指出的数字是 23,即再查第 23;在第 23 中"有 1 对翅"与所鉴定的标本符合,就再按后面指出的数字 24 查下去;查到后面指出目的名称时结束。

检索表有双项式和单项式两种常见的形式。

1. 双项式(队列式)

同一内容的两项相对特征,在一条内并列为两行描述,其中之一必与待查的昆虫标本特征相符,检索时按条文前面的数字进行,末尾的数字表示下一步应查的一条,直至查出名称。

双项式检索表

1　无翅　·· 2
2　有翅　·· 3
3　腹末有弹器·· 弹尾目
　　腹末有尾须一对和中尾丝······················· 缨尾目
4　口器刺吸式·· 5
　　口器咀嚼式·· 6
5　前翅半鞘翅、后翅膜质。喙着生于头前端 ········· 半翅目异翅亚目
　　前后翅膜质或前翅稍厚。喙着生于腹面后端········· 半翅目同翅亚目
6　前翅革质。后翅膜质。后足适于跳跃或前足适于开掘········· 直翅目
　　前翅鞘质。后翅膜································· 鞘翅目

2. 单项式(系列式)

同一内容的两项相对特征,分别在开头数字行及括弧内数字所示行中描述,二行之一必与待查昆虫标本特征相符,检索时,先查开头数字一行特征,如相符,便按数字继续下查,若不符,则查括弧内数字所示一行,直至查出。

单项式检索表

1.(4)无翅
2.(3)腹末有弹器··· 弹尾目
3.腹末有尾须一对和中尾丝 ··························· 缨尾目
4.(1)有翅
5.(8)口器咀嚼式
6.(7)前翅革质。后翅膜质。后足适于跳跃或前足适于开掘········· 直翅目
7.(6)前翅为鞘质。后翅膜质 ··························· 鞘翅目
8.(5)口器刺吸式
9.(10)前翅半鞘翅、后翅膜质。喙着生于头前端················· 半翅目异翅亚目
10.(9)前后翅膜质或前翅稍厚。喙着生于腹面后端 ············· 半翅目同翅亚目

15.5　实验作业

(1)列表比较所观察的直翅目、鳞翅目、鞘翅目等昆虫的主要形态特征和主要区别。

(2)绘制稻弄蝶触角图。

(3)绘制叶蝉和飞虱后足图。

(4)绘制麦蛾科前后翅图。

(5)描述飞虱科、叶蝉科、螟蛾科、夜蛾科、金龟科、瓢甲科、天牛科等重要科的特征。

(6)区分螨类与昆虫的特征。

(7)描述蛾、蝶的主要区别。

(8)观察并描述蝗虫与蝼蛄的主要特征及区别。

(9)刺吸式昆虫有哪几个目? 刺吸式昆虫的危害特点?

(10)请分别采用双项式和单项式对所观察的昆虫进行检索表编制。

实验十六　地下害虫和小麦害虫形态特征观察

16.1　实验目的与要求

(1)正确识别地下害虫的形态特征及其为害状。

(2)掌握三种蚜虫、两种麦蜘蛛、两种小麦吸浆虫的形态特征和为害状。

16.2　实验材料

麦长管蚜、麦二叉蚜、黍缢管蚜、麦圆叶爪螨、麦岩螨、麦红吸浆虫、麦黄吸浆虫的盒装、浸渍、玻片、针插或活体标本及为害状标本。

蛴螬类、蝼蛄类、地老虎类、金针虫类等地下害虫的成虫、幼虫的盒装、浸渍、玻片、针插或活体标本及为害状标本。

16.3　实验用具

双目立体解剖镜、放大镜、培养皿、挑针、镊子、昆虫针等。

16.4　实验内容与方法

1. 蛴螬类

1)华北大黑鳃金龟(*Holotrichia oblita* Fald.)

成虫体长 16~21 mm,黑褐色,有光泽,鞘翅及腹部无短小绒毛,腹部末端稍圆,尖端无缝。卵为椭圆形,乳白色。幼虫体有光泽,前顶刚毛每侧 3 根。预蛹体表皱缩,无光泽。蛹为黄白色,椭圆形,尾节具突起 1 对。

2)暗黑齿爪鳃金龟(*Holotrichia parallela* Motschulsky)

成虫体长 18~22 mm,黑褐色,无光泽,鞘翅及腹部有蓝白色短小绒毛,腹部末端稍尖,尖端有缝。卵为椭圆形,乳白色,孵化前可透见虫体。幼虫体无光泽,前顶刚毛每侧 1 根;蛹体长 20~25 mm,宽 10~12 mm。腹部具 2 对发音器。尾节为三角形,二尾角呈钝角岔开。

3)铜绿丽金龟(*Anomala corpulenta* Motschulsky)

成虫体长 17~20 mm,铜绿色,有光泽,前胸背板两侧缘为黄褐色,鞘翅上有 3 条纵隆起线。卵光滑,呈椭圆形,乳白色。幼虫为乳白色,头部为褐色。幼虫老熟体长约 32 mm,头宽约 5 mm,体乳白,头为黄褐色近圆形,前顶刚毛每侧 8 根,成一纵列,后顶刚毛每侧 4 根,斜列。额中例毛每侧 4 根。肛腹片后部复毛区的刺毛列,列各由 13～19 根长针状刺组成,刺毛列的刺尖常相交。刺毛列前端不达复毛区的前部边缘。蛹体长约 20 mm,宽约 10 mm,为椭圆形裸蛹,土黄色,雄性末节腹面中央具 4 个乳头状突起,雌性则平滑,无此突起。

2. 蝼蛄类

1)华北蝼蛄(*Gryllotalpa unispina* Saussure)

成虫体长 39～55 mm,为黑褐色。前足腿节下缘弯曲,缺刻明显;后足胫节背面内侧有 1 根刺或无刺。卵为椭圆形,初产时长 1.6～1.8 mm,宽 1.1～1.3 mm;孵化前长 2.4～2.8 mm,宽 1.5～1.7 mm。卵初产时为黄白色,后变为黄褐色,孵化前呈深灰色。若虫形似成虫,较小,初孵时为乳白色,二龄以后变为黄褐色,5～6 龄后基本与成虫同色。

2)东方蝼蛄(*Gryllotalpa orientalis* Burmeister)

成虫体长 30～35 mm,为淡黄褐色。前足腿节下缘较直,缺刻不明显;后足胫节背面内侧有 3～4 根刺。卵为椭圆形,初产时长约 2.8 mm,宽 1.5 mm,为灰白色,有光泽,后逐渐变成黄褐色,孵化之前为暗紫色或暗褐色,长约 4 mm,宽 2.3 mm。若虫有 8～9 个龄期。初孵若虫为乳白色,体长约 4 mm,腹部大。2、3 龄以上若虫体色接近成虫,末龄若虫体长约 25 mm。

3. 地老虎类

1)小地老虎(*Agrotis ypsilon* Rottemberg)

(1)成虫:体长 16～23 mm,翅展为 42～54 mm,体为灰褐色。雌蛾触角为丝状;雄蛾触角为双栉状,分枝仅达触角长的 1/2,其余为丝状。前翅为暗褐色,有肾形纹、环形纹和棒形纹。肾形纹外侧有 1 个尖端向外的黑色楔形斑,与亚外缘线上 2 个尖端向内的黑色楔形斑尖端相对。各横线明显。

(2)卵:馒头形,直径约 0.5 mm、高约 0.3 mm,具纵横隆线,初产时为乳白色,渐变为黄色,孵化前卵一侧顶端具黑点。

(3)幼虫:体长 37～47 mm,体为黑褐色,体表粗糙,密布明显的颗粒;腹部第 1 节至第 3 节背面的 4 个毛片,后两个比前两个大 1 倍以上;臀板为黄褐色,有两条深褐色纵带。

(4)蛹:体长 18～24 mm、宽 6～7.5 mm,为赤褐色,有光泽;口器与翅芽末端相齐,均伸达第 4 腹节后缘;腹部第 4～7 节背面前缘中央为深褐色,且有粗大的刻点,两侧的细小刻点延伸至气门附近,第 5～7 节腹面前缘也有细小刻点;腹末端具短臀棘 1 对。

2)大地老虎(*Agrotis tokionis* Butler)

(1)成虫:体长 20～22 mm,翅展为 45～48 mm,头部、胸部为褐色,下唇须第 2 节外侧具黑斑,颈板中部具 1 条黑横线;腹部、前翅为灰褐色,外横线以内前缘区、中室为暗褐色,基线双线为褐色,达亚中褶处,内横线为波浪形,双线为黑色,剑纹黑边窄小,环纹具黑边,为圆形、褐色,肾纹大,具黑边,为褐色,外侧具 1 个黑斑,近达外横线,中横线为褐色,外横线为锯齿状褐色双线,亚缘线为锯齿形、浅褐色,缘线呈一列黑色点,后翅为浅黄褐色。

(2)卵:半球形,长 1.8 mm,高 1.5 mm,初为淡黄色,后渐变为黄褐色,孵化前为灰褐色。

(3)幼虫:老熟幼虫体长 41～61 mm,为黄褐色,体表皱纹多,颗粒不明显;头部为褐色,中央具黑褐色纵纹1对,额(唇基)为三角形,底边大于斜边,各腹节2毛片与1毛片大小相似。气门为长卵形,黑色,臀板除末端2根刚毛附近为黄褐色外,几乎全为深褐色,且全布满龟裂状皱纹。

(4)蛹:体长23～29 mm,初为浅黄色,后变为黄褐色。

3)黄地老虎(*Agrotis segetum* Denis et Schiffermtiller)

(1)成虫:体长14～29 mm,翅展32～43 mm,体为黄褐色。雌蛾触角为丝状;雄蛾触角为双栉状,分枝达触角长的2/3,其余为丝状。前翅为黄褐色,肾形纹、环形纹、楔形纹都很明显,肾形纹外侧无楔形黑斑。各横线不明显。

(2)卵:扁圆形,底平,为黄白色,具40多条波状弯曲纵脊,其中约有15条达到精孔区,横脊少于15条,组成网状花纹。

(3)幼虫:体长3～43 mm,体为灰褐色,体表颗粒不明显。腹部第1节至第3节背面的4个毛片,大小几乎相同。臀板有两大块黄褐色斑。

(4)蛹:体长16～19 mm,为红褐色,第5～7腹节背面有9～10排很密的小刻点,腹末生粗刺一对。

4.金针虫类

1)沟金针虫(*Pleonomus canaliculatus*)

(1)成虫:栗褐色,密生金黄色细毛。雌虫触角为11节,为锯齿状,前胸背板呈半球形隆起,中央有微细纵沟,两后缘角稍向后方突出,翅鞘长约前胸的4倍,后翅退化,腹板有6节。雄虫触角为12节,为丝状,翅鞘长约前胸的5倍,有后翅。

(2)卵:近椭圆形,长径为0.7 mm,短径为0.6 mm,为乳白色。

(3)幼虫:末龄幼虫体长20～30 mm,为金黄色,体宽且略扁平。胸腹部背中央有1条细纵沟,腹末节骨化强,双铗状,铗端向上翘弯。铗齿内侧各有1个小齿,铗体外缘各有3个小齿突。

(4)蛹:长纺锤形,乳白色。雌蛹长16～22 mm,宽约4.5 mm;雄蛹长15～19 mm,宽约3.5 mm。雌蛹触角长及后胸后绿,雄蛹触角长达第八腹节。前胸背板隆起,前缘有1对剑状细刺,后绿角突出部的尖端各有1枚剑状刺,其两侧有小刺列。中胸较后胸稍短,背面中央呈半球状隆起。翅袋基部左右不相接,由中胸两侧向腹面伸出。腿节与胫节几乎相并,与体轴成直角,跗节与体轴平行;后足除跗节外大部分隐入翅袋下。腹部末端纵裂,向两侧形成角状突出,向外略弯,尖端具黑褐色细齿。

2)细胸金针虫(*Agriotes subrittatus* Motschulsky)

(1)成虫:暗褐色,略具光泽,披极细茸毛。前胸背板长大于宽,不呈半球形隆起,腹板有5节。

(2)卵:乳白色,近圆形。

(3)幼虫:淡黄色,光亮。老熟幼虫体长约32 mm,宽约1.5 mm,头扁平,口器为深褐色。第1胸节较第2、3胸节稍短。1～8腹节略等长,尾节为圆锥形,近基部两侧各有1个褐色圆斑和4条褐色纵纹,顶端具1个圆形突起。

(4)蛹:蛹体长8～9 mm,呈浅黄色。

3)褐纹金针虫（*Melanotus caudex* Lewis）

（1）成虫：体长 9 mm，宽 2.7 mm，体细长，披灰色短毛，为黑褐色；头部为黑色且向前凸，密生刻点；触角暗褐色，2、3 节近球形，4 节较 2、3 节长。前胸背板为黑色，刻点较头上的刻点小，后缘角后突。鞘翅长为胸部的 2.5 倍，黑褐色，具纵列刻点 9 条，腹部为暗红色，足为暗褐色。

（2）卵：长 0.5 mm，椭圆形至长卵形，白色至黄白色。

（3）幼虫：幼虫共 7 龄。末龄幼虫体长 25 mm，宽 1.7 mm，体为圆筒形，细长，为棕褐色，具光泽。第 1 胸节、第 9 腹节为红褐色。头为梯形，扁平，上生纵沟并具小刻点，体背具微细刻点和细沟，第 1 胸节长，第 2 胸节至第 8 腹节各节的前缘两侧均具深褐色新月形斑纹。尾节扁平且尖，尾节前缘具 2 个半月形斑，前部具 4 条纵纹，后半部具皱纹且密生粗大刻点。

（4）蛹：体长 9~12 mm，初为乳白色，后变为黄色，羽化前为棕黄色。前胸背板前缘两侧各斜竖 1 根尖刺。尾节末端具 1 根粗大臀棘，着生有斜伸的两对小刺。

5. 麦蚜

小麦上常出现的蚜虫有麦长管蚜、黍缢管蚜、麦二叉蚜（见表 2-2）。

表 2-2　三种麦蚜成虫的区别

种类	类型	体长和体色	额瘤	触角	前翅中脉	腹管	尾片
麦长管蚜	有翅胎生雌蚜	2.4~2.8 mm，头、胸为暗绿色，腹部内侧为绿色至浓绿色，腹部背侧有 4~5 个褐斑	明显外倾	比较长，第 3 节有 8~13 个感觉孔，第 6 节鞭部长为基部的 6 倍	分三叉	长圆筒形，黑色，前半部具覆瓦纹，后半部具网状纹	长锥形，比腹管短，中部略缢入，有 3~4 对长毛（有时两侧不对称）
	无翅胎生雌蚜	2.3~2.9 mm，浅绿色或黄绿色，背侧有褐色斑点	同上	比体稍长，黑色，第 3 节有 0~4 个感觉孔，第 6 节鞭部长为基部的 5 倍		同上	同上
黍缢管蚜	有翅胎生雌蚜	1.6 mm 左右，头、胸为黑色，腹部为暗绿色带紫褐色，腹管后端常带紫褐	略显著	比体短，第 3 节有 17~22 个感觉孔，第 4 节为 9~13 个感觉孔，第 5 节有 1~4 个感觉孔，第 6 节鞭部长为基部的 3 倍多	分三叉	近圆筒形，端部缢缩如瓶颈	圆锥形，中部缢入，有 3~4 对长毛
	无翅胎生雌蚜	1.7~1.8 mm，浓绿色或紫褐色，腹管后端常带紫褐色	同上	仅为体长的一半，第 3 节无感觉孔，第 6 节鞭部长为基部的 2 倍		近圆筒形，黑色，具覆瓦状纹，末端缢缩	同上

续表

种类	类型	体长和体色	额瘤	触角	前翅中脉	腹管	尾片
麦二叉蚜	有翅胎生雌蚜	1.4～1.7 mm，头、胸为褐色至黑色，腹部为绿色，背面中央有浓绿色纵纹	明显	第3节有5～7个感觉孔，排成一行	分二叉	长圆筒形，末端缢缩	长圆锥形，较长，有2对长毛
	无翅胎生雌蚜	1.4～2.0 mm，黄绿色至绿色，背面中央有深绿色纵纹	同上	为体长的一半或稍长		同上	同上

6. 吸浆虫类

中国的小麦吸浆虫有两种，即麦红吸浆虫和麦黄吸浆虫，前者主要分布于平原、江河两岸，后者主要分布于高山地区。安徽省的小麦吸浆虫应为麦红吸浆虫。两种小麦吸浆虫的区别如表2-3所示。

表2-3 两种小麦吸浆虫的区别

种类	麦红吸浆虫	麦黄吸浆虫
拉丁学名	*Sitodiplosis mosellana* Gehin	*Contarinia tritici* Kirby
成虫	全体橘红色，密披细毛，头小；复眼大，复眼为黑色，两复眼在上方愈合；触角细长，为14节，念珠状，基部第2节为橙黄色，短圆柱形，鞭节为灰色，每节中部稍缩小，上有两圈刚毛和微细短毛；伪产卵管约为体长的一半；雄虫触角比雌虫长，亦为14节，鞭节灰色，各节中部明显缩成柄状，致使各节呈葫芦形，膨大部分有1圈很长的环状毛，腰部末端略向上弯曲，抱握器基部内缘和端节末端均有齿，阳茎较长	体为姜黄色，雌虫的伪产卵管极细长，超过腹部长度，末端呈针状。雄虫抱握器光滑无齿，腹瓣明显凹入，分裂为两瓣，阳茎短。其余特征与麦红吸浆虫相似
卵	长卵形，末端无附属物	香蕉形，淡黄色，具有细长卵柄，柄与卵体同长
幼虫	橙色或金黄色，长椭圆形，体扁平，体表有鱼鳞状皱起，前胸腹面有1个"Y"形的剑骨片，其前端分叉刻入较深，腹部末端有2对尖形突起	姜黄色，体表光滑，剑骨片前端分叉的缺刻极浅，腹部末端亦生2对突出物，腹部末对气门的突起状似3对突出物
蛹	橙黄色裸蛹，头后部有1对短毛，胸呼吸器呈1对长管状，向前方伸出，上方有超过头部的1对短毛	淡黄色，腹部带黄绿色，头后部的1对短毛，和胸呼吸器几乎等长

7. 麦蜘蛛类

（1）麦圆叶爪螨（麦圆红蜘蛛）：成虫体长0.6～0.98 mm，宽0.43～0.65 mm，为卵圆形，黑褐色,4对足几乎等长,具背肛;足、肛门周围为红色;卵长0.2 mm左右,为椭圆形,初为暗褐色,后变为浅红色。若螨共4龄:1龄为幼螨,有3对足,初为浅红色,后变为草绿色至黑褐色;2~4龄若螨有4对足,体似成螨。

(2)麦岩螨(麦长腿蜘蛛):成虫体长0.62~0.85 mm,体为纺锤形,两端较尖,为紫红色至褐绿色,有4对足,第1对和第4对特别长。卵有两种:越夏卵为圆柱形,长0.18 mm,卵壳表面有白色蜡质,顶部覆有白色蜡质物,似草帽状,卵顶具放射形条纹;非越夏卵为球形,粉红色,长0.15 mm,表面生数十条隆起条纹。若螨共3龄:1龄为幼螨,有3对足,初为鲜红色,进食后为黑褐色;2、3龄有4对足,体形似成螨。

8. 麦叶蜂(*Dolerus tritici* Chu)

(1)成虫:雄虫体长8~9 mm,雌虫体长8.6~10 mm;头具网状花纹,头后缘曲折,前胸背板、前盾片、中胸侧片、颈板为红褐色,其余部位为黑色,翅透明微暗,上有极细淡黄色斑。

(2)卵:扁平,近肾形,淡黄色,有光泽。

(3)幼虫:长筒形,初为淡黄绿色,后变为灰绿,背部为暗淡红色,胸足发达,腹足有7对,着生于第2~8节及10节上,足基节有1条暗纹,每节多横皱纹,尾背面有2个暗斑。

(4)蛹:长9~10 mm,初化蛹时为黄白色,将羽化时变为黑色,外包小茧。

9. 麦秆蝇

麦秆蝇为双翅目,黄潜蝇科。当前,麦秆蝇主要有黄麦秆蝇(*Meromyza saltatrx* L.)、宽芒麦秆蝇(*Elachiptera insignis* Thoms)、瑞典麦秆蝇(*Oscinella pusilla* Meigen)等。

(1)成虫:雄虫体长3.0~3.5 mm,雌虫体长3.7~4.5 mm,为黄绿色,复眼为黑色,有青绿色光泽;单眼区褐斑较大,边缘越出单眼之外;下颚须基部为黄绿色,腹部2/3部分膨大成棍棒状,为黑色;翅透明,有光泽,翅脉为黄色;胸部背面有3条黑色或深褐色纵纹,中央的纵线前宽后窄直达梭状部的末端,其末端的宽度大于前端宽度的1/2,两侧纵线各在后端分叉为二;越冬代成虫胸背纵线为深褐色至黑色,其他世代成虫则为土黄色至黄棕色;腹部背面亦有纵线,其色泽在越冬代成虫上与胸背纵线同,其他世代成虫腹背纵线仅中央1条明显;足为黄绿色,跗节为暗色;后足腿节显著膨大,内侧有黑色刺列,胫节显著弯曲;触角为黄色,小腮须为黑色,基部为黄色。

(2)卵:长椭圆形,两端瘦削,长1 mm左右;卵壳为白色,表面有10余条纵纹,光泽不显著。

(3)幼虫:末龄幼虫体长6.0~6.5 mm,体为蛆形,细长,呈黄绿色或淡黄绿色,口钩为黑色,前气门分枝,气门小孔数为6个,多数为7个。

(4)围蛹:雄性体长4.3~4.8 mm,雌性体长5.0~5.3 mm;体色初期较淡,后期为黄绿色;通过蛹壳可见复眼、胸部及腹部纵线和下颚须端部的黑色部分;口钩色泽及前气门分枝和气门小孔数与幼虫同。

16.5　实验作业

(1)绘制小地老虎成虫前翅图。

(2)绘华北蝼蛄、东方蝼蛄成虫的形态特性图。

(3)简述沟金针虫、细胸金针虫的特征及区别。

(4)简述华北大黑鳃金龟、暗黑齿爪鳃金龟、铜绿丽金龟的特征及区别。

（5）简述三种麦蚜的形态特性的区别。

（6）简述两种麦蜘蛛的主要特征及区别。

（7）简述两种小麦吸浆虫的主要特征及区别。

（8）简述麦秆蝇的主要形态特征。

实验十七　水稻害虫形态特征观察

17.1　实验目的与要求

掌握三种螟虫、稻纵卷叶螟、直纹稻弄蝶、稻飞虱、黑尾叶蝉、稻蝗、稻蓟马成虫、蛹、幼虫、卵的形态特征和为害症状。

17.2　实验材料

三化螟、二化螟、大螟、稻纵卷叶螟、直纹稻弄蝶、稻飞虱、黑尾叶蝉、稻蝗、稻蓟马等盒装、浸渍、玻片、针插或活体标本及为害状标本。

17.3　实验用具

双目立体解剖镜、放大镜、培养皿、挑针、镊子、昆虫针等。

17.4　实验内容与方法

17.4.1　三化螟（*Tryporyza incertulas* Walker）

（1）成虫：体长 8～12 mm，翅展 18～36 mm，前翅为三角形，翅中央有一个黑点；雌蛾大，为黄白色，前翅中央的黑点，黑点明显，腹部肥大，末端有黄褐色毛丛。雄蛾为灰黄褐色，下唇须长且前伸，前翅中央的黑点小，翅尖至后缘中央附近有一套暗褐色斜带，外缘有 7～9 个小黑点，腹部瘦细，末端无毛丛。

（2）卵：扁椭圆形，初产时为淡黄色，后变为棕黑色，卵块形似半粒发霉的黄豆，每块有卵粒十至百余粒，相叠一起，中央三层，边沿一、二层，表面覆盖黄褐色茸毛，中央有深浅不一的杂毛。

（3）幼虫：老熟幼虫体长 17～21 mm，乳白色和淡黄绿色，背面有一条透明的纵线，腹足趾钩 21～32 个，细小，单序全环（见表 2-4）。

表 2-4　三化螟各龄幼虫特征（常为 5 龄）

龄别	体长/mm	头色	体色	前胸背板	趾钩/个	其他
1	1.5～3	黑褐色	初孵化时为灰黑色，取食后变为灰白色	大部分为黑褐色	9～10	第 1 腹节具明显的白环

续表

龄别	体长/mm	头色	体色	前胸背板	趾钩/个	其他
2	4～5	黄褐色	黄白色	与中胸背板交界处可以看到一对纵列的纺锤形隐斑	12～16	白环消失
3	7～9	黄褐色	淡黄绿色	后半部左右两芽各有 1/4 圆弧形隐斑,左右靠紧呈半圆形	16～22	白环消失
4	12～18	黄褐色	淡黄绿色	后缘左右各有一个褐色新月形斑,靠中线排列	(淡褐色)21～27	白环消失
5	17～21	黄褐色	淡黄绿色	斑纹同 4 龄,单色较深	(黑褐色)29～32	白环消失

(4)蛹:长 10～15 mm,圆筒形,黄绿色,羽化前为金黄色(雌)或银灰色(雄);雌蛹后足伸出翅芽顶端,不达腹端,雌蛹后足伸至第 6 腹节后缘;雄蛹后足伸达第 7 腹节或稍超过。

我们一般可根据复眼色泽变化,粗分 7 个蛹级:一级,复眼同体色;二级,复眼为淡褐色(半边更浅);三级,复眼为深褐色;四级,复眼为乌黑色;五级,复眼为深灰色(外覆一层白膜);六级,复眼为灰黄色(翅点黑色明显);七级,复眼为黄金色(翅点黑色明显,鳞粉隐约可见)。

17.4.2　二化螟(*Chilo suppressalis* Walker)

(1)成虫:体长 12～15 mm,翅展 20～30 mm,为灰黄色;前翅近方形,外缘有 7 个小黑点;雄蛾较小,色亦较深,前翅布满不规则小褐点,腹部较瘦;雌蛾触角为丝状,雄蛾触角尖端数节为短锯齿状。

(2)卵:扁平,椭圆形,初产卵为白色,渐加深至黑褐色,数十至百余粒连成块,略呈不规则的长带状,卵粒呈鳞状排列。

(3)幼虫:老熟幼虫体长 24～30 mm,淡肉褐色,头为赤褐色,体背有五条暗褐色纵线,其中两侧各有一条纵线通过气门,腹足趾钩有 51～56 个异序全环,内侧钩长,3 序,外侧较短,单序(见表 2-5)。

表 2-5　二化螟各龄幼虫特征(常为 7 龄)

龄别	体长/mm	头宽/mm	体色	背纵线	腹足趾钩	
					个数	排列
1	1.7～2.8	0.25～0.27	黄白色	无	6～7	单序缺环
2	4.2～5.9	0.35～0.47	黄白色	很细淡褐色	8～9	同 1 龄
3	7.0～7.8	0.41～0.68	淡黄褐色	较细中间 3 条明显淡褐色	20	序缺环近内方部分双序其余单序
4	9.2～11.8	0.65～0.94	淡黄褐色	5 条均明显褐色	31～36	同 3 龄

续表

龄别	体长/mm	头宽/mm	体色	背纵线	腹足趾钩	
					个数	排列
5	16.2～19.3	1.07～1.36	淡肉褐色	5条明显 棕褐色 背中线较4龄粗	40～45	异序全环 少数异序缺环
6	19.7～24.9	1.35～1.58	淡肉褐色	5条线均粗 棕褐色或紫褐色	40～50	同5龄
7	24.9～27.5	1.80～2.00	淡肉褐色	同6龄	51～56	同5龄

（4）蛹：长 12～17 mm，初化蛹为乳白色，背面有 5 条棕褐色纵线，以后体渐变为淡棕色、酱红色，纵线逐渐消失；额中央有钝圆形突出；后足与翅芽平，第 10 腹节后缘两侧有 3 对角状突起，着生 1～2 对小刚毛，后缘背面尚有 1 对三角形突起。

蛹通常粗分为 6 个蛹级：一级，复眼同体色，体色为乳白至淡黄；二级，复眼一半褐色，体色为淡黄色；三级，复眼为红棕色，体色转为黄褐色；四级，复眼为黑色，体色变为棕褐色；五级，复眼为黑色或棕栗色；六级，复眼为金黄色，翅上黑点明显。

17.4.3　大螟(*Sesamia inferens* Walker)

（1）成虫：体长 12～15 mm，翅展 27～30 mm，体为淡褐色；前翅近长形，翅中部从翅基至外缘有 1 条暗褐色纵带，纵带上下各有 2 个黑褐色小点；雌蛾体形较大，触角为丝状，前翅纵带较宽；雄蛾触角为短栉齿状，纵带较窄。

（2）卵：扁圆球形，顶端稍凹，表面有放射状细隆线；初产时为乳白色，渐变为淡黄色至褐色，孵化前为淡紫色；卵块呈带状，卵粒成 2～3 行排列。

（3）幼虫：老熟幼虫体长 24～30 mm，粗壮，为淡黄色，背面带紫红色，头部为红褐色或暗褐色，腹足趾钩一般为 15 个，为单序中列（中带）式排列。

（4）蛹：长 15～18 mm，较粗大，初化蛹为淡黄色，后变为黄褐色；头、胸带有白色蜡粉；两翅芽近端部有一小部分接合；后足不伸出翅芽顶端，腹部末端有 4 个约等长的短齿，腹面的 2 个短齿略大，相距较窄，背面的 2 个短齿略小，相距较宽。

17.4.4　稻纵卷叶螟(*Cnaphalocrocis medinalis* Guenee)

（1）成虫：体长 7～9 mm，翅展 16～19 mm，为乳黄色，前翅为三角形，前缘为黑褐色，外缘有黑褐色宽带，内横线和外横线为黑褐色，中横线很短不达翅中部；后翅外缘有暗褐色宽带，展翅时，外横线、内横线与前翅的线相连；雄虫体色较深，前翅中横线前端有一个黑色毛丛围成的中间略凹的"眼点"，前足胫节膨大，着生一丛褐毛。

（2）卵：扁平，椭圆形，中央稍隆起，初产时为乳白色，渐变为淡黄色，孵化前一段显黑点（幼虫头部）。

（3）幼虫：共分 5 龄（见表 2-6）。

表 2-6　稻纵卷叶螟各龄幼虫特征和结苞情况

虫龄	体长/mm	头色	体色	主要特征	结苞情况
1	1～2	黑色	白色至微黄色	身体细小,前胸背板中央的黑色及中后胸斑块不明显	取食后,有针眼大小的白点,一般不结苞
2	3～4	淡褐色	黄绿色	前胸背板中央有两个淡褐色斑点,两侧各有 1 个由褐点组成的弧形斑,中后胸斑纹隐约可见	前期结苞长约 2 cm,后期结苞长为 3～5 cm,稻叶可吃白
3	5～7	淡褐色	草绿色	前胸背板中央斑纹较 2 龄大,为黑褐色,中后胸斑纹清晰可见,非常明显	虫苞 13～17 cm,稻叶现白
4	10～12	褐色	绿色	前胸背板斑纹为黑褐色,成括弧状,中后胸斑纹较大,横列二排黑圈,前排 6 个后排 2 个	食量增大,多数转移结苞
5	14～19	褐色	黄绿色至橙红色	同 4 龄,但色较淡,中央的小斑点中间为空心	同上
预蛹	13～17	淡褐色		同上,但体节膨胀,腹足,尾足收缩	

(4)蛹:体长 7～10 mm,圆筒形,末端尖削,淡黄色至黄褐色,第 5～7 腹节近前缘有一条黑褐色细横隆起线,臀刺明显突出,上有 8 根钩刺。

17.4.5　直纹稻弄蝶(直纹稻苞虫)(*Parnara guttata* Bremer et Grey)

(1)成虫:体长 17～19 mm,翅展 35～42 mm,黑褐色,略带金属光泽,前后翅各有透明白斑多枚。

(2)卵:半环形,直径约 0.9 mm,壳面有六角形细纹,顶端略凹陷,初产时为绿色,后转为褐色,将孵化时为紫褐色。

(3)幼虫:体为黄绿色,头下面中央有"W"形褐色纹,前胸背板有一条黑色中断横纹,腹部第 4 节至第 7 节两侧各有 1 团白色粉状物;臀板具黑纹,气门大而内注。

(4)蛹:嫩黄色,近羽化时为深褐色,第 5、6 腹节腹面有深褐色的倒"八"字形纹。

17.4.6　三种稻飞虱

1. 褐飞虱(*Nilaparvata lugens* Stal)

(1)成虫:长翅型成虫体长 3.6～4.8 mm,短翅型成虫体长 2.5～4 mm;深色型成虫头顶至前胸、中胸背板为暗褐色,有 3 条纵隆起线,浅色型成虫为黄褐色。

(2)卵:产在叶鞘和叶片组织内,排成一条,称为"卵条";卵粒为香蕉形,长约 1 mm,宽 0.22 mm;卵帽高大于宽,顶端为圆弧,稍露出产卵痕,露出部分近短椭圆形,粗看似小方格,清晰可数;初产时为乳白色,渐变为淡黄色至锈褐色,并出现红色眼点。

(3)若虫分 5 龄,各龄特征如下。

①1 龄:体长 1.1 mm,为黄白色,腹部背面有一个倒凸形浅色斑纹,后胸较前、中胸长,中、

后胸后缘平直,无翅芽。

②2龄:体长 1.5 mm,初期体色同 1 龄,倒凸形斑内渐现褐色,后期体色为黄褐色至暗褐色,倒凸形斑渐模糊;翅芽不明显,后胸稍长,中胸后缘略向前凹。

③3龄:体长 2.0 mm,为黄褐色至暗褐色,腹部第 3、4 节有一对较大的浅色斑纹,第 7~9 节的浅色斑纹呈"山"字形;翅芽已明显,中、后胸后缘向前凹成角状,前翅芽尖端不到后胸后缘。

④4龄:体长 2.4 mm,体色、斑纹同 3 龄,斑纹清晰;前翅芽尖端伸达后胸后缘。

⑤5龄:体长 3.2 mm,体色、斑纹同 3、4 龄;前翅芽尖端伸达腹部第 3~4 节,前后翅芽尖端接近,或前翅芽稍超过后翅芽。

2. 白背飞虱(*Sogatella furcifera* Horváth)

(1)成虫:长翅型成虫体长 3.8~4.5 mm,短翅型成虫体长 2.5~3.5 mm;头顶稍突出,前胸背板为黄白色,中胸背板中央为黄白色,两侧为黑褐色。

(2)卵:卵长 0.7 mm,为长椭圆形或新月形,前期为乳白色,后期为淡黄色,卵块排列不整齐。

(3)若虫:5 龄若虫体长 2.9 mm,灰黑色与乳白色相间,胸背具不规则的暗褐色斑纹,边缘界线清晰,腹背第 3、4 节各具 1 对乳白色"△"形大斑,第 6 节背板中部有 1 条浅色横带;体形近橄榄形,尖尾较尖。

3. 灰飞虱(*Laodelphax striatellus* Fallén)

(1)成虫:长翅型成虫体长 3.5~4.0 mm,短翅型成虫体长 2.3~2.5 mm,头顶与前胸背板为黄色,雄虫的中胸背板为黑色,雌虫的中胸背板的中部为淡黄色,两侧为暗褐色。

(2)卵:长椭圆形,稍弯曲。

(3)若虫:老龄若虫体长 2.7~3.0 mm,为深灰褐色。

17.4.7 黑尾叶蝉 *Nephotettix bipunctatus*(Fabricius)

(1)成虫:体长 4.5~5.5 mm,黄绿色,头顶为弧形,两复眼之间有一条黑横带(亚缘黑带),横带后方的中线为黑色,极细;前胸背板前半部为黄绿色,后半部为绿色,小盾片为黄绿色,中央有一条细横沟;前翅为鲜绿色,前缘为淡黄绿色,雄虫翅末 1/3 处为黑色,雌虫翅端部为淡褐色(亦有少数雄虫前翅端部为淡褐色)。

(2)卵:长 1 mm,茄子形,一端略尖,中部稍弯曲,初产时为乳白色,后由淡黄色转为灰黄色,近孵化时出现 2 个红褐色眼点。

(3)若虫:形似成虫,头胸大,尾较尖,善横爬斜行;1~2 龄无翅芽;3 龄以后出现翅芽,大若虫有明显的雌雄之别,雌者腹背为黄褐色,雄者为黑褐色。

17.4.8 蓟马类

1. 稻蓟马(*Chloethrips oryzae* Willams)

稻蓟马属缨翅目蓟马科,国内分布普遍,南北密度都相当高,几乎种植水稻处均有出现。20 世纪 60 年代以后种群数量逐渐变大,20 世纪 70 年代开始成为双晚水稻秧苗期的重要害虫。

(1)成虫:雌虫体长 1.1~1.3 mm,雄虫体长 1.0~1.3 mm,体色为黑褐色,触角为 7 节,第 2 节端部和第 3、4 节色淡,其余各节为褐色。

（2）卵：肾形，一边稍内凹，黄白色，近孵化时为淡黄色并有小红眼点。

（3）若虫：形似成虫，第1、2龄无翅芽，黄白色；第3龄出现翅芽，触角向头部两侧弯曲，翅芽伸到腹部第3～4节，称为前蛹；第四龄称为蛹期，体色为黄褐色，触角向后贴在头部及前胸的背面，翅芽伸到腹部第6～7节，并可明显看见3个红褐色单眼。

2. 稻管蓟马(*Haplothrips aculeatus* Fabricius)

（1）成虫：雌成虫体长1.5～1.8 mm，为黑色或黑褐色，头长于前胸；触角为8节，第2节至第6节为黄色，但端部常较暗，其余各节与体同色；复眼后鬃长，前胸前缘角鬃及后缘角鬃长且尖锐，足为暗棕色，前足胫节略黄，前足跗节无齿，各跗节为黄色；前翅不透明，基部稍暗，中部收缩变窄，端部为圆形，端部后缘有5～8根间插缨；腹背第2～7节两侧各有1对向内弯曲的粗鬃。

雄成虫比雌成虫细小，前足鼓节膨大，跗节有齿状突起，腹部第9至第10节内有雄生殖器，像开瓣的豆芽。

（2）卵：长约0.3 mm，宽约1.2 mm，短椭圆形，初产时为黄白色，近孵化时为橘黄色。

（3）若虫：初孵后针尖大小，为乳黄色，触角为灰色，7节，第1至第5节略呈碗形，第4节最大；2龄若虫体色橙黄，腹部第9、10节为灰褐、灰红色，有3个单眼，前、后翅芽均达腹部第3节，腹背第2至第7节出现向内弯曲的鬃。

17.4.9　稻蝗类

以中华稻蝗(*Oxya chinensis* Thunberg)为例。

（1）成虫：体长30～44 mm，体色为绿色、黄绿色、褐绿色，背面为黄褐色；头部在复眼后方，前胸背板两侧有1条褐色纵纹，翅长超过腹末达到后足胫节中部，前胸腹板在前足间有1个疣状突起；后足胫节内侧内缘有9～11个等距刺。雄虫肛上板呈短三角形，长宽略等，平滑，无侧沟；雌虫下生殖板后缘中央有1对小齿，较分开，两侧2个小齿较短。

（2）卵：成块，卵块外有短茄形卵囊，长9～16 mm，宽6～12 mm，卵粒为长椭圆形，中央略弯，两端钝圆。

（3）若虫：形似成虫，老熟若虫全体绿色，6龄，第1至第4龄若虫的触角分别有13、14～17、18～19、20～22节，3龄前无翅芽，3龄时翅芽已明显，前翅略呈三角形，后翅为芽圆形，成长的若虫翅芽达第3腹节。

17.4.10　甲虫类

1. 稻负泥虫(*Oulema oryzae* Kuwayama)

（1）成虫：体长4～4.5 mm，头部为黑色，触角为鞭状，基部2节为深褐色，其余各节为黑色，前胸背板为淡黄褐色，后部收缩如颈，其上有一个凹隙，鞘翅为青蓝色，有光泽；有几列纵列刻点，足为黄褐色，跗节为黑色。

（2）卵：长椭圆形，初产时为淡黄褐色，后为暗绿色至黑绿色，常数枚至数10枚排成两纵列，产于叶上。

（3）幼虫：体近梨形，头小，黑褐色，蜕裂线为浅黄色，前胸硬皮板为淡褐色，上有褐色毛疣4对，胸、腹部为黄绿色至乳白色，各节具10～11对毛疣，肛门开口向上，排出的粪便堆于腹背如一小块污泥。

(4)蛹:长约 4 mm,椭圆形,鲜红色,近羽化时翅色呈红褐色至青色,头及腹部变为黑色,蛹体外包有灰白色的棉絮状的茧。

2.稻食根叶甲

稻食根叶甲是幼虫食根、成虫食叶的为害水稻的叶甲类害虫的统称,属鞘翅目叶甲科,别名稻根叶甲、稻食根虫、稻根金花虫、稻水叶甲,俗称饭豆虫、食根蛆,是水稻根部的重要害虫之一。中国常见的稻食根叶甲有 4 种:长腿食根叶甲(*Donacia provosti* Fairmaire)、短腿食根叶甲(*D. frontalis* Jacoby)、多齿食根叶甲(*D. lenzi* Schonfeldt,又名斑腿食根叶甲)、云南食根叶甲(*D. tuber frons* Goecke)。其中长腿食根叶甲分布最广,国内多数省份均有分布,危害相对最重;短腿食根叶甲分布于黑龙江、北京、河北、山西、江苏、江西、福建、广西;多齿食根叶甲分布于江苏、安徽、湖北、江西、湖南、台湾;云南食根叶甲分布于云南、四川。本书以长腿食根叶甲为例进行介绍。

(1)成虫:体长 6~9 mm,腹面及足为褐色;头部、前胸背板、触角和鞘翅呈绿褐色,有金属光泽,前胸背板近四角形,前端两角略尖,鞘翅上有刻点及平行纵向条纹;腹面密生银白色茸毛,雌虫腹端部狭圆,雄虫近平截且第 1 腹板中部有 2 个乳状突起。

(2)卵:扁椭圆形,长 0.8 mm,表面光滑,初产时为乳白色,孵化时为淡黄色,常十多粒到数十粒成块,上盖有白色透明的胶质物。

(3)幼虫:成长的幼虫体长 9 mm,略呈纺锤形,两端稍尖,全体披褐色刚毛,有 3 对胸足和 1 对褐色爪状尾钩(呼吸钩),尾钩基部有一对尾钩侧片,尾沟基部中央有透明的圆形气门痕,为害时,用尾钩刺入稻苗根部固定身体,再用口器在稻根咬出小孔取食。

(4)蛹:体长约 7 mm,裸蛹,初为黄白色,后变为褐色,老熟幼虫在根际结椭圆形红褐色胶质薄茧化蛹,羽化前呈黑褐色,蛹包在褐色茧内。

3.稻象鼻虫(*Echinocnemus squameus* Billberg)

(1)成虫:体长约 5 mm,灰黑色,体表披灰黑色鳞片。头部向前延伸如象鼻,鞘翅上各有 10 条纵沟,在第 2,3 条细沟靠迈中央的地方有 1 个长方形小白斑。

(2)卵:椭圆形,初产时为乳白色,后变为淡黄色半透明状。

(3)幼虫:老熟幼虫长 8 mm,体略向腹面弯曲,多横皱,无足,头部为褐色,体为乳白色,带黄色,并有黄褐色短毛。

(4)蛹:体长 5 mm,为裸蛹,初为乳白色,后变为灰色,腹部末端有 1 对肉刺。

17.5　实验作业

(1)图示三化螟、二化螟、大螟前翅特征。

(2)图示稻纵卷叶螟前翅特征。

(3)绘制直纹稻苞虫的前翅、后翅图。

(4)简述三种稻飞虱的区别特征。

(5)简述黑尾叶蝉的形态特性。

实验十八　杂粮害虫和油料害虫形态特征观察

18.1　实验目的与要求

掌握粘虫、玉米螟、高粱条螟、甘薯天蛾、甘薯叶甲、甘薯大象甲、甘薯小象甲、豆荚斑螟、大豆食心虫、豆天蛾、大豆卷叶螟等的成虫、蛹、幼虫、卵的形态特征和为害症状。

18.2　实验材料

粘虫、玉米螟、高粱条螟、甘薯天蛾、甘薯叶甲、甘薯大象甲、甘薯小象甲、豆荚斑螟、大豆食心虫、豆天蛾、大豆卷叶螟等的盒装、浸渍、玻片、针插或活体标本及为害状标本。

18.3　实验用具

双目立体解剖镜、放大镜、培养皿、挑针、镊子、昆虫针等。

18.4　实验内容与方法

18.4.1　玉米螟(*Ostrinia furnacalis* Guenee)

(1)成虫:雄虫体长13~14 mm,翅展22~28 mm,体色为淡黄褐色;触角为丝状;前翅内横线为暗褐色波纹状,内侧为黄褐色,基部为褐色,外横线为暗褐色,呈锯齿状,外侧为黄褐色,内外横线之间为褐色,在其中室中央及端部有1条深褐色斑纹,外横线与外缘线之间为1条褐色宽带,缘毛内侧为褐色,外侧为白色,后翅为灰黄色,中央有波状横纹,近外缘处为褐色带状。雌蛾体长13~15 mm,翅展28~34 mm,形状似雌蛾,但体色较浅,前翅为鲜黄色,线纹为淡褐色,外横线与外缘线之间的阔带极淡,后翅为灰白色或灰褐色,腹部肥大,末端圆钝。

(2)卵:白色,渐变淡黄色,孵化前中心有1个黑点(幼虫头部)。

(3)幼虫:初孵时为淡白色,后渐变为灰褐色或红褐色,背中线较明显,呈暗褐色,前脚背板及臀板为淡黄色,其上生有细毛,中、后胸背面各有4个圆形毛片,各生2根细毛。

(4)蛹:纺锤形,黄褐色至红褐色,雄蛹长15~16 mm,腹部较瘦,端部较尖,雌蛹体长18~19 mm,腹部较雄蛹肥大,端部较圆钝。雌、雄蛹腹部背面气门间均有细毛4列,第5~6腹节腹面各有足痕1对,臀刺为黑褐色,顶端有5~8根向上弯曲的刺毛。

18.4.2　草地贪夜蛾(*Spodoptera frugiperda* Smith)

(1)成虫:翅展32~40 mm;前翅为深棕色,后翅为灰白色,边缘有窄褐色带;前翅中部具有一个黄色不规则环状纹,其后为肾状纹;雌蛾前翅无明显斑纹,呈灰褐色、灰色、棕色、杂色;雄虫前翅顶角向内具有一个三角形白斑,环状纹后侧有一条浅色带从翅外缘延伸至中室,肾状纹内侧具有一个白色楔形纹。雄、雌成虫的区别如图2-18所示。

(2)卵:圆顶形,底部扁平,顶部中央有明显的圆形点;直径0.4 mm,高0.3 mm;通常100~200粒堆积成块状,多由白色鳞毛覆盖,初产时为浅绿色或白色,孵化前为棕色。

雄虫

雌虫

图 2-18　雄、雌成虫的区别

(3)幼虫:一般有 6 个龄期,体长 1~45 mm,体有浅黄色、浅绿色、褐色等多种颜色,最为典型的识别特征是末端腹节背面有 4 个呈正方形排列的黑点;3 龄后头部可见倒"Y"形纹。

(4)蛹:蛹呈椭圆形,红棕色,长 14~18 mm,宽 4.5 mm;老熟幼虫落到地上可以用浅层(通常深度为 2~8 cm)的土壤做一个蛹室,使土砂粒包裹的蛹茧在其中化蛹,亦可在寄主植物,如玉米穗上化蛹。

18.4.3　粘虫(*Leucania separate* Walker)

(1)成虫:体长 16~20 mm,翅展 40~45 mm,淡灰褐色或淡黄褐色;前翅散布有细小的黑褐色小点,中央有两个淡黄色的圆形斑点,外侧斑纹的下面有 1 个小白点,其两侧伴有 1 个小黑点,外横线处有 7~9 个小黑点,排列为弧形,自顶角向后缘有 1 条黑褐色斜纹。

(2)卵:馒头形或正六边形。

(3)幼虫:头为红褐色,正面"八"字黑褐色明显,颅侧区具暗褐色网状纹;成长幼虫背面有 5 条纵纹,中央一条为白色,较细,两旁两条为黄褐色,上下有灰白细纹。

(4)蛹:长约 20 mm,红褐色,腹部第 5 至 7 节前缘各有 1 列明显的黑褐色刻点,尾端有 1 对粗大且弯曲的尾刺,附近又有 2 对细且弯曲的钩状刺,雌蛹生殖孔位于第 8 腹节,与肛门的距离较远,雄蛹生殖孔位于第 9 腹节,与肛门距离较近。

18.4.4　玉米蚜(*Rhopalosiphum maidis* Fitch)

1. 成虫

无翅孤雌蚜为长卵形,长 1.8~2.2 mm,淡绿色或深绿色,披薄白粉,附肢为黑色,复眼为红褐色;腹部第 7 节毛片为黑色,第 8 具背中横带,体表有网纹;触角、喙、足、腹管、尾片为黑色;触角为 6 节,长度短于体长的 1/3,第 3~5 节无感觉圈;喙粗短,不达中足基节,端节为基宽的 1.7 倍;腹管为长圆筒形,端部收缩,腹管具覆瓦状纹;尾片为圆锥状,具 4~5 根毛。

有翅孤雌蚜为长卵形,体长 1.6~1.8 mm,头、胸为黑色,发亮,腹部为黄红色至深绿色,第 3~5 节两侧各具 1 个黑色小点;复眼为红褐色;触角为 6 节,为体长的 1/3,第 3 节上有 12~19 个感觉圈,呈不规则排列;触角、喙、足、腹节间、腹管及尾片为黑色;翅透明,中脉 3 叉;其他特征与无翅孤雌蚜相似。

2. 卵

卵为椭圆形。

18.4.5　赤须盲蝽(*Trigonotylus ruficonis* Geoffroy)

(1)成虫:身体细长,长 5～6 mm,宽 1～2 mm,细长,鲜绿色或浅绿色;头部略为三角形,顶端向前方突出,头顶中央有一条纵沟;触角为 4 节,红色(故称赤须盲蝽),等于或略短于体长,第一节粗短,第二、三节细长,第四节短而细;喙为 4 节,黄绿色,顶端为黑色,伸向后足基节处;前胸背板为梯形,具 4 条暗色条纹,前缘具不完整的鳞片,四边略向里凹,中央有纵脊;小盾板为三角形,基部不被前胸背板后缘覆盖,中部有横沟将小盾板分为前后两部分,基半部隆起,端半部中央有浅色纵脊;前翅略长于腹部末端,革片为绿色,膜片为白色,半透明,长度超过腹端;后翅为白色,透明;足为黄绿色,胫节末端和跗节为黑色,跗节为 3 节,爪为黑色。

(2)卵:卵粒为口袋状,长约 1 mm,卵盖上有不规则突起;初为白色,后变为黄褐色。

(3)若虫:若虫 5 龄,末龄幼虫体长约 5 mm,黄绿色,触角为红色,头部有纵纹,小盾板横沟两端有凹坑,足胫节末端、跗节和喙末端为黑色,翅芽长 1.8 mm,超过腹部第 2 节。

18.4.6　桃蛀螟(*Conogethes punctiferalis* Guenée)

(1)成虫:体长 12 mm 左右,翅展 22～25 mm,黄色至橙黄色,体、翅表面具许多黑斑点,似豹纹(胸背有 7 个);腹背第 1 和 3～6 节各有 3 个横列的黑点,第 7 节有时只有 1 个黑点,第 2、8 节无黑点,前翅有 25～28 个黑点,后翅有 15～16 个黑点,雄虫第 9 节末端为黑色,雌虫不明显。

(2)卵:椭圆形,长 0.6 mm,宽 0.4 mm,表面粗糙,有细微圆点,初乳白渐变橘黄、红褐色。

(3)幼虫:体长 22 mm,体色多变,有淡褐色、浅灰色、浅灰蓝色、暗红色等,腹面多为淡绿色;头为暗褐色,前胸盾片为褐色,臀板为灰褐色,各体节毛片明显,为灰褐色至黑褐色,背面的毛片较大,第 1～8 腹节气门以上各具 6 个毛片,排成 2 横列,前 4 后 2;气门为椭圆形,围气门片为黑褐色突起;腹足趾钩为不规则的 3 序环。

(4)蛹:长 13 mm,初为淡黄绿色,后变为褐色,臀棘细长,末端有 6 根曲刺。

18.4.7　高粱条螟(*Proceras venosatus* Walker)

(1)成虫:体长 10～13 mm,翅展 25～32 mm;头、胸部背面为淡黄色,复眼为暗黑色;触角为丝状,下唇须长,突出头部前方为头长的 3 倍;前翅为灰黄色,翅面有暗褐色细纵走线,顶角显著尖锐,其下部略向内凹,外缘略平直,缘边有 7 个黑点,翅面有 20 多条暗色纵纹,中室外端有 1 个黑点,雄蛾的小黑点较雌蛾明显;后翅为白色,雄蛾略小,体翅色较浓,雄蛾为淡黄色,雌蛾为银白色。

(2)卵:黄白色至深黄色,卵粒聚集排成"人"字形双行重叠的鱼鳞状的卵块,产于叶面或叶背。

(3)幼虫:初孵幼虫为乳白色,体面有淡褐色的斑,连成条纹;成长幼虫体长 20～30 mm,肉白色至淡黄色,幼虫分冬、夏二型,夏型胸、腹部背面有 4 条明显的淡紫色纵纹,即亚背线和气门上线,腹部背面有 4 个黑褐色毛片,上生刚毛,排列成正方形,前 2 个斑点为椭圆形,后 2 个斑点近长圆形,各型幼虫在越冬前脱一次皮,脱皮后黑褐色斑点消失,体背上出现 4 条紫褐色纵纹,腹面颜色为纯白色。

(4)蛹:长 12～16 mm,红褐至黑褐色,有光泽,腹部背面各节间有白色环线,5～7 节背面前缘都有月牙形隆起带,腹末有 2 个突起,每个突起有 2 根刺。

18.4.8　二点委夜蛾(*Athetis lepigone* Moschler)

二点委夜蛾属鳞翅目夜蛾科,是我国夏玉米区新出现的害虫,各地往往误认为是地老虎为害。该害虫随着幼虫龄期的增长,食量将不断变大,将使病害范围进一步扩大,如不能及时控制,将会严重威胁玉米生产。

(1)成虫:成虫体长 10~12 mm,灰褐色;前翅为黑灰色,上有白点、黑点各 1 个;后翅为银灰色,有光泽。

(2)卵:卵为馒头状,上有纵脊,初产时为黄绿色,后变为土黄色;直径不到一毫米;卵单产在麦秸基部;单头雌蛾产卵量可达数百粒。

(3)幼虫:老熟幼虫体长 14~18 mm,最长达 20 mm,黄黑色到黑褐色;头部为褐色,额为深褐色,额侧片为黄色,额侧缝为黄褐色;腹部背面有两条褐色背侧线,到胸节消失,各体节背面前缘具有一个倒三角形的深褐色斑纹;气门为黑色,气门上线为黑褐色,气门下线为白色;体表光滑;有假死性,受惊后蜷缩成"C"字形。

(4)蛹:蛹长 10 mm 左右,化蛹初期为淡黄褐色,后逐渐变为褐色。

18.4.9　双斑萤叶甲(*Monolepta hieroglyphica* Motschulsky)

(1)成虫:体长 3.6~4.8 mm,宽 2~2.5 mm,长卵形,棕黄色,具光泽;触角为 11 节,丝状,端部色黑,长度为体长的 2/3;复眼大,为卵圆形;前胸背板宽大于长,表面隆起,密布很多细小刻点;小盾片为黑色三角形;鞘翅布有线状细刻点,每个鞘翅基半部具 1 个近圆形淡色斑,四周为黑色,淡色斑后外侧多不完全封闭,其后面黑色带纹向后突伸成角状,有些个体黑色带纹不清或消失;两翅后端合为圆形,后足胫节端部具 1 根长刺;腹管外露。

(2)卵:椭圆形,长 0.6 mm,初为棕黄色,表面具网状纹。

(3)幼虫:体长 5~6 mm,白色至黄白色,随着龄期的增长,颜色逐渐变深,体表具瘤和刚毛,前胸背板颜色较深。

(4)蛹:长 2.8~3.5 mm,宽 2 mm,白色,表面具刚毛,为离蛹。

18.4.10　甘薯小象甲(*Cylas formicarius* Fabricius)

甘薯小象甲在国外和国内被列为检疫对象,仅在赣南的信丰县、龙南市和全南县出现。

(1)成虫:体长 5~8 mm,体形细长如蚁,全体除触角末节、前胸和足呈橘红色外,其余均为蓝黑色且有光泽,头部延伸成细长的喙,状如象鼻;口器为咀嚼式,生于喙的末端;触角为棍棒状,10 节,末节膨大,雄虫触角末节长度约为雌虫的 2 倍;前胸长为宽的 2 倍,在后部 1/3 处缩入如颈状,两鞘翅合起来呈长卵形,显著隆起,鞘翅表面有不明显的刻点。

(2)卵:椭圆形,长约 0.65 mm,初产时为乳白色,后变为淡黄色,表面散有许多小凹点。

(3)幼虫:体长 6~8.5 mm,近圆筒形,二段略小,稍弯曲,头部为淡褐色,胴部为乳白色,胸足退化成细小的革质突起。

(4)蛹:长 4.7~5.8 mm,初产时为乳白色,后为淡黄色,管状喙贴于腹面,末端伸达胸腹交界处,腹部较大,各节交界处缩入,中央部分隆起,背面隆起部分各具有 1 横列小小突起,其上各生 1 根细毛,末节具 1 对端尖而弯曲的刺突,向侧下方伸出。

18.4.11　甘薯大象甲(*Alcidodes waltoni* Boheman)

(1)成虫:体长(连喙)11.9~14.1 mm,长卵形,黑色或黑褐色,体表长有灰褐色、灰白色、土黄色或红棕色的鳞毛,头小,管状喙微弯曲、触角为膝状,12 节;鞘翅上第 3、8 隆起及第 5 纵沟的鳞毛不易脱落,即使他处鳞毛磨掉,此处鳞毛仍然存在,是其特殊的标志;雌虫腹节端腹板后缘鳞毛短而稀,雄虫长而密,并有 1 处凹隙。

(2)卵:长 1.5~1.8 mm,卵圆形,淡黄色,卵壳略柔软,表面光滑。

(3)幼虫:成长幼虫体长 14.5~16.5 mm,体肥壮,前端较小而后方较大,向腹面弯曲;头部为红褐色,胴部皱褶多肉,乳白色,胸足退化成小突起。

(4)蛹:长 7.8~10.9 mm,近长卵形,淡黄色或淡黄褐色,体背密生金黄色细毛,头顶具 1 对褐色乳状突起;背面 1~7 节背侧后缘各具 1 列小瘤突,每个瘤突顶端生 1 条小刚毛;臀刺具 1 对发达的刺突。

18.4.12　甘薯麦蛾(*Brachmia macroscopa* Meyrick)

(1)成虫:体长约 6 mm,翅展约 15 mm;头胸为暗褐色;前翅狭长,暗褐色或锈褐色;中室内有 2 个黑褐色小点,内方的点为圆形,外方的点较长,周缘均为白色,外缘有 1 列黑色;后翅宽,淡灰白色,缘毛甚长。

(2)卵:长约 0.6 mm,椭圆形,初产时为灰白色,后变为黄褐色,近孵化时,一端有 1 个黑点,卵表面具细的纵横脊纹。

(3)幼虫:初孵幼虫(1~2 d)的头部呈黑褐色,腹部无斑纹;成长幼虫体长 15 mm,头稍扁,黑褐色,前胸背板为褐色,两侧为暗褐色,暗褐色部分呈倒"八"字形状。

(4)蛹:体长 7~9 mm,纺锤形,头钝尾尖,黄褐色,全体散布细长的毛,腹部 1、2 节,2、3 节和 3、4 节之间中央有深褐色的胶状物相连,4、5、6 节背面近后缘中央有黄褐色短毛,臀棘末端有 8 个钩刺,呈圆形排列。

18.4.13　甘薯叶甲(*Colasposoma auripenne* Motschulsky)

(1)成虫:体长 6 mm,短椭圆形,体色有蓝紫色、蓝绿色、绿色、黑色、紫铜色、青铜色、蓝色,以及鞘翅紫铜色带三角形斑(典型的南方类型),具金属光泽;头部向下方弯,有较大刻点;触角为 11 节,端部 5 节扁而膨大,基部 2~6 节为蓝色,带金属光泽;前胸背板隆起,密布刻点;鞘翅刻点略较前胸背板上的大且稀疏,雌虫鞘翅肩胛后方褶皱较粗而较隆起,向后超过鞘翅中部,范围大,雄虫鞘翅带有皱褶。

(2)卵:长约 1 mm,长圆形,初产时为淡白色,后变为黄绿色,表面平滑,卵粒重叠成堆。

(3)幼虫:体长 9~10 mm,乳白色,体粗短,弯曲成"C"形,全体披细毛。

(4)蛹:短椭圆形,长 5~7 mm,初产时为乳白色,后渐变为黄白色,体披粗长的毛,后足腿节末端有 1 根黄褐色的刺,腹部末端有 6 根刺。

18.4.14　甘薯天蛾(*Herse convolvuli* Linnaeus)

(1)成虫:体长约 50 mm,翅展约 100 mm;头部为暗灰色,胸部背面为灰褐色,有两丛鳞毛,构成褐色"八"字形纹;中胸有钟状灰白色斑块,腹部背面中央有一条暗灰色纵纹,各节两侧有白、红、黑三色相间的横带;前翅为灰褐色,内横线、中线、外横线均呈双线锯齿状曲纹,顶角有黑褐斜走的闪电状纹;后翅为暗褐色,有 4 条黑褐色横带。

(2)卵:球形,直径约 2 mm,淡黄绿色。

(3)幼虫:体长 83~100 mm,头顶圆,中后胸及 1~8 腹节背面有许多横皱,形成若干小环,中胸有 6 个小环,后胸及 1~7 腹节各有 8 个小环,侧面皱纹也多;第 8 腹节背面有光滑且末端下垂呈弧形的尾角。成长幼虫体有绿色和褐色二型。绿色型为绿色,头为黄绿色,两侧各有2条黑纹,腹部1~8节各节之间侧面有深褐色斜纹,气门为杏黄色;褐色型为暗褐色,密布黑点,头为黄褐色,两侧各有2条黑纹,腹部1~8节各节侧面有黑褐色斜纹,气门为黄色。

(4)蛹:体长约56 mm;喙很长,伸出并弯曲,呈象鼻状;后胸背面有一对粗糙刻纹,腹部1~8节各节背面近前缘处也有刻纹,臀棘为三角形,表面有颗粒状突起。

18.4.15　豆荚斑螟(*Etiella zinckenella* Treitschke)

(1)成虫:体长10~12 mm,翅展20~24 mm;全体灰褐色;下唇须长且突出于头部前上方;触角为丝状,雄虫触角基部内侧着生一圈暗褐色鳞片;外侧覆有一丛灰白色鳞片。前翅狭长,灰褐色,前缘从基部至翅尖有一个明显的白边,近翅基1/3处有1条金黄色宽横带;后翅为黄白色,外缘为褐色。

(2)卵:椭圆形,大小为0.5~0.8 mm×0.4 mm,卵壳表面有不明显的多角形雕刻纹,初产时为乳白色,渐变为红色。

(3)幼虫:共5龄,末龄幼虫体长约14~18 mm,初孵幼虫为淡黄色,以后变为灰绿色至紫红色,4、5龄幼虫前胸背板前缘中央有"人"字形黑斑,两侧各有1个黑斑,后缘中央有2个小黑斑,老熟幼虫背线、亚背线、气门线、气门下线均明显,腹足趾钩双序全环。

(4)蛹:体长9~10 mm,初化蛹为绿色,以后呈黄褐色,翅芽和触角长达第5腹节后缘,腹部末端有6个钩刺。

18.4.16　大豆卷叶螟(*Sylepta ruralis* Scopoli)

(1)成虫:体长约10 mm,翅展26~29 mm,黄褐色;前翅为暗黄褐色且带橘黄色,中室内有2个淡褐色斑,上方1个较明显,内横线及外横线为黑褐色,为弯曲波浪状,后翅色较前翅为深,具锯齿状的内外横线。

(2)卵:长椭圆形,卵壳表面有网状脊纹,初产时为黄白色,逐渐变深,常两粒并产于叶背。

(3)幼虫:幼龄幼虫为黄白色,取食后可以透过体壁看到体内的内脏,呈绿色,头部为绿色,前胸背板与臀板的颜色与体色相同,中胸有4个毛片,呈横行排列,腹部背面毛片为2排,前排4个,中央2个稍大,后排2个比前排稍小,毛片上有稀疏的长毛,化蛹前体色转浅。

(4)蛹:在卷叶内化蛹,腹部较尖削,腹部第5~7节背面各有4个突起,前缘2个稍小,向后伸,后缘2个较大,向前伸出,尾端有一个较大突起,上有4对钩状刺,中间1对较粗短。

18.4.17　大豆食心虫(*Leguminivora glycinivorella* Matsumura)

(1)成虫:褐色或黄褐色小蛾,体长5~6 mm,翅长12~14 mm;前翅为灰色、黄色、褐色,前缘有向外斜走的10条左右黑紫色短斜纹,略见光泽,外缘近顶角下方向内略凹,稍下有1个银灰色长椭圆斑,斑内侧有3个小黑斑,上下横列成纵行,1排;后翅前缘为银灰色,其余为暗褐色;雄蛾前翅色较淡,有1根翅缰,雌蛾前翅色较深,有3根翅缰。

(2)卵:稍扁平,椭圆形,略有光泽,刻纹不明显,初产时为乳白色,2~3天后变为黄色,4~5天后变为橘红色,中间可看到一半圆形红带,孵化前红带消失,在卵的一端可看到一个小黑点,即幼虫的头部。

(3)幼虫:共分4龄,初孵化幼虫为淡黄色,入荚脱皮后变为乳白色;2龄幼虫尾部有褐色圆斑;3龄幼虫体色为黄白色,各节背面生有黑色刻点和稀疏短黄毛,尾部仍有明显圆斑;末龄幼虫体长8~9 mm,先呈淡黄色,渐变为鲜红色,刻点和圆斑均消失,仅留稀疏黄毛,脱荚入土后体色变为杏黄色。

（4）蛹：长纺锤形，体长5～7 mm，红褐色或黄褐色，羽化前呈黑褐色，腹部第2～7节的背面近前缘处和近后缘处各有一横列刺状突起，第8～10节仅有1排较大的刺，腹部末端有8～10根半弧形锯齿状尾刺。

18.4.18　豆天蛾（*Clanis bilineata tsingtauica* Mell）

（1）成虫：体和翅为黄褐色，有的略带绿色，头胸背有暗紫色纵线，体长40～45 mm，翅展100～120 mm；前翅有5～6条浓的波状横纹，前缘中央处有1个较大的黄白色或淡黄色的三角形斑，近顶角处有1条三角形褐色纹；后翅小，暗褐色，基部和后角附近为黄褐色。

（2）卵：椭圆形或球形，长约2～3 mm，初产时为黄白色，孵化前变为褐色。

（3）幼虫：末龄幼虫体长82～90 mm，黄绿色，从腹部第1节起，两侧各有7条向背面后方侧斜的黄白色斜纹，背面观之如"八"字形；尾角为黄绿色，短且向下弯曲。

（4）蛹：体长40～50 mm，红褐色，喙与身体贴紧末端露出，腹部第5～7节气孔前各有1条横沟纹；臀棘为三角形，末端不分叉。

18.5　实验作业

（1）绘制豆荚斑螟，大豆卷叶螟，大豆食心虫成虫前翅特征图。

（2）描述豆天蛾成虫、幼虫的形态特征。

（3）绘制粘虫成虫的前翅图。

（4）绘制玉米螟成虫的前翅图。

（5）绘制双斑萤叶甲前翅图。

实验十九　棉花害虫形态特征观察

19.1　实验目的与要求

掌握棉蚜、苜蓿蚜、菜豆根蚜、棉铃虫、棉红叶螨、棉红铃虫、棉蓟马、绿盲蝽、中黑盲蝽、苜蓿盲蝽、鼎点金刚钻、翠纹金刚钻、斜纹夜蛾、棉小造桥虫、棉大造桥虫、棉大卷叶螟成虫、蛹、幼虫、卵的形态特征和为害症状。

19.2　实验材料

棉蚜、苜蓿蚜、菜豆根蚜、棉铃虫、棉红叶螨、棉红铃虫、棉蓟马、绿盲蝽、中黑盲蝽、苜蓿盲蝽、鼎点金刚钻、翠纹金刚钻、斜纹夜蛾、棉小造桥虫、棉大造桥虫、棉大卷叶螟的盒装、浸渍、玻片、针插或活体标本及为害状标本。

19.3　实验用具

双目立体解剖镜、放大镜、培养皿、挑针、镊子、昆虫针等。

19.4　实验内容与方法

19.4.1　棉蚜(*Aphis gossypii* Glover)

1)成虫

(1)干母:体长 1.6 mm,体色为茶褐色或暗绿色,复眼为红色;触角为 5 节,约为体长的一半;越冬卵孵化为干母。

(2)无翅胎生雌蚜:体长 1.5~1.9 mm;体色夏季为黄绿色或黄色,春、秋为深绿色、黑色、棕色;触角为 6 节,第 3、4 节上无感觉圈,第 5 节末端有 1 个感觉圈,第 6 节膨大处各有 1 个感觉孔;腹部末端有 1 对短的暗色腹管;尾片为青绿色,有 3 对刚毛。

(3)有翅胎生雌蚜:体长 1.2~1.9 mm,体色为黄色、浅绿色或深绿色;前翅背板为黑色,有 2 对透明的翅,前翅中脉 3 叉,后翅中、肘脉都有叉;腹部两侧有 3~4 对黑斑;触角为 6 节,比体短,第 3 节一般有 5~8 个感觉圈,排成一行,第 4 节无感觉圈或仅有 1 个感觉圈,第 5 节末端有 1 个感觉圈;腹管为暗黑色,圆筒形,表面有瓦彻纹。

(4)有翅雄蚜:体长 1.3~1.9 m,体色为深绿色、灰黄色、暗红色或赤褐色,头、胸为黑色;腹部中央有 1 条黑色横带;触角为 6 节,第 3 节有 27~49 个感觉圈,第 4 节有 20 多个感觉圈,第 5 节有 12~20 个感觉圈,第 6 节膨大部有 7~8 个感觉圈(呈梅花状排列),腹末梢钝圆,有雄性外生殖器。

(5)无翅产卵型雌蚜:体长 1~1.5 m,体色为灰褐色、墨绿色、暗红色或赤褐色,常有灰白色薄蜡粉;触角为 5 节,第 4 节有 1 个感觉圈,第 5 节膨大部有 2~6 个感觉圈;后足胫节粗大,具有 10 个排列不规律的感觉孔。

2)若虫

(1)无翅若蚜:夏季体色为黄色或黄绿色,春秋为灰蓝色;复眼为红色;触角的节数及腹节形状因虫龄大小而有差异。

(2)有翅若蚜:夏季体色为淡黄色,秋季为黄色;胸部两侧有翅芽;腹部 1、6 节中侧和腹节的两侧各有 1 个白色圆斑。

3)卵

椭圆形,长径为 0.49~0.69 mm,短径为 0.23~0.36 mm,初产时为橙黄色,后变为茶褐色,6 d 后变为漆黑色。

为害棉花的蚜虫尚有多种(见表 2-7)。

表 2-7　5 种为害棉株的蚜虫的区别

	棉蚜	苜蓿蚜	棉长管蚜	杨枣蚜	菜豆根蚜
体色	淡黄色至深绿色	褐色至黑色,有光泽	草绿色	深绿色,有灰	淡黄色至黄白色,有白粉
额瘤	不显著	不显著	显著外倾呈"U"形	不显著	不显著呈平顶状
触角比身体	短	短	稍短	短	短

续表

	棉蚜	苜蓿蚜	棉长管蚜	杨枣蚜	菜豆根蚜
第1节触角比 第2节触角	短	短	短	短	比
第6节触角 鞭状部比基部	长	长	长	短	短
前翅中脉	三分岔	三分岔	三分岔	三分岔	不分岔
无翅蚜腹部背面	几乎无斑纹	第2～6节 联合为黑斑	几乎无斑纹	小斑点	无斑纹
腹管	长	长	很长	很短,长宽 约相等	无

19.4.2　棉铃虫(*Heliothis armigera* Hübner)

(1)成虫:体长 15～20 mm,翅展 31～40 mm;头、胸、翅为青灰色或淡灰褐色;基线为双线,不清晰;亚基线为双线,褐色,呈锯齿形;环纹圆形,有褐边,中央有 1 个褐点;肾纹有褐边,中央有 1 个深褐色肾形斑,肾纹前方的前缘脉上有 2 条褐色纹;中横线为褐色,微呈波浪形,自中室的下角内斜至后缘;外横线为双线,锯齿形,向外各齿尖外缘均有白点,亚外缘线为锯齿形,与外横线之间形成 1 个褐色的宽带,端区各脉间有小黑点,后翅灰白,翅脉为深褐色,沿外缘有黑褐色宽带。

(2)卵:半球形,高 0.5 mm,宽 0.46 mm,顶部微隆起,底部较平;中部有 26～29 条直达卵底部的纵棱,每 2 根纵棱分为 2 岔,初为乳白色,后变为黄白色,孵化前有紫色斑。

(3)幼虫:体长 40～50 mm,头为黄褐色,有褐色斑纹,体长变异大,体色有绿色、淡绿色、淡红色等;各体节背面有 12 个毛片,背线一般有 2 条或 4 条;前胸气门前下方突上有 2 根刚毛,连线与气门相切或穿过气门。

(4)蛹:体长 17～20 mm,纺锤形,赤褐色至黑褐色,腹部第 5～7 节的刻点较稀且大,腹末有 1 对基部分开的臀刺。

19.4.3　棉红叶螨(*Tetranychus cinnabarinus* Boisduval)

棉红叶螨又名棉红蜘蛛,属蛛形纲,蜱螨目,叶螨科。在我国,常见的为害棉花的叶螨有 4 种。除棉红叶螨外,还有截形叶螨,二斑叶螨,这两种主要分布于辽河流域棉区,在新疆尚有土耳其斯坦叶螨,但各地均以棉红叶螨作为优势种。

(1)成螨:体色差异较大,一般为砖红色或锈红色,但基本色调为红色,虫体两侧各有 1 纵行块状色斑,大小不等,呈长方形,色斑中面色淡,粗看为 4 块,前两块较大,后两块较小;颚体(包括头部、前足)呈黄色,体背具长毛,分 4 列纵生;雌虫背面观呈卵圆形;雄虫背面观略呈菱形,阳茎向上呈直角弯曲,端部呈斧状,向前和后突出的部分均较尖,突出的长度约相等,端缘中央突成钝角。

(2)卵:圆球形,光滑,直径为 0.13 mm,初产时为无色透明状,后渐变为深红色,卵散产于棉叶背面或与丝网相连。

(3)幼螨:初孵化的幼体为幼螨,体近圆形,透明,眼呈红色,有 3 对足,取食后体色转为绿色,体长 0.15 mm。

(4)若螨:若螨分为第一若螨(前若螨)和第二若螨(后若螨),均有 4 对足,第一若螨体长 0.21 mm,宽 0.15 mm,刚毛较长,体色变深,由淡黄色变为淡红色,呈椭圆形,体侧露出较明显的块斑,第二若螨仅雌虫有。

19.4.4　棉红铃虫(*Pectinophorn gossypiella* Saunders)

(1)成虫:体长 6~7 mm,翅展 12 mm,体色为灰褐色;触角为丝状,基节有 5~6 根长毛;前翅为尖叶形,暗褐色,翅基部到外缘有 4 条不规则暗褐色横带,中间两条较明显,两端两条模糊不清;后翅呈茶刀形,银灰色,缘毛长且为灰白色。

(2)卵:椭圆形,长 0.4~0.6 mm,初产时为乳白色,孵化前为淡红色,表面有似花生壳状突起。

(3)幼虫:体长 11~13 mm,头部为黑褐色,前胸背板从中间纵裂成 2 块,体色为肉白色,毛片为淡黑色,周围为红色斑块。

(4)蛹:长 6~9 mm,黄棕色,翅芽伸达第 3 腹节,腹部第 5、6 节腹面有腹足遗迹,腹末臀棘后缘背面有一根鱼刺,向背方翘起。

19.4.5　棉蓟马(烟蓟马、葱蓟马)(*Thrips alliorum* Priesner)

(1)成虫:体长 1~1.3 mm,淡黄色,背面为黑褐色,复眼为紫红色;有 3 个单眼,在单眼鬃连线的外缘;触角为 7 节,灰褐色,第 2 节色淡,前胸背板后侧有 1 对鬃,粗而长;前翅为淡黄色;上脉鬃为 4~6 根,如 4 根时则排列均匀,若 5~6 根时,则多为 2~3 根在一处;下脉鬃为 14~17 根,排列均匀;腹部第 2 至第 8 节背面前沿各有深色横纹 1 条。

(2)卵:长约 0.12 mm,乳白色,侧看为肾形。

(3)若虫:形似成虫、无翅、淡黄色;触角为 6 节,第 4 节具 3 根微毛;复眼为暗赤色,胸腹各节有微细褐点,点上生粗毛。

(4)蛹:伪蛹,形似若虫,不活动,触角披在头上,有明显的翅芽。

19.4.6　绿盲蝽(*Lygus lucorum* Meyer-Dür)

(1)成虫:体长 5 mm 左右,宽约 22 mm,全身为绿色;头为三角形,黄褐色;复眼为黑褐色;触角比身体短,第 1 节为黄绿色,第 2 节以后逐渐加深,第 4 节为黑褐色;头与前胸前缘相连部分有 1 条领状脊棱;前胸背板为深绿色,有许多黑色的小刻点;腿节膨大;胫节有刺,为黑色;腹面为绿色;卵盖为奶黄色;前翅革质部分全为绿色,膜质部分为暗灰色。

(2)卵:长约 1 mm,黄绿色,卵盖为奶黄色,中央凹陷,两端稍突起,无附着物。

(3)若虫:初孵时全身黄绿色,复眼为红色;5 龄若虫体色为鲜绿色,复眼为灰色,密披黑色细毛,翅芽尖端为黑色,达腹部第 4 节。

19.4.7　中黑盲蝽(*Adelphocoris suturalis* Jakovlev)

(1)成虫:体长 6~7 mm,黄褐色,披有黄色细毛;复眼大,黑色;触角为 4 节,比身体长,基部 2 节为暗黄色,端部 2 节为暗褐色;前胸背板为淡绿色,背板中央两侧有 2 个黑色的圆形斑点;小盾片为黑褐色;前翅革质部为淡绿色,爪片大部分为黑褐色,膜质部基部为淡绿色,其他部分为淡黑色。

(2)卵:长约 1.2 mm,淡黄色,卵盖上有黑斑,边上有丝状附属物,中央凹陷。

(3)若虫:初孵时若虫为橘黄色,后转为绿色;5 龄若虫为深绿色,复眼为紫色,体披黑色刚毛,头与触角为赭褐色,腰部中央色深。

19.4.8　苜蓿盲蝽(*Adelphocoris lineolatus* Goeze)

(1)成虫:体长 7.5 mm,全身黄褐色,披有细毛;触角为暗黄色,比身体长;前胸背板为暗黄色,靠近后缘有 2 个黑色圆斑;小盾片中央有 2 条黑色纵带;前翅革质部分为黄褐色,膜质部分为黑褐色。

(2)卵:长约 1.3 mm,为弯曲的口袋形,淡褐色,卵盖平坦,边上有 1 个指状突起。

(3)若虫:初孵时全体绿色;5 龄若虫体色为黄绿色,披有黑毛,复眼为紫色,翅芽超过腹部第 3 节,腺囊口为"八"字形,翅芽及腹部密布大小不等的黑色斑点。

19.4.9　鼎点金刚钻(*Earias cupreoviridis* Walker)

(1)成虫:体长 6～8 mm,翅展 16～20 mm;头为青白色或青黄色;下唇须为棕褐色或带粉红色;触角为褐色;前翅大部分为黄绿色,翅基前半部有一个玫瑰红纹,近外缘有暗褐色横带,翅中央有 3 个小点,排成鼎足形;后翅为白色。

(2)卵:鱼篓形,初产时为鲜绿色,孵化时变为黑色,卵顶较小,其上有 25～32 条放射状的纵脊纹,纵脊不分叉,只为长短两种。

(3)幼虫:体长 18 mm,呈纺锤形,全体淡灰色,头部为黄褐色;中胸至第 9 腹节的各节上有 6 个肉疣突起,横行成列,背面 2 个最大,两侧次之,色泽不一,第 2、5、8 腹节背面的肉疣为黑色,其余为灰白色,肉疣上有 1 根黄褐色刚毛;腹部末节有 4 个小型疣突。

(4)蛹:短小而肥,长 7.5～9.5 mm,红棕色,体背具有粗稀网状花纹,腹部末节两侧各有 3～4 个突起,蛹外有茧,茧为椭圆形,茧多呈灰白色或灰褐色,前端有鸡冠状突起物。

19.4.10　翠纹金刚钻(*Earias fabia* Stoll)

翠纹金刚钻与鼎点金刚钻的区别如表 2-8 所示。

表 2-8　翠纹金刚钻与鼎点金刚钻的区别

虫态	种类特征	鼎点金刚钻	翠纹金刚钻
成虫	体长/mm	6～8	9～13
	头、胸部	头为青白色或青黄色,胸为青黄色	头为白色;胸为翠绿色,中央有粉白条
	前翅	黄绿色,前有红褐色或橘黄色条,翅中央有 3 个红褐色小点,鼎足形排列	粉白色,中央有 1 条翠绿色长三角形条纹纵贯全翅
卵	形状	鱼篓形	鱼篓形
	纵棱	分长短两类,一般不分叉	长度相同,不分叉
幼虫	额片	顶部 1/3 为褐色,其余为黄褐色	顶部 1/4 为灰白色,其余为褐色
	腹部瘤面毛突	各节都隆起且粗大,第 2、5、8 节为黑色,其余为灰白色	第 8 节隆起,粗、短、为小白色;其余各节都不隆起
	中足	比下颚须长	与下颚须等长
	触角	比中足长	比中足短或等长
	腹部末端侧面	2 个角状突起,另有 3～4 个隆起	4 个角状突起

19.4.11　斜纹夜蛾(*Spodoptera litura* Fabricius)

(1)成虫:体长16~21 mm,翅展36~41 mm,全身深褐色;前翅为褐色,其中混有黑色斑纹,中部从前缘到后缘有1条灰白色带状斜纹,在灰白的带中有2条褐色条纹(雌蛾显著,雄蛾不显著);后翅为白色,有紫色反光。

(2)卵:馒头形,卵表面有纵横脊纹,纵脊纹共有36~39条,初产时为黄白色,后渐变为灰黄色,将孵化时为暗灰色,卵块形状不一,每块有卵粒300粒,中间有3~4层,周围有1~2层,卵块表面有黄褐色绒毛。

(3)幼虫:老熟幼虫体长35~43 mm,头部为黑紫色;胸腰部颜色变化较大,因寄主不同或虫口密度不同而有变化,常为土黄色、青黄色、灰褐色或暗绿色;背线、亚背线及气门下线均为灰黄色及橙黄色;中胸至腹第9腹节的亚背线内侧有1对近似半月形的黑斑。

(4)蛹:长18~20 mm,初化蛹时为紫红色,稍带青色,以后渐变为赤褐色至暗褐色;腹部背面第4~7节近前缘处有圆形或半圆形刻点,5~7节最为明显;臀刺短,有1对强大弯曲的刺,刺的基部分开。

19.4.12　棉小造桥虫(棉夜蛾)(*Anomis flava* Fabricius)

(1)成虫:体长13 mm,翅展26~32 mm;雌蛾触角为丝状,淡黄色,雌蛾触角为栉齿状,黄褐色;前翅为黄褐色到暗褐色,近翅基1/2处翅面黄白,其余较深,亚外缘线呈紫灰色锯齿状,外横线内横线为赤褐色,外横线很弯曲,与中横线相接,达前翅内缘,肾形纹为短棒状,环状纹为白色小点;后翅为淡灰黄色。

(2)卵:馒头形,青绿色,卵顶有一个圆圈,四周有30~40条隆起线,纵隆起线间有11~14条横隆起线,纵、横隆起线交织成方格纹,孵化时为紫褐色。

(3)幼虫:成长幼虫体长35 mm,头部为淡黄色,体色呈灰绿色、黄绿色,亚背线、气门上线及气门下线均为白色;体上散生很多小黑点;第1对腹足退化,仅留下极不明显的趾钩痕迹;第2对腹足短小,有11~14个趾钩;第3、4对腹足及臀足发达,有18~22个趾钩。

(4)蛹:体长约17 mm,赤褐色;头顶中央有1个乳状突起,后胸背面、腹部1~8节背面布满细小刻点,第5~8节腹面有圆形刻点及半圆形刻点,臀刺末端中央有1对变向腹面的褐色刺,在其两侧各有短而直的1根端刺和2根钩刺。

19.4.13　棉大造桥虫(*Ascotis selenaria* Denis et Schiffermüler)

(1)成虫:雌蛾体长16~20 mm,翅展40~50 mm;触角为丝状,暗灰色,散布茶褐色及淡褐色鳞片;前翅为暗灰白色,杂以黑褐色及暗黄色鳞片;内横线、外横线及亚外缘线为黑褐色波状纹,内侧横线间有1个白斑,斑内四周为黑褐色圈,外横线上方有1个近三角形的黑褐斑,沿翅外缘有半月形黑斑互相连接;后翅斑纹与前翅相同。

(2)卵:长圆形,青绿色,卵表面附有许多凸粒和深黑色或灰黄色纹。

(3)幼虫:成长幼虫体长40 mm,体色为黄绿色,圆筒形,表面光滑;胸节背刺密布黄点,背线甚宽,直达尾端,淡青色;腹线由第1腹节达第6腹节,黄褐色,杂以深黄或褐色纵纹;腹部第2至第5节背面前关部有1条深黑色的短纵纹,第2节短纵纹最长、最黑,在短纵纹后端两侧均有1个黑色突起,其上有1根黑毛;第6节气门线中有1个大的长圆黑点,靠近气门腹部第6节和臀部有1对腹足。

(4)蛹:体长约14 mm,红棕色;腹部各节背面有不明显的横皱纹;第4腹节气门特别大,第 5～7 各节前缘 1/3 处有明显的环状隆起脊;第 5、6 腹节各有 1 对腹足遗迹;臀棘末端有 4 对钩刺,中央 1 对最长。

19.4.14　棉大卷叶螟(*Sylepta derogate* Fabricius)

(1)成虫:体长 8～14 mm,翅展 22～30 mm,全体黄白色,有闪光,前翅外缘线、亚外缘线、外横线、内横线均为褐色波状纹;前缘近中央处有似"OR、OK、OB"形褐色斑,在 R 纹下有 1 段中线;雄蛾腹末节基部有 1 条黑色横纹。

(2)卵:椭圆形,略扁,初产时为乳白色,后变为淡绿色,孵化前为灰白色。

(3)幼虫:体长约 25 mm;头扁平,赭灰色,有不规则的深紫色斑点;胸腰部为青绿色或淡绿色;前胸硬皮板为褐色;背线为暗绿色,气门线稍淡,除前胸及腹部末节外,每个体节各有 5 个毛片;腹足异序缺坏。

(4)蛹:雌蛹长 14 mm,雄蛹长 13 mm;体色为红棕色;第 4 腹节气门特别大;第 5、6、7 节各节前缘 1/3 处有明显的环状隆起脊;第 5、6 腹节腹面有一对腹足遗迹;臀棘末端有 4 对钩,中央一对最大,两侧各对依次变短小。

19.5　实验作业

(1)简述棉红叶螨、截形叶螨、二斑螨、土耳其斯坦叶螨的区别特征。

(2)简述苜蓿盲蝽、中黑盲蝽、绿盲蝽的区别特征。

(3)绘制棉大卷叶螟前翅特征图。

(4)绘制棉铃虫成虫前翅图。

(5)简述棉小造桥虫的形态特征。

(6)比较棉大造桥虫与棉大卷叶螟主要形态区别。

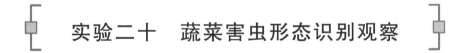

实验二十　蔬菜害虫形态识别观察

20.1　实验目的与要求

识别蔬菜常见害虫种类,明确常见害虫的形态特征和为害特点。

20.2　实验材料

菜蚜、菜粉蝶、小菜蛾、甘蓝夜蛾、斜纹夜蛾、甜菜夜蛾、红腹白灯蛾、菜螟、黄翅菜叶蜂、猿叶虫、黄曲条跳甲、茄二十八星瓢虫、马铃薯瓢虫、温室白粉虱、烟粉虱、美洲斑潜蝇、黄守瓜、茄黄斑螟、茶黄螨、朱砂叶螨、豇豆荚螟等害虫的盒装标本、浸渍标本、针插标本、生活史标本、为害状标本,照片,挂图,光盘及多媒体课件等。

20.3　实验用具

双目立体解剖镜、放大镜、挑针、解剖刀、镊子、镜头纸等。

20.4　实验内容与方法

20.4.1　菜蚜类(桃蚜、菜缢管蚜、甘蓝蚜 3 种)

观察菜蚜类有翅成蚜、若蚜及无翅成蚜、若蚜的体形、大小、形态、体色、腹管、尾片和额瘤的特征,注意桃蚜(*Myzus persicae* Sulzer)、萝卜蚜(菜缢管蚜)(*Lipaphis erysimi* Kaltenbach)、甘蓝蚜(*Brevicoryne brassicae* L.)的区别。本书以萝卜蚜为例进行介绍。

1. 有翅胎生雌蚜

有翅胎生雌蚜为长卵形,长 1.6～2.1 mm,宽 1.0 mm;头、胸部为黑色;腹部为黄绿色至绿色,腹部第 1、2 节背面及腹管后有 2 条淡黑色横带(前者有时不明显),腹管前各节两侧有黑斑,身体上常披有稀少的白色蜡粉;触角第 3 节有 21～29 个感觉圈,排列不规则,第 4 节有 7～14 个感觉圈,排成 1 行,第 5 节有 0～4 个感觉圈;额瘤不显著;翅透明,翅脉为黑褐色;腹管为暗绿色,较短,中后部膨大,顶端收缩,约与触角第 5 节等长,长度为尾片的 1.7 倍;尾片为圆锥形,灰黑色,两侧各有 4～6 根长毛。

2. 无翅胎生雌蚜

无翅胎生雌蚜为卵圆形,长 1.8 mm,宽 1.3 mm,黄绿至黑绿色,披薄粉;额瘤不明显;触角较体短,约为体长的 2/3,第 3、4 节无感觉圈,第 5、6 节各有 1 个感觉圈;胸部各节中央有一条黑色横纹,并散生小黑点;腹管和尾片与有翅胎生雌蚜相似。

三种菜蚜分种检索表

1　有发达而向内倾的额瘤。腹管远比触角第五节长,有翅蚜腹背面中央有淡黑色大斑块

　　…………………………………………………………………………………………… 桃蚜

1′　无明显额瘤。腹管短,有翅蚜腹部背面无大型斑 …………………………………… 2

2　腹管与触角第五节约等长,有翅蚜腹部在腹管后有黑色横带 ……………… 菜缢管蚜

2′　腹管短小,远比触角第五节短,有翅蚜腹部无黑色横带 ………………………… 甘蓝蚜

20.4.2　菜粉蝶(*Pieris rapae* Linnaeus)

观察菜粉蝶成虫的大小、翅的形状及颜色、雌雄虫色斑的区别,卵的形状、颜色,幼虫的体形、体色、体线、腹足趾钩的特征,蛹的类型、形状、颜色等。

(1)成虫:主要观察体色及其体上所披白色、灰黑色的长毛,前翅的颜色及翅尖的三角形黑斑,中室外侧的圆斑及在圆斑下向翅基延伸的一条黑带,后翅前缘的一个黑斑。

(2)卵:长椭圆形,顶端较尖,基端较钝,表面有许多纵横隆纹,相互交叉成长方形网状小格。

(3)幼虫:体色为绿色,背中线为黄色,体上密布小疣状黑色突起,沿气门线具一列黄色斑点,体节每节有 5 条环状皱纹。

(4)蛹:注意观察形状、颜色和背面的隆起线。

20.4.3　小菜蛾(*Plutella xylostella* Linnaeus)

观察小菜蛾成虫的大小和翅的颜色、斑纹,卵的形状、颜色、大小,幼虫的体形、体色、前胸背板上的"U"字形斑纹、腹足趾钩的特征,注意比较小菜蛾幼虫与菜粉蝶幼虫的区别。

(1)成虫:后翅细长,有长缘毛;前翅前半部分为灰褐色,中间有黑色波状纹,后面部分为黄

白色(雌虫为灰黄色),当小菜蛾静止时,黄白色(灰白色)部分合成 3 个连续的菱形的斑纹。

(2)卵:产于叶背主脉两侧或叶柄上,单粒或 3～5 粒排成一块,卵粒为椭圆形,长约 0.5 mm,淡黄色,表面光滑。

(3)幼虫:头部为黄褐色,胴部为绿色,前胸硬皮板上有两个由淡褐色无毛小点组成的"U"形纹,臀足向后伸长超过腹部末端。

(4)蛹:常披有白色纺锤形网状薄茧,蛹体透网可见,蛹为绿色,腹部 2～7 节背面两侧各有一个小突起,腹末端有四对钩刺。

20.4.4　甘蓝夜蛾(*Mamestra brassicae* Linnaeus)

观察甘蓝夜蛾成虫的大小、翅的颜色、前翅上的线及斑纹,卵的形状、颜色、大小及排列情况;幼虫的体形、体色、体线、体背斑纹、腹足趾钩的特征,注意甘蓝夜蛾、银纹夜蛾、斜纹夜蛾和甜菜夜蛾的成虫、幼虫的区别。

(1)成虫:前翅为暗褐色,内、外横线为双线,外围为黑色;肾纹大,外缘及内缘均有白点或中央全为白色。

(2)卵:半球形,底径为 0.6～0.7 mm,上有放射状的三序纵棱,棱间有一对下陷的横道,隔成一行方格;初产时为黄白色,后来中央和四周上部出现褐斑纹,孵化前变为紫黑色。

(3)幼虫:圆筒形,体背面为淡褐色;背线、亚背线为黄色,不明显;气门为黄褐色,周围为黑色。

(4)蛹:长 20 mm 左右,赤褐色,蛹背面由腹部第一节起到体末止,中央具有深褐色纵行暗纹 1 条;腹部第 5～7 节近前缘处刻点较密且粗,每个刻点的前半部凹陷较深,后半部较浅;臀刺较长,深褐色,末端着生 2 根长刺,刺从基部到中部逐渐变细,到末端膨大呈球状,似大头钉。

20.4.5　斜纹夜蛾(*Spodoptera litura* Fabricius)

(1)成虫:前翅为褐色,自前缘中央到后缘有一条灰白色宽带状斜纹,雄蛾斜纹较粗,雌蛾斜纹内有两条褐色纹;宽带状斜纹与外横线上三分之二处为青灰色,并具有铝色闪光,后翅有紫色反光。

(2)卵:卵成块,数十粒至几百粒不规则重叠排列 2 层或 3 层,外面覆有黄白色绒毛。

(3)幼虫:老熟幼虫多为黑褐色,少数为灰绿色,背线和亚背线为橘黄色,亚背线上缘每节两侧各有一个半月形黑斑,腹部第 1 节和第 8 节的最大,中、后胸半月形黑斑的下方还有橘黄色圆点。

(4)蛹:注意观察腹部第 4～7 节背面和 5～7 节腹面近前缘的刻点、腹末粗刺、气门及其后方的凹陷空腔。

20.4.6　甜菜夜蛾(*Spodoptera exigua* Hübner)

(1)成虫:前翅为灰褐色;肾形斑和环形斑为灰黄色,有黑色细边和橙褐色的心;内横线和外横线均为褐色或黑色二色的双线;中横线带暗褐色;后翅为银白色,半透明,略有红黄色闪光。

(2)卵:圆馒头形,白色,表面有放射状的隆起线。

(3)幼虫:头部为褐色,有灰白色斑点;前胸背板为暗褐色或青色;体长约 22 mm;体色多变,有绿色、暗绿色、黑褐色;亚背线至气门下线之间为灰色至黑色,具白色或暗红色点;气门下线为青色或淡黄色纵带,气门后上方有近圆形的白斑。

(4)蛹:体长 10 mm 左右,黄褐色。

20.4.7 红腹白灯蛾(*Spilarctia subcarnea* Walker)

(1)成虫:体长 14～18 mm,翅展 33～46 mm,体色为白色,下唇须、触角为暗褐色,胸足有黑纹,腿节上方为黄色或红色,腹部背面、侧面和亚侧面各有 1 列黑点,前翅散生黑点。

(2)卵:扁球形,淡绿色,直径约 0.6 mm。

(3)幼虫:土黄色至深褐色;背线为橙黄色或灰褐色,密生棕黄色至黑褐色长毛;气门为白色;头为黑色;腹足为土黄色。

(4)蛹:体长 18 mm,深褐色,末端具 12 根短刚毛。

20.4.8 菜螟(*Hellula undalis* Fabricius)

(1)成虫:成虫为褐色至黄褐色的近小型蛾子,体长约 7 mm,翅展 16～20 mm;前翅有 3 条波浪状灰白色横纹和 1 个黑色肾形斑,斑外围有灰白色晕圈(见图 2-19)。

(2)卵:扁椭圆形,淡黄色。

(3)幼虫:共 5 龄,幼虫头部为黑色,胸腹部为淡黄色或浅黄绿色;老熟幼虫体长约 12 mm,黄白色至黄绿色,背上有 5 条灰褐色纵纹(背线、亚背线和气门上线),体节上还有毛瘤,中后胸背上的毛瘤单行横排,共 12 个,腹末节的毛瘤双行横排,前排 8 个,后排 2 个。

(4)蛹:茶褐色,体外有丝茧,粘有泥土。

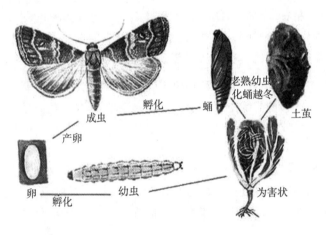

图 2-19 菜螟

20.4.9 黄翅菜叶蜂(*Athalia rosae japanensis* Rhower)

(1)成虫:体长 6～8 mm,头部和中、后胸背面两侧为黑色,其余为橙蓝色,但胫节端部及各跗节端部为黑色;翅基半部黄褐色,向外渐淡,翅尖透明,前缘有一条黑带与翅痣相连;触角为黑色,雄性基部 2 节为淡黄色;腹部为橙黄色,雌虫腹末有短小的黑色产卵器。

(2)卵:近圆形,大小约 0.83 mm×0.42 mm,卵壳光滑,初产时为乳白色,后变为淡黄色。

(3)幼虫:老熟幼虫体长约 15 mm,头部为黑色,胴部为蓝黑色,各体节具很多皱纹及许多小突起,胸部较粗,腹部较细,具 3 对胸足和 8 对腹足。

(4)蛹:头部为黑色,蛹体初为黄白色,后转为橙色。

20.4.10　猿叶虫

猿叶虫主要为害十字花科蔬菜,有大猿叶虫(*Colaphellus bowringi* Baly)和小猿叶虫(*Phaedon brassicae* Baly)两种。大猿叶虫为长椭圆形,鞘翅上有不规则的粗点;小猿叶虫为短椭圆形,鞘翅上有排列规则的细点。

(1)成虫:两种猿叶虫成虫均为蓝黑色,具金属光泽;大猿叶虫成虫为长椭圆形,长 4.7~5.2 mm,宽 2.5 mm,背面密布不规则刻点,后翅发达,能飞翔;小猿叶虫成虫为短椭圆形,长 3.4 mm 左右,宽 2.1~2.8 mm,腹面为黑色,鞘翅刻点排列规则,后翅退化,不能飞翔。

(2)卵:大猿叶虫卵为长椭圆形,约 1.5 mm × 0.6 mm,鲜黄色,表面光滑;小猿叶虫卵也为长椭圆形,(1.2~1.8) mm ×(0.45~0.54) mm,一端较钝,初产时为鲜黄色,后渐变成暗黄色。

(3)幼虫:大猿叶虫幼虫为灰黑色,略带黄色,头部黑色有光泽,各节有大小不等的肉瘤,老熟幼虫体长约 75 mm;小猿叶虫幼虫为灰黑色,各节有 8 个黑色肉瘤,在腹部每侧呈 4 个纵行,老熟幼虫体长 6.8~7.4 mm。

(4)蛹:大猿叶虫蛹长约 6.5 mm,前胸背板中央有 1 条纵沟,腹末端分叉;小猿叶虫蛹长不到 4 mm,前胸背板中央无纵沟,腹末端不分叉。

大猿叶虫和小猿叶虫的不同点:①个体大小不同,大猿叶虫成虫体长 4.7~5.2 mm,而小猿叶虫成虫体长约 3.4 mm;②大猿叶虫成虫小盾片呈三角形,无刻点,小猿叶虫成虫小盾片呈近圆形,有小刻点;③大猿叶虫幼虫体节上黑色肉瘤小而多,小猿叶虫幼虫体节上黑色肉瘤大而少;④蛹也有差异,大猿叶虫蛹长约 6.5 mm,前胸背板中央有 1 条纵沟,腹末端分叉,而小猿叶虫蛹长不到 4 mm,前胸背板中央无纵沟,腹末端不分叉。

20.4.11　黄曲条跳甲(*Phyllotreta striolata* Fabricius)

观察黄曲条跳甲成虫体形、大小、体色、鞘翅上刻点及排列情况、前翅上黄斑的形状、后足腿节是否膨大等,幼虫体形、大小、形态、颜色等特征,注意区别黄曲条跳甲、黄直条跳甲、黄宽条跳甲、黄窄条跳甲的鞘翅黄斑的宽窄、形状(自学,过程性作业)。

(1)成虫:注意观察体小型,体长约 2 mm,黑褐色,有光泽;鞘翅有排列成纵行的小点,中央有肾形黄色条纹;后足腿节膨大,善于跳跃。

(2)卵:产在土下 1 cm 深处的菜根及土粒上,一般数粒至 20 多粒为一块,卵粒为椭圆形,淡黄色,长约 0.3 mm。

(3)幼虫:长筒形,尾端较瘦,体色为黄白色,前翅硬皮板为淡褐色;腹末节臀板为椭圆形,淡褐色,末节腹面有一个乳状突起。

(4)蛹:乳白色,腹部末端有一个叉状突起,叉端为褐色。

20.4.12　茄二十八星瓢虫(*Henosepilachna vigintioctopunctata* Fabricius)

观察茄二十八星瓢虫(也称酸浆瓢虫)和马铃薯瓢虫各虫态的形态特征,注意比较成虫的大小、体形、体色等,比较两种害虫鞘翅上二十八个斑点的大小、形状、排列特点是否相同,前胸背板上斑点的特征是否相同,卵的形态、卵块排列的紧密程度是否相同,幼虫体背的枝刺及蛹的形态是否相同。

(1)成虫:个体较小,为半球形,鞘翅基部 3 个黑星后方的 4 个黑星几乎在一条直线上,两鞘翅会合处黑斑不接触。

(2)卵:长约 1.2 mm,弹头形,淡黄色至褐色,卵粒排列较紧密。

(3)幼虫:共 4 龄,末龄幼虫体长约 7 mm;初龄幼虫为淡黄色,后变为白色,体表多枝刺,枝刺亦为白色,基部有黑褐色环纹。

(4)蛹:蛹长 5.5 mm,椭圆形,背面有黑色斑纹,尾端包着末龄幼虫的蜕皮。

20.4.13　马铃薯瓢虫(*Henosepilachna vigintioctomaculata* Motschlsky)

(1)成虫:半球形,密披细毛,鞘翅无光亮,有 28 个黑星;个体较大,鞘翅基部 3 个黑星后方的 4 个黑星不在一条直线上,两鞘翅会合处的黑点有一对或两对相接触。

(2)卵:子弹形,长约 1.4 mm,初产时为鲜黄色,后变为黄褐色,卵块中卵粒排列较松散。

(3)幼虫:刚孵化时为淡黄色,以后体表呈现黑斑,纺锤形;体披黑色分枝刺状突起,前胸及第 8、9 腹节背部各 4 个,其余部位各 6 个。

(4)蛹:长约 6 mm,椭圆形,淡黄色,背面有稀疏细毛及黑色斑纹,尾端包着末龄幼虫的蜕皮。

20.4.14　温室白粉虱(*Trialeurodes vaporariorum* Westwood)

观察温室白粉虱成虫的大小、体形、体色、体表及翅面覆盖白色蜡粉情况,卵的形状、颜色、卵柄的着生情况,若虫的体形、体色、足、触角、尾须。注意若虫和伪蛹体背是否有长短不一的蜡质丝状突起。

(1)成虫:体长 1~1.5 mm,淡黄色;翅面覆盖白蜡粉,停息时双翅在体上合成屋脊状,如蛾类;翅端为半圆状遮住温室白粉虱的整个腹部;翅脉简单,翅外缘有一排小颗粒。

(2)卵:长约 0.2 mm,侧面观为长椭圆形,基部有卵柄,柄长 0.02 mm,从叶背的气孔插入植物组织中;初产时为淡绿色,覆有蜡粉,而后渐变为褐色,孵化前呈黑色。

(3)幼虫:1 龄若虫体长约 0.29 mm,长椭圆形;2 龄若虫体长约 0.37 mm;3 龄若虫体长约 0.51 mm,淡绿色或黄绿色,足和触角退化,紧贴在叶片上营固着生活;4 龄若虫又称伪蛹,体长 0.7~0.8 mm,椭圆形,初期体扁平,逐渐加厚呈蛋糕状(侧面观),中央略高,黄褐色,体背有长短不齐的蜡丝,体侧有刺。

20.4.15　烟粉虱(*Bemisia tabaci* Gennadius)

(1)成虫:雌虫体长 0.91 mm 翅展 2.13 mm,雄虫体长 0.85 mm,翅展 1.81 mm;体色为淡黄白色到白色;复眼为红色,肾形;单眼为两个;触角发达,为 7 节;翅 2 对,白色,无斑点,披有蜡粉;前翅有两条翅脉,第一条脉不分叉,停息时左右翅合拢呈屋脊状,足 3 对,跗节 2 节,爪 2 个。

(2)卵:椭圆形或长梨形,卵长<0.2 mm,有小柄,与叶面垂直,大多散产于叶片背面;卵柄通过产卵器插入叶内,卵初产时为淡黄绿色,孵化前颜色加深,呈琥珀色至深褐色,但不变黑;卵散产,在叶背分布不规则。

(3)若虫:(1~3 龄):椭圆形;1 龄幼虫体长约 0.27 mm,宽 0.14 mm,有触角和足,能爬行迁移,有 16 对体毛,腹末端有 1 对明显的刚毛,腹部平,背部微隆起,淡绿色至黄色,可透见 2 个黄色点,一旦成功取食合适寄主的汁液,第一次蜕皮后,触角及足退化,就固定下来取食直到成虫羽化;2、3 龄幼虫体长分别为 0.36 mm 和 0.50 mm,足和触角退化至仅 1 节,体缘分泌蜡质,固着为害。

(4)伪蛹或拟蛹(4 龄若虫):伪蛹为淡绿色或黄色,长 0.6~0.9 mm。在有茸毛的植物叶片上形状不规则,多数蛹壳背部生有刚毛且边缘扁薄或自然下陷无周缘蜡丝,胸气门和尾气门外常有蜡缘饰,在胸气门处呈左右对称;在光滑的植物叶片上,多半蛹壳在发育中没有背部刚毛。3龄幼虫蜕皮后形成蛹,蜕下的皮硬化成蛹壳是识别粉虱种类的重要特征。烟粉虱伪蛹壳的基本特征,种间变化较大,同一种类有无数不同的形态(体型大小和蛹背边缘蜡丝),每种形态都随不同的寄主而异。

20.4.16　美洲斑潜蝇(*Liriomyza sativae* Blanchard)

观察美洲斑潜蝇成虫体形大小、体色和体背的颜色,头及复眼的颜色,触角的颜色、长短、节数,足的颜色、卵的形状、颜色、大小,幼虫的体色、大小、蛹的形状、大小、颜色等特征。

(1)成虫:体长1.3~2.3 mm,浅灰黑色,前胸背板为亮黑色,小盾片和体腹面为黄色。

(2)卵:长0.2~0.3 mm,宽0.1~0.15 mm,米色,半透明。

(3)幼虫:长约3 mm,蛆状,初孵幼虫无色,后变为浅橙黄色至橙黄色,后气门突呈圆锥状突起,顶端3分叉,各具1个开口。

(4)蛹:长1.7~2.3 mm,宽0.5~0.75 mm,椭圆形,橙黄色,腹面稍扁平。

20.4.17　黄守瓜(*Aulacophora indica* Gmelin)

观察黄守瓜成虫的大小、体形、体色、足的颜色,注意虫体是否有光泽、前胸背板长和宽的比例及中央是否有一条弯曲横沟、鞘翅上是否有细刻点、腹部末端是否露出鞘翅外,观察卵的大小、形状和颜色,注意卵表面是否有六角形蜂窝状网纹。观察幼虫的大小、体形和体色,注意各体节是否有小黑瘤、臀板是否向后方伸出、臀板上是否有褐色斑纹。观察蛹的类型、大小、形状和颜色。

(1)成虫:体长8~9 mm,椭圆形,全体除复眼、下唇、后胸腹面、腹部等为黑色外,其他各部皆为橙黄色;前胸背板中央有一个弯曲横凹。

(2)卵:卵圆形,长约1 mm,淡黄色,卵壳背面有多角形网纹。

(3)幼虫:长约12 mm;初孵时为白色,以后头部变为棕色,胸、腹部变为黄白色,前胸盾板变为黄色;各节生有不明显的肉瘤;腹部末节臀板为长椭圆形,向后方伸出,上有圆圈状褐色斑纹,并有4条纵行凹纹。

(4)蛹:纺锤形,长约9 mm,黄白色,接近羽化时为浅黑色;各腹节背面有褐色刚毛,腹部末端有2个粗刺。

20.4.18　茄黄斑螟(*Leucinodes orbonalis* Guenee)

(1)成虫:体长6.5~10 mm,翅展约25 mm;体、翅均为白色;前翅具4个明显的黄色大斑纹,翅基部为黄褐色,中室与后缘之间有一个红色三角形纹,翅顶角下方有一个黑色眼形斑;后翅中室具一个小黑点,并有明显的暗色后横线,外缘有2个浅黄斑;栖息时翅伸展,腹部翘起,腹部两侧节间毛束直立。

(2)卵:为0.7 mm×0.4 mm,外形似水饺,卵上有2~5根锯齿状刺,大小长短不一,有稀疏刻点;初产时为乳白色,孵化前为灰黑色。

(3)幼虫:老熟幼虫体长15~18 mm,多呈粉红色,低龄期为黄白色;头及前胸背板为黑褐色,背线为褐色;各节均有6个黑褐色毛斑,两排,前排4个,后排2个,各节体侧有1个瘤突,上生2根刚毛;腹末端为黑色。

(4)蛹:长8~9 mm,浅黄褐色,腹第3、4节气孔上方有一个突起;蛹茧坚韧,有内外两层,初结茧时为白色,后逐渐加深为深褐色或棕红色;茧形不规则,多呈长椭圆形。

20.4.19　茶黄螨(*Polyphagotarsonemus latus* Banks)

1. 成螨

(1)雌成螨:长约 0.21 mm,体躯为阔卵形,体分节不明显,淡黄色至黄绿色,半透明,有光泽;足 4 对,沿背中线有 1 白色条纹,腹部末端平截。

(2)雄成螨:体长约 0.19 mm,体躯近六角形,淡黄色至黄绿色,腹末有锥台形尾吸盘,足较长且粗壮。

2. 卵

长约 0.1 mm,椭圆形,灰白色,半透明,卵面有 6 排纵向排列的泡状突起,底面平整光滑。

3. 幼螨

近椭圆形,躯体分 3 节,足 3 对。

4. 若螨

若螨半透明,菱形,是一个静止阶段,被幼螨表皮包围。

20.4.20　朱砂叶螨(*Tetranychus cinnabarinus* Boisduval)

1. 成虫

(1)雌成虫:体长 0.28~0.52 mm,每 100 头大约 2.73 mg,体色为红色至紫红色(有些甚至为黑色),身体两侧各具一个倒"山"字形黑斑,体末端圆,呈卵圆形。

(2)雄成虫:体色常为绿色或橙黄色,较雌螨略小,体后部尖削。

2. 卵

圆形,直径为 0.13 mm;初产时为乳白色,后期呈乳黄色,产于丝网上。

3. 幼螨

初孵幼螨体呈近圆形,淡红色,长 0.1~0.2 mm,有 3 对足。

4. 若螨

幼螨蜕 1 次皮后为第 1 若螨,比幼螨稍大,略呈椭圆形,体色较深,体侧开始出现较深的斑块,有 4 对足;此后雄若螨老熟,蜕皮变为雄成螨;雌性第 1 若螨蜕皮后成为第 2 若螨,比第 1 若螨大,再次蜕皮才成为雌成螨。

20.4.21　豇豆荚螟(*Maruca testulalis* Geyer)

(1)成虫:前翅中央有一大一小 2 个白色透明斑;后翅为白色半透明,近外缘 1/3 处为茶褐色。

(2)卵:扁平,略呈椭圆形,初产时为淡黄绿色,半透明,后呈淡褐色。

(3)幼虫:共 5 龄,体色为黄绿色,头部及前胸背板为褐色;末龄幼虫体长约 18 mm,中、后胸及腹部各节都长有"大"形黑褐色毛片,中、后胸背板上有 6 个黑褐色毛片,前列 4 个,各具 2 根刚毛,后列 2 个,无刚毛,腹部各节背面具 6 个同样的毛片,但各自只生 1 根刚毛。

(4)蛹:初化时为黄绿色,后变为黄褐色,头顶突出,蛹体披白色薄丝茧。

20.5　实验作业

(1)简述蔬菜的三种蚜虫的主要形态特征。

（2）绘制菜粉蝶和小菜蛾的成虫前、后翅形态图及幼虫形态特征图。

（3）比较温室白粉虱和烟粉虱的区别。

（4）绘制豇豆荚螟成虫的前翅图。

（5）比较茄二十八星瓢虫和马铃薯瓢虫的区别。

（6）绘制朱砂叶螨成虫形态图。

实验二十一　　果树病害虫识别

21.1　实验目的与要求

识别常见果树害虫种类,明确常见害虫形态特征和为害特点。

21.2　实验材料

桃小食心虫、梨小食心虫、梨大食心虫、柑橘潜叶蛾、柑橘大实蝇、天牛类、金缘吉丁虫、山楂叶螨、梨二叉蚜、蚧壳虫类、桃蛀螟、顶梢卷叶蛾、苹小卷叶蛾、褐带卷叶蛾、梨星毛虫、梨冠网蝽、枣尺蠖、枣粘虫、黄刺蛾、柑橘锈壁虱等害虫的盒装标本、浸渍标本、针插标本、生活史标本、为害状标本,照片,挂图,光盘及多媒体课件等。

21.3　实验用具

双目立体解剖镜、放大镜、挑针、解剖刀、镊子、镜头纸等。

21.4　实验内容与方法

21.4.1　桃小食心虫(*Carposina niponensis* Walsingham)

（1）成虫:主要观察体色;前翅中央近前缘处有近似三角形的蓝黑色大斑,基部和中部有 7 簇蓝黑色的斜立鳞片;后翅为灰色且中室后缘也有成列的长毛。

雌蛾体长 7～8 mm,翅展 16～18 mm,下唇须较长,向前伸直如剑状;雄蛾体长 5～6 mm,翅展 13～15 mm,下唇须较短而且向上弯曲。

（2）卵:椭圆形或桶形,初产卵为橙红色,渐变为深红色,近孵卵顶部显现幼虫黑色头壳,呈黑点状;卵顶部环生 2～3 圈"Y"状刺毛,卵壳表面具不规则多角形网状刻纹。

（3）幼虫:主要观察其体色;幼龄幼虫为淡黄色,大龄幼虫为桃红色,头部和前胸背板均为黄褐色,第 8 腹节气门较其他各节更靠近背中线,腹足趾钩单序全环;注意观察是否有臀栉和前胸侧毛组的毛的数量。

（4）蛹:主要观察体色;黄褐色,后足至少达第 5 腹节缘,超出翅端甚多;体表光滑,无刺和刻点,可与其他食心虫的蛹相区别;茧有 2 种,越冬茧为扁椭圆形,质地紧密,夏茧为纺锤形,质地疏松。

21.4.2　梨小食心虫(*Grapholitha molesta* Busck)

（1）成虫:体长 5.2～6.8 mm,体色为灰褐色,无光泽;前翅密披灰白色鳞片,翅基部为黑褐色,前缘有 10 组白色斜纹,翅中室端部附近有一个明显的小白点,近外缘处有 10 余个黑色斑点,腹部为灰褐色。

(2)卵:椭圆形,直径为 0.5 mm 左右,两头稍平,中央凸起,呈乳白色。

(3)幼虫:老熟幼虫体长 10～13 mm;初孵幼虫体色为白色,后变成淡红色;头部、前胸背板均为黄褐色;肛门处有臀栉,有 4～6 根齿;腹足趾钩单序环式,有 30～40 根;臀足单序缺环,有 20 余根。

(4)蛹:体色为黄褐色,长 6～7 mm;腹部第 3 至 7 节背面前后缘各具一行短刺,第 8 至 10 节各具一行稍大的刺,腹部末端具钩状刺毛;茧为白色,长约 10 mm,丝质,椭圆形,底面扁平。

21.4.3　梨大食心虫(*Nephopteryx pirivorella* Matsumura)

(1)成虫:体长 10～15 mm,翅展 20～27 mm,全身暗灰褐色;前翅具有紫色光泽,前缘至后缘有两条灰白色波状条纹,条纹两侧近黑色,条纹中间近灰白色,中室上方有一条黑褐色肾状纹;后翅为淡灰褐色。

(2)卵:椭圆形,稍扁平,长约 1 mm,初产时为白色,后渐变为红色,近孵化时为黑红色。

(3)幼虫:越冬幼虫体长约 3 mm,紫褐色;老熟幼虫体长 17～20 mm,暗绿色;头、前胸背板、胸足皆为黑色。

(4)蛹:体长 12～13 mm,黄褐色,尾端有 6 根带钩的刺毛,近孵化时为黑色。

21.4.4　柑橘潜叶蛾(*Phyllocnistis citrella* Stainton)

(1)成虫:体长仅 2 mm,翅展 5.3 mm 左右;触角为丝状;体翅全部为白色;前翅为尖叶形,有较长的缘毛,基部有 2 条黑色纵纹,中部有"Y"字形黑纹,近端部有一个明显的黑点;后翅为针叶形,缘毛极长;足为银白色,各足胫节末端有 1 个大型距;跗节为 5 节,第 1 节最长。

(2)卵:扁圆形,长 0.3～0.4 mm,白色,透明。

(3)幼虫:体扁平,纺锤形,黄绿色;头部尖;足退化;腹部末端尖细,具有 1 对细长的尾状物。

(4)蛹:有前蛹期;蛹扁平,纺锤形,长 3 mm 左右,初为淡黄色,后变为深褐色;腹部可见 7 节,第 1 节前缘的两侧及第 2 至第 6 节两侧中央各有 1 个瘤状突起,上生 1 根长刚毛;末节后缘两侧各有 1 个明显的肉刺;蛹外有薄茧,茧为金黄色。

21.4.5　柑橘大实蝇[*Bactrocera*(Tetradacus)*minax* Enderlein]

(1)成虫:体长 10～13 mm,翅展约 21 mm,全体呈淡黄褐色;复眼为金绿色;胸部背面具 6 对鬃,中央有深茶色的倒"Y"形斑纹,两旁各有一条宽直斑纹;中胸背面中央有一条黑色纵纹,从基部直达腹端,腹部第 3 节近前缘有一条较宽的黑色横纹,纵横纹相交成"十"字形;雌虫产卵管为圆锥形,长约 6.5 mm,由 3 节组成。

(2)卵:长 1.2～1.5 mm,长椭圆形,一端稍尖,两端较透明,中部微弯,呈乳白色。

(3)幼虫:老熟幼虫体长 15～19 mm,乳白色,圆锥形,前端尖细,后端粗壮;口钩为黑色,常缩入前胸内,前气门为扇形,上有 30 多个乳状突起;后气门片为新月形,上有 3 个长椭圆形气孔,周围有 4 丛扁平毛群。

(4)蛹:长约 9 mm,宽 4 mm,椭圆形,金黄色,鲜明,羽化前转变为黄褐色,幼虫时期的前气门乳状突起仍清晰可见。

21.4.6　天牛类

1. 成虫

（1）桑天牛(*Apriona germari* Hope)：主要观察体色及体上所披细毛；鞘翅基部有黑色疣状突起；雄虫体长 36 mm，雌虫体长 48 mm。

（2）星天牛(*Anoplophora chinensis* Forster)：主要观察体色、鞘翅色泽，鞘翅上散生的许多大小不一的白色毛斑，并结合观察光肩星天牛（见图 2-20）。注意鞘翅基部是否有颗粒状突起。

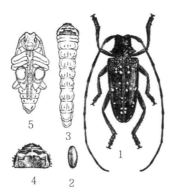

图 2-20　星天牛

1. 成虫；2. 卵；3. 幼虫；4. 幼虫前胸背板；5. 蛹

（3）桃红颈天牛(*Aromia bungii* Faldermann)：主要观察棕红色的前胸与其余部分的区别，注意雌雄个体的触角长度与体长之比有何不同。

2. 卵

长椭圆形，稍弯曲，乳白色或黄白色。

3. 幼虫

可从体长、体色和前胸背色板色泽及花纹的差异等方面来识别（见表 2-9）。

表 2-9　几种主要天牛幼虫形态特征区别

昆虫名称	体长/mm	体色	前胸背板
桑天牛	70	乳白色	赤褐色，宽大，并有凹陷的"小"字形纹，密生黄褐色刚毛和赤褐色点
星天牛	45～50	淡黄白色	基部有"凸"形斑纹，前缘左右各有一个黄褐色飞鸟形纹
光肩星天牛	40～66	黄白色	基部有一个"凸"形斑纹
桃红颈天牛	50	黄白色	扁平方形，前缘为黄褐色，中间色淡，有 3 条纵沟

4. 蛹

（1）桑天牛：体长 50 mm，纺锤形，淡黄色，翅芽达第 3 腹节；末端有褐色半圆形环，上生黄褐色毛。

（2）星天牛：体长 30 mm，乳白色，翅长超过腹面第 3 节后缘。

（3）桃红颈天牛：体长 25～36 mm，淡黄色，前胸背板前缘中央和两侧缘各有 1 个丘状突起。

21.4.7　金缘吉丁虫(*Lamprodila limbata* Gebler)

(1)成虫:体背为翠绿色,略带金属光泽,两侧缘各有一条极明显的金色带状纹,前胸背板上有 5 条蓝黑色纵纹,鞘翅上各有 7～8 条纵行沟纹,沿沟纹有整齐且规则的黑色短线状条纹(见图 2-21)。

(2)卵:卵圆形,长径为 1.42～1.57 mm,短径为 0.8～0.9 mm,初为黄白色,以后色稍深,以肉眼看,形似芝麻粒。

(3)幼虫:头小,前胸为扁方形,宽大,背板中央有"人"这字形凹纹,腹板中央有一个纵凹纹,中、后胸逐渐变细,腹部细长;全体为乳白色或黄白色。

(4)蛹:体色为黄色,复眼为黑色;羽化前变为蓝黑色,形状和缩起足的成虫相同。

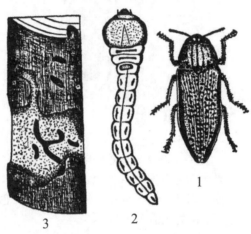

图 2-21　金缘吉丁虫
1.成虫;2.幼虫;3.被害状

21.4.8　山楂叶螨(*Tetranychus viennensis* Zacher)

1.成虫

(1)雌螨:主要观察体形;冬型、夏型的体色有别,夏型体长 0.6 mm,紫红色或褐色,冬型个体较小,为鲜红色;注意观察体后端背面两侧的大型黑色斑及足的长短。

(2)雄螨:主要观察体形、体色,注意与雌性的不同;雄螨一般为浅黄绿色至淡橙黄色,末端尖细,其阳茎向背面弯曲。

2.卵

圆球形,春季产的卵呈橙黄色,夏季产的卵呈黄白色。

3.幼螨

初孵幼螨为圆形;黄白色或乳白色,取食后变成卵圆形,淡绿色;有 3 对足。

4.若螨

前期有 4 对足,体背面有刚毛,两侧出现明显的暗绿色块状色素,体色为绿色;后期体形较大,形似成螨,翡翠绿色,背部为黑色,块状色素极明显。

21.4.9　梨二叉蚜(*Schizaphis piricola* Matsumura)

1.成虫

无翅胎生雌蚜:绿色,头部额瘤不显著,复眼为暗红色;口器为黑色,基半部色较淡,尖端只达中足基部;各足腿节和胫节的端部以及跗节均呈黑褐色;腹管长大,末端收缩,亦为黑色。

有翅胎生雌蚜:灰绿色,头部额瘤微突出;口器为黑色,尖端可达后足基部;前翅中脉二分叉。

2. 卵

椭圆形,长径约 0.7 mm,初产时为暗绿色,后变为黑色,有光泽。

3. 若虫

与无翅胎生雌蚜相似,体小,绿色;翅若蚜胸部发达,有翅芽,腹部正常。

21.4.10　蚧壳虫类

1. 朝鲜球坚蜡蚧(*Didesmococcus koreanus* Borchsenius)

(1)成虫:雌性体近球形,背部为黑褐色,体节消失,亚背线附近有小的凹陷,成行排列且不整齐,气门沟内有白色蜡粉,腹部体节明显,无真正蚧壳,背面体壁硬,形成"伪介壳";雄性个体有发达的足和一对半透明的前翅,翅前缘为淡红色,翅脉简单,腹末性刺为淡褐色,两侧各有一根白色中空蜡质毛。

(2)卵:长椭圆形,粉红色,半透明;腹面微内陷,背面略隆起,卵壳表面有若干纵隆起线;卵上附着一层白色蜡粉。

(3)若虫:初孵时体扁,为椭圆形,能爬行,为淡粉红色,腹末有两根细毛;固着后体背面分泌出白色卷发状蜡丝,后熔成蜡堆,脱出蜡堆的个体体表有一层极薄的蜡层。

(4)蛹:仅雄虫有蛹,长 1.8 mm,赤褐色;茧为长椭圆形,灰白色,半透明,扁平,背面略拱。

2. 吹绵蚧(*Icerya purchasi* Maskell)

(1)成虫:雌性体为椭圆形,橘红色,腹面平坦,背面隆起并着生黑色短毛,披有白色蜡质分泌物,无翅,腹部附白色卵囊,其上有数条脊状隆起线;雄性体瘦小,长 3 mm,前翅发达,前翅为紫黑色,后翅退化为翅垂,腹端有 2 突起,其上各有 3 根长毛。

(2)卵:长椭圆形,初为橙黄色,后变为橘红色,密集于卵囊内。

(3)若虫:初孵若虫足、触角及体上的毛均甚发达,体裸,取食后体背覆盖淡黄色蜡粉;2 龄开始有雌雄区别,雄虫体长且狭,颜色亦较鲜明。

(4)蛹:仅雄虫有蛹,长 3.5 mm,橘红色,披有白蜡质薄粉;茧为白色,长椭圆形,茧质疏松,自外可窥见蛹体。

3. 日本龟蜡蚧(*Ceroplastes japonicas* Guaind)

(1)成虫。

雌性虫体为红褐色的坚蚧,成熟后呈圆球形,体表披有一层很厚的白蜡壳,初期背中央隆起,周缘低平,有规则的 9 个区,每个区内有 1～3 个白色的小角状蜡质状突起。

雄性全体为淡红紫色,头部及中胸盾片颜色略深,性刺颜色略淡,翅略带体色;前胸窄细并有明显颈部,胸部稍细,性刺略短于腹部;两侧无白色的空心蜡毛。

(2)卵:椭圆形,长 0.2～0.3 mm,初为淡橙黄色,后为紫红色。

(3)若虫:初龄若虫为短椭圆形,体上下扁平,复眼为黑色,腹部末端有 2 条刚毛;雄性若虫体表披有极厚的白色蜡层,但显著少于雌性成虫;周缘有 13～14 个白色"大"形角状蜡质突起。

(4)蛹:菱形、裸蛹、棕褐色,翅芽颜色较淡,腹部腹面体节稍明显;末端有性刺芽。

4. 梨圆蚧 (*Diaspidiotus perniciosus* Comstock)

(1)成虫。

雌性介壳直径为 1.5～2 mm,介壳的里层夹杂着若虫的脱皮;活虫介壳呈蟹青色,死虫介壳呈灰白色;介壳上有细的轮纹,壳点脐状,介壳下虫体为鲜黄色或黄白色,体前端钝,腹部略向前方收缩,臀板区为黑色且明显突出,腹面有丝状口器。

雄性成虫体长 0.6 mm,翅展 1.2 mm 左右,体色为淡橘黄色,眼点为黑色;中胸前盾片颜色略深,呈横带状,前翅长、大,外缘近圆形,翅脉简单;腹部末端有剑状交尾器。

(2)卵:椭圆形,乳白色。

(3)若虫:初孵化时为扁椭圆形,淡黄色,触角、口器、足均发达,尾端有两根长毛,固定后分泌蜡质形成介壳,脱皮以后触角、眼、足等消失;3 龄若虫可以从外形区别雌雄,雌虫介壳为圆形,雄虫介壳为长椭圆形且壳顶扁于一方。

(4)蛹:仅雄虫化蛹,为橘黄色,略带淡紫色,腹末性刺芽明显。

5. 桑白蚧 (*Pseudaulacaspis pentagona* Targioni-Tozzetti)

(1)成虫。

雌性介壳为圆形或近圆形,白色或灰白色,壳点为黄色,位于介壳正面中央稍偏旁;虫体为心脏形,上下扁平,淡黄色或橘红色;臀板区为深褐色,分节明显,节缘略突出。

雄性体呈长纺锤形,橙色或橘红色;触角为串珠状,环生刚毛;前翅为灰白色,半透明,表面披细毛,外缘钝圆,翅脉简单。

(2)卵:椭圆形,长径为 0.25～0.3 mm;初产时为淡粉红色,渐变为淡黄褐色,孵化前为橙红色;橙色卵为雌,白色卵为雄。

(3)若虫:初龄若虫为橘红色,椭圆形,上下扁平,背面有白色透明的细蜡质;雌性为黄白色,体节明显呈龟纹状,披丘状白色介壳;雄性为橘黄色,介壳前端有黄色亮点,后端为白色蜡丝或蜡质介壳。

(4)蛹:橙黄色,长椭圆形,仅雄虫有蛹。

6. 红蜡蚧 (*Ceroplastes rubens* Maskell)

(1)成虫。

雌成虫:椭圆形,背面有较厚暗红色至紫红色的蜡壳,长约 4 mm,高约 2.5 mm,蜡壳顶端凹陷呈脐状;有 4 条白色蜡带从腹面卷向背面;体极鼓起;虫体为紫红色,触角为 6 节,第 3 节最长。

雄成虫:体长 1 mm,暗红色;有一对前翅,白色,半透明,翅展 2.4 mm。

(2)卵:椭圆形,长 0.3 mm,两端稍细,淡红色至淡红褐色,有光泽。

(3)若虫:初孵时扁平,为椭圆形,长 0.4 mm,淡褐色或暗红色,腹端有 2 根长毛;2 龄若虫呈暗红色,椭圆形,体稍突起,体表披白色蜡质;3 龄若虫蜡质增厚,触角为 6 节,触角和足颜色较淡。

(4)蛹:前蛹和蛹蜡壳为暗红色,长形;蛹体长 1.2 mm,淡黄色;茧为椭圆形,暗红色,长 1.5 mm。

21.4.11　桃蛀螟 (*Conogethes punctiferalis* Guenée)

(1)成虫:体长 12 mm,翅展 22～25 mm,黄色至橙黄色。体、翅表面具许多黑斑点,似豹纹;胸背有 7 个;腹背第 1 和 3～6 节各有 3 个,横列;腹背第 7 节有时只有 1 个;腹背第 2、8 节无黑点;前翅有 25～28 个,后翅有 15～16 个。雄虫第 9 节末端为黑色,雌虫不明显。

(2)卵:椭圆形,长 0.6 mm,宽 0.4 mm,表面粗糙,有细微圆点,初为乳白色,渐变为橘黄色、红褐色。

(3)幼虫:体长 22 mm,体色多变,有淡褐、浅灰、浅灰蓝、暗红等色,腹面多为淡绿色;头为暗褐色,前胸盾片为褐色,臀板为灰褐色,各体节毛片明显,灰褐色至黑褐色,背面的毛片较大,第 1～8 腹节气门以上各具 6 个,成 2 横列,前 4 后 2;气门为椭圆形,围气门片为黑褐色突起;腹足趾钩为不规则的 3 序环。

(4)蛹:长 13 mm,初为淡黄绿色,后变为褐色,臀棘细长,末端有 6 根曲刺。

(5)茧:长椭圆形,灰白色。

21.4.12　顶梢卷叶蛾(*Spilonota lechriaspis* Meyrick)

(1)成虫:雌蛾体长 6～7 mm,翅展 13～15 mm,雄蛾略小;虫体为银灰褐色;前翅基部三分之一处及中部有一条暗褐色弓形横带,后缘近臀角处具有一个近似三角形的暗褐色斑。

(2)卵:扁椭圆形,长 0.7 mm,乳白色。

(3)幼虫:体粗短,长 8～10 mm,淡黄色;头、前胸背板、胸足均为黑色,各节密生短毛。

(4)蛹:纺锤形,体长 6 mm,黄褐色。

21.4.13　苹小卷叶蛾(*Adoxophyes orana* Fischer von Roslerstamm)

(1)成虫:体长 6～8 mm,体色为黄褐色;前翅的前缘向后缘和外缘角有两条浓褐色斜纹,其中一条自前缘向后缘达到翅中央部分时明显加宽;前翅后缘肩角处,及前缘近顶角处各有一条小的褐色纹。

(2)卵:扁平,椭圆形,初产时为黄绿色,很快变为鲜黄色,表面有网纹,数十粒排成鱼鳞状卵块,表面有黄色蜡质物。

(3)幼虫:身体细长,老熟幼虫体长 17 mm 左右,臀栉 6～8 齿,头较小,呈淡黄色;小幼虫为淡黄绿色,大幼虫为翠绿色。

(4)蛹:体色为黄褐色,较细长,体长 9～10 mm;腹部第 2 节～第 7 节背面有 2 横列刺,下面一排小而密;腹部末端臀棘发达,有 8 根钩状刺毛。

21.4.14　褐带卷叶蛾(*Pandemis heparana* Schiffermüller)

(1)成虫:体长 8～11 mm,翅展 16～25mm;体及前翅为褐色,雌成虫前翅前缘稍呈弧形拱起,外缘较直,顶角不突出,翅面具网状细纹;基斑、中带和端纹均为深褐色,中带下半部增宽,其内侧中部呈角状突起,外侧略弯曲;后翅为灰褐色;下唇须前伸,腹面光滑,第 2 节最长;雄成虫前翅前缘的弧形拱起更明显,中带为深褐色,前窄后宽,其内缘中部凸出,外缘略弯曲,基斑为褐色(这一点与雌虫有区别);雄成虫外生殖器的爪形突较宽,基部有 1 对耳状突起。

(2)卵:扁圆形,长约 0.9 mm,初为淡黄绿色,近孵化时变为褐色;卵块一般由数十粒排成鱼鳞状,表面有胶状覆盖物。

(3)幼虫:体长 19～22 mm,体色为绿色;头近方形,头及前胸背板淡绿色,大多数个体前胸背板后缘两侧各有 1 个黑斑,毛片为淡褐色;腹部末端具臀栉;头部单眼区为黑色,有 6 枚单眼。

(4)蛹:长 9～11 mm;头、胸背面为深褐色,腹面稍带绿色;腹部第 2 节背面有 2 排横列刺突,腹部第3至7节背面亦有2列刺突,第1列大而稀,靠近节间,第2节小而密;蛹的顶端不太突出,末端细,平扁且齐,具有8枚弯曲且强壮的臀棘,两侧各2枚,末端4枚。

21.4.15　梨星毛虫(*Illiberis pruni* Dyar)

(1)成虫:体长9～12 mm,灰黑色;翅为灰黑色,半透明,翅缘颜色较深。

(2)卵:扁椭圆形,长0.7 mm,初孵时为乳白色,近孵化时为黄褐色。

(3)幼虫:老熟幼虫体长约20 mm,白色,纺锤形,从中胸到腹部第8节背面两侧各有1个圆形黑斑,每节背侧还有6个星状毛瘤;幼虫为寡足型。

(4)蛹:体长约12 mm,纺锤形,初为淡黄色,后期为黑褐色,被蛹。

21.4.16　梨冠网蝽(*Stephanitis nashi* Esaki et Takeya)

(1)成虫:体长3.5 mm左右,体形扁平,黑褐色;触角为丝状,4节;前胸背板中央纵向隆起,向后延伸成叶状突起,前胸两侧向外突出成羽片状;前翅略呈长方形;前翅、前胸两侧和背面叶状突起上均有很一致的网状纹;静止时,前翅叠起,由上向下正视整个虫体,似由多翅组成的"X"字形(见图2-22)。

(2)卵:长椭圆形,一端弯曲,长约0.6 mm,初产时为淡绿色,半透明,后变为淡黄色。

(3)若虫:初孵时为乳白色,后渐变为暗褐色,长约1.9 mm;3龄时翅芽明显,外形似成虫,前胸、中胸和腹部3～8节的两侧均有明显的锥状刺突。

图2-22　梨冠网蝽

21.4.17　枣尺蛾(*Sucra jujuba* Chu)

(1)成虫:雌蛾体长12～17 mm,灰褐色,无翅;腹部背面密披刺毛和毛鳞;触角为丝状,喙退化,各足胫节有5个白环;产卵器细长、管状,可缩入体内。雄蛾体长10～15 mm;前翅为灰褐色,内横线、外横线为黑色且清晰,中横线不太明显,中室端有黑纹,外横线中部折成角状;后翅为灰色,中部有1条黑色波状横线,内侧有1黑点;中后足有1对端距。

(2)卵:椭圆形,长0.8～1 mm,有光泽,常数十粒或数百粒聚集成1块;初产时为淡绿色,逐渐变为淡黄褐色,接近孵化时呈暗黑色,卵中央凹陷时即将孵化。

(3)幼虫:幼虫共分5龄,要经4次脱皮;第1龄和第5龄各10 d左右,第2至4龄共10 d。1龄:初孵化时体长2 mm,头大,体色为黑色,全身有6条环状白色横纹,行动迅速。2龄:初脱皮时体长5 mm,头大,色黄,有黑点,体色为灰色,出现8条白色横纹,环状纹仍未消失,但已褪为黄白色。3龄:初脱皮时体长11 mm,全身有黄、黑、灰3色断续纵纹若干条,头部小于胸部,头顶有黑色点;头胸接近处为黄白色环状纹,各节间有深灰色的环纹,气门已明显;行动敏捷,食量增加。4龄:初脱皮时体长17 mm,头部比身体细小,淡黄色,生有黑点和刺毛,体有光泽,气门线为纵行黄色宽条纹,体背及体侧均杂生黄、灰、黑断续条纹,各节生有黑点。5龄:初脱皮时体长28 mm,老熟幼虫体长46 mm,最大的幼虫长51 mm;头部为灰黄色,密生黑色斑点,体背及侧面均为灰、黄、黑三色间杂的纵条纹;灰色纵条纹较宽,背色深,腹面色浅;气孔呈一个黑色圆点,周围为黄色;胸足3对,黄色,密布黑色小点,腹足及臀足各一对,为灰黄色,也密布黑色小点;个体间有的颜色深些,有的颜色浅些。1龄幼虫为黑色,有5条白色横环纹;2龄幼虫为绿色,有7条白色纵条纹;3龄幼虫为灰绿色,有13条白色纵条纹;4龄幼虫的纵条纹变为黄色与灰白色相间;5龄幼虫(老熟幼虫)为灰褐色或青灰色,有25条灰白色纵条纹。

(4)蛹:纺锤形,雄蛹长16 mm,雌蛹长约17 mm;初为红色,后变为枣红色。

21.4.18 枣粘虫(*Ancylis* sativa Liu)

(1)成虫:体长6~7 mm,翅展13~15 mm,黄褐色或灰褐色,触角为丝状,复眼暗绿色;前翅前缘有10余条黑褐色斜向短纹,翅中央有2条与前缘平行的深褐色条纹,翅顶角突出,向下弯曲;后翅为淡灰色,缘毛较长。

(2)卵:扁椭圆形,长0.6 mm,初为白色,后变为橘红色。

(3)幼虫:体长13~15 mm,头部为淡褐色,具黑褐色花纹;前胸盾和臀板为褐色,胸部为黄绿色或淡绿色。

(4)蛹:蛹长7 mm左右,深褐色;茧为白色。

21.4.19 黄刺蛾(*Monema flavescens* Walker)

(1)成虫:雌蛾体长15~17 mm,翅展35~39 mm;雄蛾体长13~15 mm,翅展30~32 mm;体色为橙黄色;前翅为黄褐色,自顶角有1条细斜线伸向中室,斜线内方为黄色,外方为褐色,在褐色部分有1条深褐色细线自顶角伸至后缘中部,中室部分有1个黄褐色圆点;后翅为灰黄色。

(2)卵:扁椭圆形,一端略尖,长1.4~1.5 mm,宽0.9 mm,淡黄色,卵膜上有龟状刻纹。

(3)幼虫:老熟幼虫体长19~25 mm,体粗大;头部为黄褐色,隐藏于前胸下;胸部为黄绿色,体自第2节起,各节背线两侧有1对枝刺,第3、4、10节的枝刺大,枝刺上长有黑色刺毛;体背有紫褐色大斑纹,前后宽大,中部狭细成哑铃形,末节背面有4个褐色小斑;体两侧各有9个枝刺,体躯中部有2条蓝色纵纹,气门上线为淡青色,气门下线为淡黄色。

(4)蛹:被蛹,椭圆形,粗大;体长13~15 mm,淡黄褐色;头、胸部背面为黄色,腹部各节背面有褐色背板。

(5)茧:椭圆形,质坚硬,黑褐色,有灰白色不规则纵条纹,极似雀卵,与蓖麻子的大小、颜色、纹路几乎一模一样。

21.4.20 柑橘锈壁虱(*Eriophyes oleivorus* Ashm.)

(1)成虫:雌成螨体微小,体长0.10~0.18 mm,肉眼不易见,宽度约为长度的1/3,胡萝卜形,体躯前部较粗,尾端较细;初为淡黄色或黄白色,后变为橙黄色至锈黄色;头小,常隐藏于胸部背板之下,有2对颚须;头胸部背面平滑,腹面有2对短弱的足;腹部有许多环纹或环节,背面有28个环纹,腹面环纹数量为背面的2倍;体侧的前、后端各生2对长毛。

(2)卵:圆球形,极微小,直径为0.04 mm左右,表面光滑,灰白色,半透明。

(3)幼螨:体似成螨,头胸部稍圆,较小,初孵化时为灰白色,半透明,后渐变为灰色至淡黄色;足2对,腹部光滑,环纹不明显,快脱皮时足向内缩,体表呈薄膜状,整个体躯圆拱,前端稍

平,为灰黑色,其余部分仍为淡黄色

(4)若螨:若螨体形与幼螨相似,大小约为幼螨的 2 倍,体色为灰白色至淡黄色,头胸部钝圆,腹部环纹亦不明显;近脱皮前的外部形态变化与幼螨几乎完全一样。

21.5　实验作业

(1)列表记载所观察果树害虫的主要为害特点。

(2)绘出顶梢卷叶蛾、梨星毛虫、枣尺蛾成虫和幼虫的形态特征图。

(3)绘出桃红颈天牛、金缘吉丁虫和山楂叶螨成虫形态特征图。

(4)描述所观察的几种介壳虫的介壳特征。

(5)描述桃蛀螟成虫形态特征。

(6)绘制梨小食心虫成虫形态特征图

实验二十二　园林植物害虫识别

22.1　实验目的与要求

识别园林植物叶、花、果主要害虫的形态及为害状特征。

22.2　实验材料

枯叶蛾类、叶甲类、斑蛾类、袋蛾类、刺蛾类、舟蛾类、毒蛾类、夜蛾类、尺蛾类、天蛾类、灯蛾类、螟蛾类、蝶类、叶蜂类、害螨类害虫的盒装标本、浸渍标本、针插标本、生活史标本、为害状标本,照片,挂图,光盘及多媒体课件等。

22.3　实验用具

双目立体解剖镜、放大镜、挑针、解剖刀、镊子、培养皿、蜡盘、镜头纸。

22.4　实验内容与方法

22.4.1　枯叶蛾类

观察常见的枯叶蛾类的成虫、幼虫、生活史标本及为害状,注意松毛虫的形态特征。

1.黄褐天幕毛虫(*Malacosoma neustria testacea* Motschulsky)

黄褐天幕毛虫又名天幕毛虫,为害梅、桃、李、杏、梨、海棠、樱桃、核桃、山楂、柳、杨、榆、桦和蔷薇科等果树和林木。

(1)成虫:雄成虫体长约 15 mm,翅展 24~32 mm,全体淡黄色,前翅中央有两条深褐色的细横线,两线间的部分的颜色较深,呈褐色宽带,缘毛褐灰色相间;雌成虫体长约 20 mm,翅展 29~39 mm,体翅为褐黄色,腹部颜色较深,前翅中央有一条镶有米黄色细边的赤褐色宽横带。

(2)卵:椭圆形,灰白色,高约 1.3 mm,顶部中央凹下,卵壳非常坚硬,常数百粒卵围绕枝条排成圆桶状,非常整齐,形似顶针或指环,正因为这个特征,黄褐天幕毛虫也被称为"顶针虫"。

(3)幼虫:幼虫共5龄,老熟幼虫体长50～55 mm,头部为灰蓝色,顶部有两个黑色的圆斑;体侧有鲜艳的蓝灰色、黄色和黑色的横带,体背线为白色,亚背线为橙黄色,气门为黑色;体背生黑色的长毛,侧面生淡褐色长毛。

(4)蛹:体长13～25 mm,黄褐色或黑褐色,体表有金黄色细毛;茧为黄白色,呈菱形,双层,一般结于阔叶树的叶片正面、草叶正面或落叶松的叶簇中。

2. 杨枯叶蛾(*Gastropacha populifolia* Esper)

(1)成虫。

成虫为体粗多厚毛、体翅为黄褐色的中型蛾子,翅宽大,雄虫翅展40～60 mm,雌虫翅展57～77 mm;触角为栉齿状;眼有毛,单眼消失;喙退化;足多毛,胫距短,中足缺距;前翅顶角特别长,外缘有弧形波状纹,后缘极短,从翅基出发有5条黑色断续的波状纹,中室有黑褐色斑纹;后翅有3条明显的黑色斑纹,前缘为橙黄色,后缘为浅黄色;前翅散布有少数黑色鳞毛;常雌雄异形,雄虫较小。以上体基色和斑纹常有褐色、黄褐色、火红色、棕褐色、金黄色、绿色等变化,或明显,或模糊,静止时从侧面看形似枯叶,故名枯叶蛾。

成虫大多夜间活动;雌蛾笨拙,雄蛾活泼,有强飞翔力;有强趋光性;交配产卵后很快死亡,一般生存3～10 d;环境适宜时,常泛滥成灾。

(2)卵:长约1.5 mm,白色近球形,上有绿色至黑色不规则斑纹。

(3)幼虫:体长100 mm左右,体扁平,青灰色或灰黑色,密披纤细长毛,腹部两侧生灰黑色毛丛;中、后胸背面后缘各具1簇黑色刷状毛簇,中胸大且明显;第8腹节背面中央具1个黑色瘤突,上生长毛;体背具黑色纵斜纹,体腹面扁平,为浅黄褐色;胸足、腹足俱全;白天常常紧贴在树皮上不易被发现。幼虫化蛹前先织成丝茧,故也有茧蛾之称。在冬季较冷地区,幼虫多潜伏在隐蔽场所越冬。幼虫胸背的毒毛在结茧时竖立于丝织的茧上。幼虫绝大多数情况下取食桃、樱花、李、梅及杨柳等木本植物的叶子。

(4)蛹:椭圆形,长33～40 mm,初为浅黄色,后变为光滑红褐色;茧为长椭圆形,40～55 mm,居于灰白色略带黄褐的丝茧中;蛹期为2～4周,多半在夜间羽化。

22.4.2　叶甲类

观察常见的叶甲的成虫、幼虫及被害植物。成虫体常具金属光泽,触角为丝状,不着生在额的突起上,跗节为5节,第4节很小。幼虫肥壮,为寡足型,下中式,体背常有瘤状突起。被害植物叶片叶缘呈缺刻状或叶面穿孔。常见的叶甲有榆蓝叶甲、榆绿叶甲、榆黄叶甲、恶性叶甲、泡桐叶甲、黄守瓜、黑守瓜等。

1. 榆蓝叶甲(*Pyrrhalta aenescens* Fairmaire)

(1)成虫:体长7～8.5 mm,宽3～4 mm,近长椭圆形,黄褐色,鞘翅为蓝绿色,有金属光泽,全体密披柔毛及刺突;头部小,头顶具1个钝三角形黑斑,复眼大,为黑色半球状,前头瘤几乎呈三角形;上颚端部以及下颚须、下唇须的端部为黑褐色;前胸背板宽度为其长的2倍,前端稍窄,中央凹陷部有1个倒葫芦形黑斑,两侧凹陷部的外方有1条卵形黑纹;小盾片为黑色,基部宽阔,后端稍圆;鞘翅宽于前胸背板,后半部稍膨大,两翅上各具两条明显的隆起线;腿节较粗;雄虫腹面末端中央呈半圆形凹入,雌虫腹面末端中央呈马蹄形凹入。

（2）卵：长 1.1 mm，宽 0.6 mm，黄色，梨形，顶端尖细，卵面密布六边形刻点；产于叶背，成 2 行排列成块，有 7 至 22 粒卵。

（3）幼虫：末龄幼虫体长约 11 mm，微扁平，深黄色；体背中央有 1 条黑色纵纹；头、胸足及腹部所有毛瘤均为漆黑色；前胸背板后缘近中部有一对四方形黑斑，前缘中央有 1 个灰色圆形斑点。

（4）蛹：体长 7.5 mm 左右，宽 3～4 mm，污黄色；翅带灰色，椭圆形，背面有 8 行黑色毛瘤，上有黑褐色刺毛。

2. 泡桐叶甲（*Basiprionota bisignata* Boheman）

（1）成虫：体长 12 mm，橙黄色，椭圆形，触角为淡黄色，基部为 5 节，端部各节为黑色，前胸背板向外延伸；鞘翅背面凸起，中间有两条隆起线，鞘翅两侧向外扩展，形成边缘，近末端 1/3 处各有一个大的椭圆形黑斑。

（2）卵：橙黄色，椭圆形，竖立成堆，外附一层胶质物。

（3）幼虫：体长 10 mm，淡黄色，两侧为灰褐色，纺锤形，体节两侧各有一个浅黄色肉刺突，向上翘起，上附脱皮。

（4）蛹：体长 9 mm，淡黄色，体侧各有两个三角形刺片。

22.4.3　斑蛾类

观察常见的斑蛾类害虫的成虫、幼虫、生活史标本及被害植物。成虫体多灰褐色，雄蛾触角为栉齿状，翅半透明。幼虫头小体粗短，有毛瘤。被害植物叶片呈孔洞或缺刻状，或叶片被黏合成饺子状，幼虫居其中，吞噬叶肉。

1. 大叶黄杨斑蛾（*Pryeria sinica* Moore）

大叶黄杨斑蛾又名大叶黄杨长毛斑蛾、冬青卫矛斑蛾，主要以幼虫取食寄主大叶黄杨、银边黄杨、金心冬青卫矛、大花卫矛、扶芳藤和丝棉木等的叶片为害。

（1）成虫：体长 7～12 mm，扁圆形，体背为黑色，胸背与腹部两侧有橘黄色长毛，腹部为黄色；前翅为浅灰黑色，略透明，基部 1/3 为浅黄色；后翅大小为前翅的一半，颜色稍淡。

（2）卵：椭圆形。

（3）幼虫：老熟幼虫体长 15 mm 左右，腹部为黄绿色，前胸背板有"∧"形黑斑纹，体背共有 7 条纵带，体表有毛瘤和短毛。

（4）蛹：黄褐色，表面有 7 条不明显的纵纹，有 2 根臀棘。

2. 竹斑蛾（*Artona funeralis* Butler）

竹斑蛾又称竹小斑蛾、竹毛虫，主要以幼虫取食毛竹、刚竹、淡竹、青皮竹、茶秆竹等的竹笋及竹叶为害。

（1）成虫：体长 9～11 mm，体色为黑色，有光泽；雌蛾触角为丝状，雄蛾触角为羽毛状；翅为黑褐色，后翅中部和基半部半透明。

（2）卵：椭圆形，长约 0.7 mm，乳白色，有光泽。

（3）幼虫：老熟幼虫体长 14～20 mm，砖红色，各体节横列 4 个毛瘤，瘤上长有成束的黑色短毛和白色长毛。

（4）蛹：茧长 12～15 mm，瓜子形，黄褐色，茧上有白粉。

22.4.4　袋蛾类

观察常见的袋蛾类害虫的成虫、幼虫、生活史标本及被害植物。成虫雌雄异型：雄虫具翅，翅上稀披毛和鳞片，触角为羽毛状；雌虫无翅，触角、口器和足皆退化。幼虫肥胖，有 5 对腹足，吐丝于枝叶作为袋囊。被害植物叶片呈孔洞、网状，严重时仅留叶脉。

袋蛾类主要以雌成虫和幼虫食叶为害茶、山茶、柑橘类、榆、梅、桂花、樱花等，致使叶片仅剩表皮或穿孔。1 年中以夏、秋季为害严重。雄成虫具有趋光性。常见的袋蛾有大袋蛾、小袋蛾、白囊袋蛾、茶袋蛾等。

1. 大袋蛾(*Cryptothelea variegata* Snellen)

以幼虫取食蔷薇科、豆科、杨柳科、胡桃科及悬铃木科植物的树叶、嫩枝及幼果为害最重。

(1)成虫：雌雄异形。雌成虫无翅，乳白色，肥胖呈蛆状；头小，黑色，圆形；触角退化为短刺状，棕褐色；口器退化；胸足短小；腹部 8 节均有黄色硬皮板，节间生黄色鳞状细毛。雄虫有翅，翅展 26～33 mm，体色为黑褐色，触角为羽状，前、后翅均有褐色鳞毛，前翅有 4～5 个透明斑。

(2)卵：椭圆形，淡黄色。

(3)幼虫：雌幼虫较肥大，黑褐色，胸足发达，胸背板角质，污白色，中部有两条明显的棕色斑纹；雄幼虫较瘦小，颜色较淡，呈黄褐色。

(4)蛹：雌蛹为黑褐色，体长 22～33 mm，无触角及翅；雄蛹为黄褐色，体细长，体长 17～20 mm，前翅、触角、口器均很明显。

2. 白囊袋蛾(*Chalioides kondonis* Matsumura)

白囊袋蛾又称白蓑蛾、白袋蛾、白避债蛾等，主要以幼虫取食桃、苹果、梨、李、杏、梅、枇杷、柿、枣、石榴、柑橘、栗核桃、茶、油茶等的叶片、嫩枝和果皮为害。

(1)成虫：雌成虫长 9～16 mm，蛆状，足、翅退化，体色为淡黄色至浅黄褐色，微带紫色；头部小，暗黄褐色；触角小，突出；复眼为黑色；各胸节及第 1、第 2 腹节背面具有光泽的硬皮板，硬皮板中央具褐色纵线，体腹面至第 7 腹节各节中央皆具 1 个紫色圆点，第 3 腹节后各节有浅褐色丛毛；腹部肥大，尾端收小似锥状。雄成虫长 8～11 mm，翅展宽 18～21 mm，前后翅透明，体色为灰褐色，密披白色鳞毛；尾端为褐色，头为浅褐色；复眼为黑褐色，球形；触角为暗褐色，羽状；翅为白色，透明，后翅基部有白色长毛。

(2)卵：椭圆形，长 0.8 mm，浅黄色至鲜黄色。

(3)幼虫：体长 25～30 mm，黄白色至红褐色；头部为橙黄色至褐色，上具暗褐色至黑色云状点纹；各胸节背面具硬皮板，褐色；中、后胸分成 2 块，上有深黑色点纹；第 8、第 9 腹节背面具褐色大斑，臀板为褐色，有胸腹足。

(4)蛹：黄褐色，雌蛹长 12～16 mm，雄蛹长 8～11 mm。

(5)袋囊：长圆锥形，长 27～32 mm，完全用丝织成，灰白色，袋囊丝质较密致，上具 9 条纵隆线，表面无叶片与枝梗附着。

22.4.5　刺蛾类

观察常见的刺蛾类害虫的成虫、幼虫、生活史标本及被害植物。成虫体粗壮，多毛，多黄绿褐色，喙退化，翅宽而密披厚鳞片。幼虫为蛞蝓型，头内缩，胸足退化，腹足为吸盘状。被害植物叶片被剥食叶肉或吃光。

1. 黄刺蛾(*Monema flavescens* Walker)

幼虫有洋辣子、八角之称,幼虫体上有毒毛,易引起人的皮肤痛痒,主要以幼虫危害枫树、刺槐、杨树、柳树、樱花、海棠、紫薇、黄杨等多种植物。初龄幼虫只取食叶肉,4 龄后幼虫蚕食叶片。

(1)成虫:雌蛾体长 15~17 mm,翅展 35~39 mm;雄蛾体长 13~15 mm,翅展 30~32 mm;体色为橙黄色;前翅为黄褐色,自顶角有 1 条细斜线伸向中室,斜线内方为黄色,外方为褐色,在褐色部分有 1 条深褐色细线自顶角伸至后缘中部,中室部分有 1 个黄褐色圆点;后翅为灰黄色。

(2)卵:扁椭圆形,一端略尖,长 1.4~1.5 mm,宽 0.9 mm,淡黄绿色,卵膜上有龟状刻纹。

(3)幼虫:老熟幼虫体长 19~25 mm,体粗大,头部为黄褐色,隐藏于前胸下;胸部为黄绿色,体自第 2 节起,各节背线两侧有 1 对枝刺,第 3、4、10 节的枝刺大,枝刺上长有黑色刺毛;体背有紫褐色大斑纹,前后宽大,中部狭细成哑铃形,末节背面有 4 个褐色小斑;体两侧各有 9 个枝刺,体躯中部有 2 条蓝色纵纹,气门上线为淡青色,气门下线为淡黄色。

(4)蛹:被蛹,椭圆形,粗大;体长 13~15 mm,淡黄褐色;头、胸部背面为黄色,腹部各节背面有褐色背板。

(5)茧:椭圆形,质坚硬,黑褐色,有灰白色不规则纵条纹,极似雀卵,与蓖麻子的大小、颜色、纹路几乎一模一样;茧内虫体金黄。

2. 中国绿刺蛾(*Latoia sinica* Moore)

中国绿刺蛾主要为害大叶黄杨、月季、海棠、桂花、牡丹、芍药、苹果、梨、桃、李、杏、梅、樱桃、枣、柿、核桃、珊瑚、板栗、山楂、杨、柳、悬铃木、榆等。低龄幼虫取食叶肉,仅留表皮;老龄幼虫将叶片吃成孔洞或缺刻,有时仅留叶柄,严重影响树势。

(1)成虫:成虫长 12~16 mm,翅展 21~28 mm;复眼为黑色;触角为棕色,雌虫触角为丝状,雄虫触角基部 2/3 为短羽毛状;头胸背面为绿色,胸部中央有 1 条暗褐色背线,内缘线和翅脉为暗紫色,外缘线为暗褐色;腹背为灰褐色,末端为灰黄色;前翅大部分为绿色,基部为暗褐色,外缘部为灰黄色,其上散布暗紫色鳞片;后翅为灰褐色,臀角稍灰黄。

(2)卵:扁平,椭圆形,长 1.5 mm,光滑,渐变为黄绿色至淡黄色,数粒排列成块状。

(3)幼虫:幼虫略呈长方形,圆柱状,体长 16~20 mm;初孵化时为黄色,长大后变为绿色;头甚小,棕褐色,常缩在前胸内;体色为黄绿色,前胸盾具 1 对横列黑斑,背线为红色,两侧具蓝绿色点线及黄色宽边,侧线为灰黄色且较宽,具绿色细边;各节生灰黄色肉质刺瘤 1 对,中后胸和 8~9 腹节的刺瘤较大,端部为黑色,第 9、10 节上具 2 对较大黑瘤;气门上线为绿色,气门线为黄色;各节体侧也有 1 对黄色刺瘤,端部为黄褐色,上生黄黑色刺毛;腹面颜色较浅;胸足小,无腹足,第 1 至 7 节腹面中部各有 1 个扁圆形吸盘。

(4)蛹:长 13~15 mm,肥大短粗;茧为扁椭圆形,暗褐色;初结蛹时为淡黄色,后变为黄褐色;蛹被包在椭圆形棕色或暗褐色长约 16 mm,似羊粪状的茧内。

3. 扁刺蛾(*Thosea sinensis* Walker)

(1)成虫:雌蛾体长 13~18 mm,翅展 28~35 mm;体色为暗灰褐色,腹面及足的颜色更深;雌虫触角为丝状,基部 10 多节呈栉齿状,雄虫触角为羽状;前翅为灰褐色稍带紫色,中室的前方有 1 条明显的暗褐色斜纹,自前缘近顶角处向后缘斜伸;雄蛾中室上角有一个黑点(雌蛾不明显);后翅为暗灰褐色。

(2)卵:光滑扁椭圆形,长 1.1 mm,初为淡黄绿色,孵化前呈灰褐色。

(3)幼虫:老熟幼虫体长 21～26 mm,宽 16 mm,体扁、椭圆形,背部稍隆起,形似龟背;全体绿色或黄绿色,背线为白色、边缘为蓝色;体两侧各有 10 个瘤状突起,其上生有刺毛,各体节的背面有 2 小丛刺毛,第 4 节背面两侧各有一个红点。

(4)蛹:长 10～15 mm,前端肥钝,后端略尖削,近似椭圆形;初为乳白色,近羽化时变为黄褐色。

(5)茧:长 12～16 mm,椭圆形,暗褐色,形似鸟蛋。

22.4.6　舟蛾类

观察常见的舟蛾类害虫的成虫、幼虫、生活史标本及被害植物。成虫体为灰褐色,中大型,较粗壮,腹部较长。幼虫上唇缺刻成角状,臀足特化呈枝状,头尾翘起似小船。被害植物叶片呈缺刻或被食光。

1. 杨扇舟蛾(*Clostera anachoreta* Fabricius)

春夏之间,幼虫取食为害杨树、柳树的叶片;幼虫 3 龄前集中缀叶成苞,在内咀食叶肉,3 龄后分散取食全叶,严重时把树叶吃光。

(1)成虫:体长 13～20 mm,翅展 28～42 mm;体色为灰褐色,下唇须为灰褐色;触角干为灰白色到灰褐色,分支为赭褐色;头顶至胸背中央为黑棕色(椭圆形黑斑),臀毛簇末端为暗褐色;前翅为褐灰色到褐色,顶角斑为暗褐色,扇形,有 4 条灰白色横带,前翅顶角处有一个暗褐色三角形大斑,顶角斑下方有一个黑色圆点;外线前半段横过顶角斑,呈斜伸的双齿形曲线,外衬 2～3 个黄褐带锈红色斑点;亚端线由一列脉间黑点组成,2～3 脉间的黑点较大;后翅为褐灰白色,中间有一条横线。

(2)卵:初产时为橙红色,孵化时为暗灰色,馒头形;卵粒平铺整齐呈块状,每个卵块有 9～600 粒卵粒。

(3)幼虫:老熟时体长 35～40 mm;头为黑褐色,全身密披灰黄色长毛;身体为灰赭褐色,背面带淡黄绿色,背线、气门上线和气门线为暗褐色,气门上线较宽;每体节两侧各有 4 个赭色小毛瘤,环形排列,其上有长毛,两侧各有一个较大的黑瘤,上面生有一束白色细毛;第 1、8 腹节背面中央有 1 个大枣红色瘤,其基部边缘为黑色,两侧各伴有 1 个白点。

(4)蛹:老熟时吐丝缀叶作薄茧化蛹,蛹为褐色,尾部有分叉的臀棘。

(5)茧:椭圆形,灰白色。

2. 舟形毛虫(*Phalera flavescens* Bremer et Grey)

舟形毛虫又名苹果天社蛾、苹掌舟蛾,主要以初孵幼虫常群集危害海棠、樱花、榆叶梅、紫叶李、山楂、梅、柳等的叶片为害,严重时可吃光叶片。

(1)成虫:体长 25 mm 左右,翅展约 25 mm;全体黄白色,复眼为黑色;触角为丝状,淡褐色;雌蛾触角背面为灰白色,雄蛾触角各节的两侧有微黄色丛毛;前翅为黄白色,基部有 1 个暗灰褐色椭圆形斑,外侧衬一个紫黑色半月形斑,外缘近臀角至第一中脉有 6 个椭圆形暗灰褐色斑,近基部中央有银灰色和褐色各半的斑纹;后翅为淡黄色,外缘杂有黑褐色斑;尾端为淡黄色。

(2)卵:圆形或卵圆形,直径约 1 mm,初产时为淡绿色,近孵化时变灰色或黄白色;卵粒排列整齐而成块,每个卵块有数十粒至百余粒卵。

(3)幼虫:老熟幼虫体长 50 mm 左右;初孵幼虫胴部为淡绿色,发红,随年龄增长渐变为紫红色到暗紫红色,全体密披白色长毛;头较大,为黄色,有光泽,胸部背面为紫黑色,腹面为紫红色,体上有黄白色斑纹;静止时头、胸和尾部上举如舟,故被称为"舟形毛虫"。

(4)蛹:体长 20～23 mm,红褐色至黑褐色;蛹体密布刻点,尾端有 4 个至 6 个臀棘,中间 2 个大,侧面 2 个不明显或消失。

22.4.7 毒蛾类

观察常见的毒蛾类害虫的成虫、幼虫、生活史标本及被害植物。成虫雌雄异型,成虫为中型至大型,体色多样,翅较圆钝,鳞片很薄,雌虫腹末常有毛簇。幼虫体多毒毛,常见毛瘤、毛丛或毛刷,腹部第 6～7 节各有一个翻缩腺。被害植物叶片呈缺刻状或被食光。

1. 舞毒蛾(*Lymantria dispar* Linnaeus)

舞毒蛾又称秋千毛虫,苹果毒蛾、柿毛虫,主要以幼虫取食桃、梨、杏、李、柿、桑、杨、柳、苹果、落叶松、云杉、桦、板栗、樱桃等的叶片为害,该虫食量大,食性杂,可将全树叶片吃光。

(1)成虫:成虫雌雄异型。雄成虫体长约 20 mm,翅展 45～47 mm;头为黄褐色;触角为羽状,褐色,干背侧为灰白色;前翅为茶褐色,翅面上有 4,5 条深褐色波状横带,外缘至深色带状,余部微带灰白,中室中央有一个黑褐圆斑,中室端横脉上有 4 个黑褐色"<"形斑纹,外缘脉间有 7～8 个黑点;后翅颜色较淡,外缘颜色较浓,带状,横脉纹色暗。

雌虫体长约 25～28 mm,翅展 70～75 mm;触角为黑色短羽状;前翅为灰白色,微黄色,前翅上的横线与斑纹和雄虫相似,为暗褐色;后翅近外缘有 1 条褐色波状横线;外缘脉间有 7 个暗褐色点;腹部肥大且末端密生黄褐色毛丛。

(2)卵:圆形稍扁,直径为 1.3 mm,初产时为杏黄色,渐变为灰褐色,数百粒至上千粒产在一起成卵块,其上覆盖有很厚的黄褐色绒毛。

(3)幼虫:老熟时体长 50～70 mm;头为黄褐色,有"八"字形黑色纹;胴部背面为灰黑色,背线为黄褐,腹面带暗红色,胸、腹足为暗红色;各体节有 6 个毛瘤横列,背面中央的 1 对颜色鲜艳,第 1～5 节为蓝灰色,第 6～11 节为紫红色,上生棕黑色短毛;各节两侧的毛瘤上生 1 束黄白与黑色长毛,前胸两侧的毛瘤长、大,上生黑色长毛束;第 6、7 腹节背中央各有 1 个红色柱状毒腺,亦称翻缩腺。

(4)蛹:体长 19～34 mm,雌蛹大,雄蛹小;体色初为红褐色或黑褐色,披锈黄色毛丛。

2. 杨毒蛾(*Stilpnotia candida* Staudinger)

杨毒蛾主要以幼虫为害柳、杨、白桦和榛子等,猖獗时,短期内能将整个园林植物叶片吃光。

(1)成虫:雄成虫翅展 35～42 mm,雌成虫翅展 48～52 mm,体翅均为白色,翅有光泽,不透明;触角主干黑白相间;下唇须为黑色;足为黑色,胫节和跗节有白环;雄蛾胸部前足间无灰色毛翅;雄交配器瓣外缘有很多细锯齿。

(2)卵:馒头形,灰褐色至黑褐色,卵块表面上覆盖灰白色较粗糙的泡沫状物。

(3)幼虫:老熟幼虫体长 30～50 mm;头为棕色,有 2 个黑斑,刚毛为棕色;体色为黑褐色,亚背线为橙棕色,其上密布黑色毛瘤;第 1、2、6、7 腹节上有黑色横带,将亚背线隔断,气门上线和下线为黄棕色,有黑斑;腹面为暗棕色;瘤为蓝黑色,有棕色刚毛;足均为棕色;翻缩腺为浅红棕色。

(4)蛹:长 20～25 mm,棕黑色,有棕黄色刚毛,表面粗糙,光泽差。

22.4.8 夜蛾类

观察常见的夜蛾类害虫的成虫、幼虫、生活史标本及被害植物。成虫为中型至大型,体翅多暗色,常具斑纹,喙发达。幼虫体粗壮,光滑少毛,颜色较深,腹足为 3～5 对,第 1、2 对常退化或消失。被害植物叶片被食,呈缺刻或孔洞。

1. 淡剑夜蛾(*Sidemia depravata* Butler)

淡剑夜蛾又称淡剑袭夜蛾、淡剑贪夜蛾、小灰夜蛾等,对冷、暖季型草坪均有危害,但主要为害草地早熟禾、高羊茅、黑麦草、百慕大等禾本科冷季型草坪。

(1)成虫:成虫身体为淡灰褐色,前翅为灰褐色,后翅为淡灰褐色,比前翅阔;雄成虫触角为羽状,雌成虫触角为丝状。

(2)卵:馒头形,直径为 0.3～0.5 mm,有纵条纹,初为淡绿色,后逐渐变深,孵化前为灰褐色。

(3)幼虫:体色变化大,初孵化时为灰褐色;头部为红褐色,取食后呈绿色;老熟幼虫为圆筒形,体长 13～20 mm,头部为浅褐色,椭圆形,腹部为青绿色,沿蜕裂线有黑色"八"字纹;幼虫有假死性,受惊动卷曲呈"C"形。

(4)蛹:体长 12～14 mm,初化蛹为绿色,后渐变为红褐色,具有光泽;有 2 根臀棘,平行。

2. 斜纹夜蛾

参见棉花害虫。

22.4.9 尺蛾类

观察常见的尺蛾类害虫的成虫、幼虫、生活史标本及被害植物。成虫体细长,翅大而薄,前后翅颜色相似并常有波纹相连。幼虫光滑无毛,有 2 对腹足,着生于第 6 和第 10 腹节,行走时身体弓起。被害植物叶片呈缺刻状或被食光。

1. 国槐尺蛾(*Semiothisa cinerearia* Bremer et Grey)

国槐尺蛾又叫吊死鬼、槐尺蛾,主要以幼虫取食国槐、龙爪槐、刺槐等叶片,是我国庭园绿化、行道树种的主要食叶害虫。

(1)成虫:雄虫体长 14～17 mm,翅展 30～43 mm。雌虫体长 12～15 mm,翅展 30～45 mm。雌雄相似,体色为灰黄褐色,触角为丝状,长度约为前翅的 2/3。复眼为圆形,其上有黑褐色斑点。口器发达,下唇须为长卵形,突出于头部两侧。前翅亚基线及中横线为深褐色,近前线处均向外缘转急弯成一个锐角。亚外缘线为黑褐色,由紧密排列的 3 列黑褐色长形斑块组成,在 M_1 脉和 M_3 脉间消失,近前线处有褐色三角形斑块,其外侧近顶角处有 1 个长方形褐色斑块。顶角为浅黄褐色,其下方有 1 个深色的三角形斑块。后翅亚基线不明显,中横线及亚外缘线均近弧状,深褐色,展翅时与前翅的中横线及亚外缘线相接。中室外缘有 1 个黑色斑点。外缘呈明显的锯齿状缺刻。足的颜色与体色相同,长度与腿节长度相等,具 2 个端距,外侧端距长度为内侧端距长度的 1/2;后足胫节比腿节长 1/3,除端距外,近前端 1/3 处尚有 H 距,外侧者的长度亦小于内侧者。雌雄成虫的区别除雄虫腹部较小外,最主要的区别在于雄虫后足胫节最宽处为腿节的 1.5 倍,其基部与腿节约等;雌虫后足胫节最宽处等于腿节,但其基部则明显小于腿节。

(2)卵:钝椭圆形,长 0.58～0.67 mm,宽 0.42～0.48 mm,一端较平截;初产时为绿色,后渐变为暗红色直至灰黑色;卵为亮白色,透明,密布蜂窝状小凹陷。

(3)幼虫:卵变灰黑色时幼虫开始孵化,初孵幼虫为黄褐色,取食后变为绿色。幼虫有两型:一型 2～5 龄直至老熟前均为绿色;另一型 2～5 龄各节体侧有黑褐色条状或圆形斑块,末龄幼虫老熟时体长 20～40 mm,体背变为紫红色。

(4)蛹:雄蛹为 16.3 mm×5.6 mm,雌蛹为 16.5 mm×5.8mm;初时为粉绿色,渐变为紫色至褐色;臀棘具两枚钩刺,其长度约为臀棘全长的 1/2,雄蛹的两个钩刺平行,雌蛹的两个钩刺向外呈分叉状。

2. 黄连木尺蛾(*Culcula panterinaria* Bremer et Grey)

黄连木尺蛾又叫木橑尺蠖,食性很杂,主要以幼虫取食黄连木、刺槐、核桃等为害。初孵幼虫一般在叶尖取食叶肉,留下叶脉,将叶食成网状。害虫泛滥时,一棵大树的叶片几天内就可被吃光。

(1)成虫:体长 17～24 mm,翅展约 67 mm;头、胸为黄白色;雌蛾触角为丝状,翅底为白色且散布大小不规则的灰色和黄色斑点,前、后翅近外缘处有 1 串由灰黄色、黄褐色圆斑组成的波状纹,翅面中部有 1 个较大的浅灰绿色斑点。

(2)卵:扁圆形,长约 0.9 mm,绿色,卵块上覆有一层黄棕色绒毛。

(3)幼虫:末龄幼虫体长 65～75 mm,体色变化较大,常随寄主植物的颜色而变化,多为黄褐色或黄绿色,幼虫体上散生灰白色的小斑点;头顶左右呈角状突起,额面中央深棕色的凹陷呈山峰状,前胸背板有 1 对角状突起;幼虫有 3 对胸足,有 1 对腹足,着生在腹部第 6 节上,有 1 对臀足,趾钩双序。

(4)蛹:长约 30 mm,初为翠绿色,后变为赤褐色,头顶两侧各有 1 个耳状突起。

3. 丝棉木金星尺蛾(*Calospilos suspecta* Warren)

主要以幼虫取食丝棉木、黄杨、卫矛、扶芳藤、榆、杨、柳等的叶片为害,常暴发成灾,短期内将叶片全部吃光,引起小枝枯死或幼虫到处爬行,既影响绿化效果,又有碍市容市貌。

(1)成虫:雌虫体长 12～19 mm,翅展 34～52 mm;翅底色为银白色,具淡灰色及黄褐色斑纹,前翅外缘有 1 行连续的淡灰色纹;外横线为 1 行淡灰色斑,上端分叉,下端有 1 个红褐色大斑;中横线不成行,在中室端部有 1 个大灰斑,斑中有 1 个图形斑,翅基有 1 个深黄、褐、灰三色相间的花斑;后翅外缘有 1 行连续的淡灰斑,外栈线为 1 行较宽的淡灰斑,中横线有断续的小灰斑,臀角处有 1 个黄褐色大斑,斑纹在个体间略有变异;前后翅展时,后翅上的斑纹与前翅上的斑纹相连接,似由前翅的斑纹延伸而来;前后翅反面的斑纹和正面相同,只是无黄褐色斑纹;腹部为橙黄色,有 9 行由黑斑组成的条纹,后足胫节内侧无丛毛。雄虫体长 10～13 mm,翅展 32～38 mm;翅上斑纹和雌虫相同;腹部为金黄色,有 7 行由黑斑组成的条纹,后足胫节内侧有 1 丛黄毛。

(2)卵:椭圆形,长约 0.8 mm,宽 0.6 mm,卵壳表面有纵横排列的方格纹;初产时为乳白色,后转为灰绿色,近孵化时呈灰黑色。

(3)幼虫:老熟幼虫体长 28～32 mm;体色为黑褐色,刚毛为黄褐色,头部为黑色,冠缝及分额缝为淡黄色,前胸背板为黄色,有 3～5 个并列的小黑斑点,中间的为三角形;背线、亚背线、气门上线、亚腹线为蓝白色纵带,气门线、腹线为黄色且较宽;臀板为黑色,胸部及腹部第 6 节以后的各节上有黄色横条纹;胸足、腹足为黑褐色,基部为淡黄色;腹足趾钩为双序中带。

(4)蛹:纺锤形,体长 9～16 mm,宽 3.5～5.5 mm,初化蛹时头、腹部为黄色,胸部为淡绿色,后逐渐变为暗红色或棕褐色;腹末端有1个分叉的臀棘,为黑色。

22.4.10　天蛾类

观察常见的天蛾类害虫的成虫、幼虫、生活史标本及被害植物。成虫大型,体粗壮,腹末尖,触角末端弯曲成钩状,喙发达,后翅小。幼虫肥大,圆筒形,体光滑或具颗粒,体侧有斜纹或眼状斑,第8腹节背面有一个尾角。被害植物叶片呈缺刻状。

1. 霜天蛾(*Psilogramma menephron* Cramer)

主要以幼虫取食白蜡、金叶女贞、泡桐、丁香、悬铃木、柳、梧桐等多种园林植物叶片表皮为害,使受害叶片出现缺刻、孔洞,甚至将全叶吃光。

(1)成虫:成虫头为灰褐色,体长45~50 mm,体翅为暗灰色,混杂霜状白粉,翅展90~130 mm;胸部背板有棕黑色似半圆形条纹,腹部背面中央及两侧各有一条灰黑色纵纹;前翅中部有2条棕黑色波状横线,中室下方有两条黑色纵纹;翅顶有1条黑色曲线;后翅为棕黑色,前后翅外缘由黑白相间的小方块斑连成。

(2)卵:卵球形,初产时为绿色,渐变为黄色。

(3)幼虫:体色为绿色,长75~96 mm,头部为淡绿色,胸部为绿色,背有8至9排横向排列的白色颗粒;腹部为黄绿色,体侧有7条白色斜带;尾角褐绿,上面有紫褐色颗粒,长12~13 mm,气门为黑色,胸足为黄褐色,腹足为绿色。

(4)蛹:红褐色,体长50~60 mm。

2. 蓝目天蛾(*Smerinthus planus planus* Walker)

主要以低龄幼虫取食杨、柳、梅花、桃花、樱花等多种绿地植物叶片为害,造成缺刻或孔洞,常将叶片吃光,残留叶柄。

(1)成虫:体长30~35 mm,翅展80~90 mm;体翅为灰黄色至淡褐色;触角为淡黄色;复眼大,暗绿色;胸部背面中央有一个深褐色大斑;前翅顶角及臀角至中央有三角形浓淡相交暗色云状斑,外缘翅脉间内陷呈浅锯齿状,缘毛极短;亚外缘线、外横线、内横线为深褐色;肾状纹清晰、灰白色基线较细、弯曲;外横线、内横线下端被灰白色剑状纹切断;后翅为淡黄褐色,中央为紫红色,有一个深蓝色的大圆眼状斑,斑外有一个黑色圈,最外围为蓝黑色,蓝目斑上方为粉红色,后翅反面的眼状斑不明显。

(2)卵:椭圆形,长径约1.8 mm;初产时为鲜绿色,有光泽,后为黄绿色。

(3)幼虫:老熟幼虫体长70~80 mm;头较小,宽4.5~5 mm,黄绿色,近三角形,两侧为淡黄色;胸部为青绿色,各节有较细横格;前胸有6个横排的颗粒状突起;中胸有4个小环,每个环上左右各有1个大颗粒状突起;后胸有6个小环,每个环也各有1个大颗粒状突起;腹部偏黄绿色,第1至第8腹节两侧有7条白色或淡黄色斜纹,最后一条斜纹直达尾角;尾角斜向后方,长8.5 mm左右;气门筛为淡黄色,围气门片为黑色,前方常有紫色斑或淡黄色点,腹部腹面稍浓;胸足为褐色,腹足为绿色,端部为褐色。

(4)蛹:长柱状,长40~43 mm;初化蛹为暗红色,后为暗褐色;翅芽短,尖端仅达腹部第三节的2/3处,臀角向后缘突出处明显。

22.4.11　灯蛾类

观察常见灯蛾类害虫的成虫、幼虫、生活史标本及为害状。成虫体色多艳丽。幼虫体具毛瘤,毛瘤上生有长毛。被害植物呈缺刻状。个别幼虫有拉网幕习性,如红缘灯蛾、美国白蛾等。

1. 红缘灯蛾(*Aloa lactinea* Gramer)

主要以幼虫取食菊花、百日草、千日红、鸡冠花、梅花、凤尾兰等的叶片为害。初龄幼虫群集危害,3龄以后分散,可将叶片吃成缺刻,泛滥时吃光叶片。

(1)成虫:成虫体长约20～31 mm,头颈部为红色;腹部背面第1节为白色,其余为橘黄色,但自第2节起每节前缘呈黑色带状,使腹背具7条黑色横带;腹面为白色;前翅为粉白色,前缘为鲜红色,中室上角有1个黑点,后翅中室端部横纹为黑色新月形,外缘有1～4个黑斑,展翅宽50～67 mm,翅膀表面为白色,上翅前缘具明显红色边线;雌雄差异在于雄虫下翅具2个黑点,雌虫则有3个或1个,有的一个也没有;前足腿节外侧为红色,内侧为白色;胫节外侧为白色,内侧为褐色;跗节基部为黑色,其余为白色。

(2)卵:扁圆球形,长约0.7 mm,卵壳表面自顶部向周缘有放射状纵纹;初产时为黄白色,有光泽,逐渐变为淡黄色至暗灰色;卵孔微红,后变为黑色。

(3)幼虫:低龄幼虫体色为黄色或橙黄色,毛瘤为红色,体毛稀少,3龄后毛长而密;5龄后老熟幼虫体长约40～55 mm,红褐色至黑色,除第1节及末节外,每节都有12个毛瘤,毛瘤上丛生棕黄色长毛;胸足为黑色,气门和腹足为红色。

(4)蛹:长椭圆形,黑褐色,形似橄榄,长22～28 mm;胸腹部交界处略缩成颈状,各节间紧密相接,平滑,有光泽,腹部几乎不能扭动;第5、6腹节腹面有2个明显突起,中央凹陷;腹末有8～10条长短不一的臀棘;雌蛹的生殖孔在第8腹节,雄蛹的生殖器在第9节;蛹外有黄褐色半透明丝状薄茧。

2. 美国白蛾(*Hyphantria cunea* Drury)

幼虫食性很杂,主要取食白蜡、臭椿、法桐、山楂、桑树、苹果、海棠、金银木、紫叶李、桃树、榆树、柳树等。初孵幼虫有吐丝结网、群居为害的习性,每株树上多达几百只、上千只幼虫,常把树木叶片蚕食一光,严重影响树木生长。

(1)成虫:雌雄异型的白色中型蛾子,体长13～15 mm;复眼为黑褐色,口器短而纤细;胸部背面密布白色绒毛,多数个体腹部为白色,无斑点,少数个体腹部为黄色,上有黑点;成虫前足基节及腿节端部为橘黄色,颈节及跗节大部分为黑色,前中跗节的前爪长而弯,后爪短而直;雄成虫的触角为黑色,栉齿状;翅展23～36 mm,前翅散生黑褐色小斑点,雌成虫的触角为褐色,锯齿状;翅展33～44 mm,前翅为纯白色,后翅通常为纯白色。

(2)卵:圆球形,直径约0.5～0.53 mm,初产卵为浅黄绿色或浅绿色,后变为灰绿色,孵化前变为灰褐色,有较强的光泽;卵单层排列成块,覆盖白色鳞毛。

(3)幼虫:老熟幼虫体长28～35 mm,头黑,具光泽,体色为黄绿色至灰黑色,背线、气门上线、气门下线为浅黄色,背部有1条黑色或深褐色宽纵带,背部毛瘤为黑色,体侧毛瘤多为橙黄色,黑色毛瘤发达且着生白色长毛丛,混杂黑色或棕色长毛;腹足外侧为黑色;气门为白色,椭圆形,具黑边;幼虫体色变化很大,根据幼虫的形态,可分为黑头型和红头型,其在低龄时就明显可以分辨,3龄后,从体色,色斑,毛瘤及其上的刚毛颜色上更易区别。

(4)蛹:体长8～15 mm,宽3～5 mm,暗红褐色;雄蛹瘦小,背中央有一条纵脊,雌蛹较肥大,蛹外有褐色或黄褐色薄丝质茧,茧上稀疏的丝混杂幼虫的体毛共同形成网状物;腹部各节除节间外,布满凹陷刻点,臀刺为8～17根,每根钩刺的末端呈喇叭口状,中间凹陷;雄虫越冬蛹个别前后翅都有黑斑。

22.4.12　螟蛾类

观察常见的螟蛾类害虫的成虫、幼虫、生活史标本及被害植物。成虫为小型至中型,体瘦长,触角为丝状,前翅狭长,腹部末端尖削。幼虫体细长,光滑,无次生刚毛。被害植物叶片卷叶或被食为孔洞。

1. 黄杨绢野螟(*Diaphania perspectalis* Walker)

黄杨绢野螟又名黄杨黑缘螟蛾,幼虫危害大叶黄杨、瓜子黄杨、庐山黄杨、锦熟黄杨、朝鲜黄杨、雀舌黄杨、冬青和卫矛等。病害具有突发性。

(1)成虫:体长 23 mm,除前翅前缘、外缘、后缘及后翅外缘为黑褐色宽带外,全体大部分披白色鳞片,有紫红色闪光;在前翅前缘宽带中,有 1 个新月形白斑。

(2)卵:长圆形,扁平,排列整齐。

(3)幼虫:体长 40 mm,头部为黑色,胸、腹为黄绿色;背中线为深绿色,两侧有黄绿及青灰色横带,各节有明显的黑色瘤状突起,瘤突上着生刚毛。

(4)蛹:纺锤形,有 8 根臀刺,排成一列,尖端卷曲成钩状。

2. 樟巢螟(*Orthaga olivacea* Warre)

以幼虫吐丝缀叶结巢,在巢内取食香樟、小胡椒等寄主的叶与嫩梢为害。

(1)成虫:体长 8～13 mm,翅展约 28 mm;头部为淡黄褐色,触角为黑褐色,雄蛾微毛状基节后方混杂淡白色的黑褐色鳞片,下唇须外侧为黑褐色,内侧为白色,向上弯曲超过头顶,末端尖锐;雄蛾胸腹部背面为淡褐色,雌蛾为黑褐色,腹面为淡褐色;前翅基部为暗黑褐色,内横线为黑褐色,前翅前缘中部有一个黑点,外横线为波浪形,沿中脉向外突出,尖形向后收缩,翅前缘 2/3 处有 1 个乳头状肿瘤,外缘为黑褐色,缘毛为褐色,基部有一排黑点;后翅除外缘形成褐色带外,其余为灰黄色。

(2)卵:略扁平,椭圆形,乳白色至浅红色,长约 0.8 mm;中央有不规则的红斑,卵壳有点状纹;卵粒不规则堆叠成卵块。

(3)幼虫:初孵幼虫为黑灰色,2 龄后渐变至棕黑色;老熟幼虫体长 22～30 mm,褐色,头部及前胸背板为红褐色,体背有 1 条褐色宽带,其两侧各有 2 条黄褐色、宽且深的亚背线,每节背面有 6 根细毛。

(4)蛹:红褐色或深棕色,腹节有刻点,腹末有 8 根臀棘(其中 2 根长而粗,4 根短且细);茧为扁椭圆形,似西瓜籽大小,长 9～12 mm,白色薄丝状,茧上常黏附泥土。

22.4.13　蝶类

观察常见的蝶类害虫的成虫、幼虫、生活史标本及被害植物。凤蝶成虫体型大,颜色艳丽,后翅外缘呈波状,后端常有尾状突。幼虫体色深暗,光滑无毛,后胸隆起,前胸背中央有一个臭腺。被害植物叶片呈缺刻状或被食光。

1. 柑橘凤蝶(*Papilio xuthus* Linnaeus)

幼虫喜食芸香科的柑橘植物、山椒及食茱萸等。

(1)成虫:有春型和夏型两种。春型体长 21～24 mm,翅展 69～75 mm;夏型体长 27～30 mm,翅展 91～105 mm;雌虫略大于雄虫,色彩不如雄虫鲜艳,两型翅上斑纹相似,体色为淡黄绿色至暗黄色,体背中间有黑色纵带,两侧有灰白或黄白色毛;前翅为黑色近三角形,近外缘有 8 个黄色月牙斑,翅中央从前缘至后缘有 8 个由小到大的黄斑,中室基半部有 4

条放射状黄色纵纹,端半部有 2 个黄色新月斑;后翅为黑色,近外缘有 6 个新月形黄斑,基部有 8 个黄斑;臀角处有 1 个橙黄色圆斑,斑中心为黑点,有尾突。

(2)卵:近球形,直径为 1.2～1.5 mm,初为黄色,后变为深黄色,孵化前为紫灰色至黑色。

(3)幼虫:体长 45 mm 左右,黄绿色,后胸背两侧有眼斑,后胸和第 1 腹节间有蓝黑色带状斑,腹部第 4 节和第 5 节两侧各有 1 条黑色斜纹分别延伸至第 5 节和第 6 节背面相交,各体节气门下线处各有 1 个白斑,即臭腺角;1 龄幼虫为黑色,刺毛多;2～4 龄幼虫为黑褐色,有白色斜带纹,虫体似鸟粪,体上肉状突起较多。

(4)蛹:体长 29～32 mm,鲜绿色,有褐点,体色常随环境变化;中胸背突起较长且尖锐,头顶角状突起中间凹入较深,为黄绿色,后胸背两侧有眼斑,在后胸和第 1 腹节间。

2. 山楂粉蝶(*Aporia crataegi* Linnaeus)

山楂粉蝶又名苹果粉蝶,主要以幼虫取食为害海棠、山楂、落叶松、冷杉、桃、杏、李、梨、苹果、山楂等的芽、叶和花蕾。初孵幼虫于树冠上吐丝结网成巢,群集其中为害。幼虫长大后分散为害,泛滥时将叶片吃光。

(1)成虫:体长 22～25 mm,体色为黑色,头胸及足披淡黄白色或灰色鳞毛;触角为棒状,黑色,端部为黄白色,前、后翅为白色,翅脉和外缘为黑色。

(2)卵:柱形,顶端稍尖似子弹头,高约 1.3 mm,卵壳有 12～14 条纵脊纹,初产时为金黄色,后变为淡黄色,数十粒排成卵块。

(3)幼虫:老熟时体长 40～45 mm,体背面有 3 条黑色纵条纹,其间有 2 条黄褐色纵带;头胸部、臀板为黑色。

(4)蛹:体长约 25 mm,黄白色,体上分布许多黑色斑点,腹面有 1 条黑色纵带蛹体被丝缚于小枝上,即缢蛹。

3. 黄钩蛱蝶(*Polygonia caureum* Linnaeus)

黄钩蛱蝶又称黄弧纹蛱蝶、多角蛱蝶,以幼虫取食一串红、一品红、小刚花、扶桑、亚麻、杨、柳、榆、梨、桑科的葎草等多种花卉和林木叶片为害。

(1)成虫:通常翅展 44～48 mm,雌雄体色相近,雌蝶前翅面色泽略偏黄褐色,翅缘凹凸分明,前翅中室内有 3 个猎豹斑状的黑斑点,翅反面为浅褐色,其花纹类似大理石,前翅顶角外凸并向下延伸呈钩状;后翅腹面中央有个明显的银白色"C"形花纹图案,又像个小逗号;雄蝶前足跗节只有 1 节,而雌蝶有 5 节;秋季型的黄钩蛱蝶翅膀颜色明显变深,立起翅膀的时候,深褐色的翅反面使它看起来像一片枯叶,是十分应季的拟态(见图 2-23)。

(2)卵:香瓜状,卵径约 0.5 mm,表面有 10 条纵脊;卵期约 3 d。

(3)幼虫:5 龄幼虫通体黑色带白色细环纹,体表密布黄色的星状毛刺,有点类似毒蛾或刺蛾;孵化后卵壳为白色,孵化孔一般在顶部;幼虫孵出后会啃食卵壳,但一般不吃光,仍残留一些,底部卵壳黏附在寄主体上。

(4)蛹:悬蛹,体长 19～23 mm,黄褐色至红褐色;头顶为角状,向前平突,胸背中央峰突如犀角状,中、后胸背侧各有 1 个粒状突;翅芽基部两侧缘前后各有 1 个突起,前突呈三角形,后突为片状;臀角处亦有 1 个圆锥状突,腹背 1～8 节前缘中央各有 1 个粒状突,亚背线上各有 1 个乳状突(第 4 节的最大),第 2～7 节气门上线和第 4～7 节气门下线各有 1 个粒状突;后胸及第 1、2 腹节背侧,各有 2 个闪光的金黄斑。

注意:黄钩蛱蝶与白钩蛱蝶的区别在于白钩蛱蝶前翅正面中室只有 2 个黑斑,黄钩蛱蝶有三个黑斑,多了一个翅基角处的黑斑。两种蝶的翅的反面几乎一样,白钩蛱蝶并不是很白,颜色类似黄钩蛱蝶;白钩蛱蝶的幼虫身体背部及毛刺是白色的。

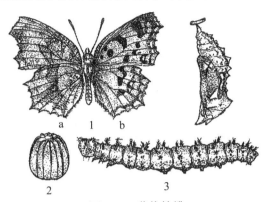

图 2-23　黄钩蛱蝶

1.成虫;2.卵;3.幼虫;a.反面;b.正面

22.4.14　叶蜂类

观察常见的叶蜂类害虫的成虫、幼虫、生活史标本及被害植物。成虫口器为咀嚼式,触角为丝状,无细腰。幼虫外形很像鳞翅目幼虫,但腹足有 6~8 对且无趾钩,从第 2 腹节开始着生。被害植物叶片呈孔洞、缺刻或被食光。叶蜂类包括桦三节叶蜂(*Arge similis* Zaddach)、榆近脉三节叶蜂(*Aproceros leucopoda* Takeuchi)、榆三节叶蜂(*Arge captiva* Smith)、玫瑰三节叶蜂(*Arge geei* Wang)、殊色三节叶蜂(*Arge cinnaborina*)、月季叶蜂(*Arge pagana* Panzer)、梨大叶蜂等。

1.榆三节叶蜂(*Arge captiva* Smith)

榆三节叶蜂主要为害金叶榆、黄榆、家榆、垂榆及榆树造型树等榆科园林绿化植物。

(1)成虫:雌体长 8.5~11.5 mm,翅展 16.5~24.5 mm,雄体较小;体具金属光泽,头部为蓝黑色,唇基上区(触角窝,唇基及额基间部)具明显的中脊,触角为黑色、圆筒形,其长大约等于头部和胸部之和;胸部为橘红色,小盾片有时为蓝黑色;翅为浓烟褐色,足全部为蓝黑色。

(2)卵:椭圆形,长 1.5~2 mm,初产时为淡绿色,近孵化时为黑色。

(3)幼虫:幼虫老熟时体长 21~26 mm,淡黄绿色,头部为黑褐色;虫体各节具有 3 排横列的褐色肉瘤,体两侧近基部各具 1 个褐色大肉瘤,臀板为黑色。

(4)蛹:雌蛹体长 8.5~12 mm,雄蛹较小,为淡黄绿色。

2.月季叶蜂(*Arge pagana* Panzer)

月季叶蜂又称蔷薇三节叶蜂,主要以幼虫群集在月季、蔷薇、玫瑰、黄刺玫、十姐妹等花卉叶片取食为害,泛滥时将叶肉、嫩梢吃光,残存粗叶脉,是花卉上常见的害虫。

(1)成虫:雌成蜂体长 8~9 mm,翅展 16~20 mm;头、胸、翅、足为蓝黑色,带有金属光泽;触角长 3.5 mm,3 节;中胸背面有尖"X"形凹陷;腹部橙黄色;产卵器发达,呈并合的双镰刀状,分上下两瓣,锯具 12 个锐利的锯齿,不产卵时,藏匿于腹末阴沟中。雄蜂体长 8 mm,翅展 12.5 mm,触角长 4.5 mm。

(2)卵:淡黄色,椭圆形末端稍大,长 0.5 mm,孵化前为绿色。

(3)幼虫:老熟幼虫体长 20~23 mm,黄绿色;头为黄色,胸、腹等均为黄绿色至黄褐色,臀板为黑褐色;触角短粗,基部为淡红色;胸部第2节至腹部第8节的每个体节上均有3横列疣状突起毛瘤,呈黑褐色。

(4)蛹:长9.5 mm,头胸部为褐色,腹部为棕黄色,茧为灰黄色椭圆形。

22.4.15　害螨类

1. 杨始叶螨(*Eotetranychus populi* Koch)

(1)成螨:雌成螨体长约0.4 mm,椭圆形,淡黄绿色,体背两侧各有1列纵行细小的暗绿色斑,足为淡黄色或乳白色;背表皮纹纤细,前足体纵向,后半体横向。雄成螨体型略小,长约0.3 mm,黄绿色,末端略尖,稍小。

(2)卵:球形,浅黄色至红色。

(3)若螨:若螨似成螨,体小,体背两侧斑纹不明显。

2. 柏小爪螨(*Oligonychus perditus* Pitchard et Baker)

柏小爪螨主要为害桧柏、真柏、侧柏、花柏、龙柏、蜀柏、撒金柏、千头柏、塔柏、云柏、翠柏、云杉、雪松和马尾松等多种常绿植物以及柿树、矢车菊等。

(1)成螨:体长0.36~0.4 mm,略呈椭圆形,褐绿色或暗红色,足及颚体为橘黄色;体背微隆起;体、足具较多的刚毛;雄成螨菱形,体色为浅绿色或红色。

(2)卵:球形或扁圆形,半透明,表面光滑,暗红色。

(3)若螨:若螨体小,似成螨,鲜红色或浅红色。

22.5　实验作业

(1)列表比较供试园林植物害虫标本的形态特征,并指明其分类地位。

(2)本地常见的食叶类叶甲害虫有哪些?

(3)比较柑橘凤蝶春型和夏型两种成虫的区别。

(4)绘制天蛾幼虫和凤蝶成虫形态特征图,并注明各部分的名称。

(5)比较杨始叶螨与柏小爪螨的主要区别。

第3章 植物化学保护学实验

实验二十三　常用农药理化性状及科学用药

23.1　实验目的与要求

明确常用农药理化性状特点和质量的简易检测方法,学习阅读农药标签和使用说明书,掌握农药的配制及常用的科学使用方法。

23.2　实验材料和用具

1. 实验药品

80％敌敌畏乳油,50％辛硫磷乳油,40.7％乐斯本乳油,2.5％溴氰菊酯乳油,1.8％阿维菌素乳油,90％敌百虫可溶性粉剂,25％杀虫双水剂,2.5％辛硫磷颗粒剂,25％灭幼脲 3 号悬浮剂、磷化铝片剂、BT 乳剂、白僵菌粉剂,50％乙烯菌核利可湿性粉剂,25％粉锈宁可湿性粉剂,40％福星乳油,25％敌力脱乳油,45％百菌清烟剂,72％克露可湿性粉剂等。

2. 仪器用具

电子天平、牛角匙、试管、量筒、烧杯、玻璃棒、机动喷雾器、植保无人机极飞 P 系列等。

23.3　实验内容与方法

23.3.1　农药理化性状的观察

1. 农药理化性状的简易辨别

辨别粉剂(dust powder, DP)、可湿性粉剂(water powder, WP)、乳油(emulsifiable concentrate, EC)、颗粒剂(granule, GR)、悬浮剂(suspension concentrate, SC)、水剂(aqueous solution, AS)和烟雾剂(fumigant, FU)等剂型在颜色、形态等物理性状上的差异。

2. 粉剂、可湿性粉剂质量的简易鉴别

取少量药粉轻轻撒在水面上,长期浮在水面的为粉剂,在 1 min 内粉粒吸湿下沉,搅动时可产生大量泡沫的为可湿性粉剂。另取少量可湿性粉剂倒入盛有 200 mL 水的量筒内,轻轻搅动,放置 30 min,观察药液的悬浮情况,沉淀越少,药粉质量越高。如有 3/4 的粉剂颗粒沉淀,表示可湿性粉剂的质量较差。在上述药液中加入 0.2～0.5 g 合成洗衣粉,充分搅拌,观察药液的悬浮性是否改善。

3.乳油质量简易测定

将 2～3 滴乳油滴入盛有清水的试管中,轻轻振荡,观察油水融合是否良好,观察稀释液中是否有油层漂浮或沉淀。稀释后油水融合良好,呈半透明或乳白色稳定的乳状液,表明乳油的乳化性能好;若出现少许油层,表明乳化性能尚好;出现大量油层、乳油被破坏,则不能使用。

23.3.2 阅读农药标签和说明书

农药是农业生产的必需农业生产资料。依据 2020 版《农药管理条例》的规定,国家实行农药经营许可制度,正规的农资店应当取得营业执照和农药经营许可证,未取得农药经营许可证的农资店或流动摊贩不可售卖农药,以保障农民的合法权益。阅读农药标签和说明书的最主要目的是通过标签来识别农药是否合格。《农药管理条例》规定农药包装应当符合国家有关规定,并印制或者贴有标签。自 2018 年 1 月 1 日起使用的农药标签应符合农业部令 2017 年第 7 号《农药标签和说明书管理办法》第二章第八条农药标签应当标注的内容。农药标签应当以中文标注农药的名称、剂型、有效成分及其含量、毒性及其标识、使用范围、使用方法和剂量、使用技术要求和注意事项、生产日期、可追溯电子信息码等内容(见图 3-1)。

图 3-1　农药标签

1.农药名称

(1)农药名称包含以下内容:农药有效成分及含量、名称、剂型等。

农药名称应当显著、突出,字体、字号、颜色应当一致,并应符合以下要求:①对于横版标签,应当在标签上部三分之一范围内中间位置显著标出;对于竖版标签,应当在标签右部三分之一范围内中间位置显著标出;②不得使用草书、篆书等不易识别的字体,不得使用斜体、中空、阴影等形式对字体进行修饰;③字体颜色应当与背景颜色形成强烈反差;④除因包装尺寸的限制无法同行书写外,不得分行书写。

有效成分及其含量和剂型:应当醒目标注在农药名称的正下方(横版标签)或者正左方(竖版标签)相邻位置(直接使用的卫生用农药可以不再标注剂型名称),字体高度不得小于农药名称的二分之一;混配制剂应当标注总有效成分含量以及各有效成分的中文通用名称和含量,各有效成分的中文通用名称及含量应当醒目标注在农药名称的正下方(横版标签)或者正左方(竖版标签),字体、字号、颜色应当一致。

(2)农药名称。

①中文通用名称使用国家标准《农药中文通用名称》(GB 4839－2009)规定的名称;②英文通用名称引用国际标准组织(International Organization for Standardization,ISO)推荐的名称;③商品名,经国家批准可以使用。不同生产厂家有效成分相同的农药,即通用名称相同的农药,其商品名可以不同。

2.农药三证

农药三证指的是农药登记证、生产许可证和产品标准证,国家批准生产的农药必须三证齐全,缺一不可。农药登记证号、农药标签等相关信息的查询可以通过中国农药信息网(https://www.chinapesticide.org.cn)或者中国农药数字监督管理平台(https://www.

icama. cn/homepage/index. do)来进行。使用者可以通过对比农药产品的标签跟查询的内容里的以下信息来辨别农药产品的真伪并合理使用农药。

(1)农药登记证号:目前市场上流通的农药产品上标明的农药登记证号包括临时登记证号(如 LS2022××、卫生 WL2022××)、正式登记证号(如 PD2022××、卫生 WP2022××)和分装登记证号(如 PD2022××F××)。

(2)产品标准证号:中国农药产品质量标准一般分为国家标准、行业标准(一般是化工行业标准)、企业标准 3 种,其证号分别以 GB、HG、Q 等标识。

(3)生产许可证号:各省级农药主管部门核发的农药生产许可证的编号,形式为"农药生许(×)第××",如"农药生许(皖)××"。

向中国出口的农药可以不标注农药生产许可证号,应当标注其境外生产地,以及在中国设立的办事机构或者代理机构的名称及联系方式。

3. 农药类别及其特征颜色标志带、产品性能、毒性及其标识

(1)农药种类标识色带:《农药登记资料要求》将农药划分为除草剂、杀虫剂、杀菌剂、植物生长调节剂、杀鼠剂等类别。不同类别的农药采用在标签底部加一条与底边平行的、不褪色的特征颜色标志带表示(见表 3-1 和图 3-2)。

表 3-1　不同农药类别采用相应的文字和特征颜色标志带

农药类别	除草剂	杀虫(螨、软体动物)剂	杀菌(线虫)剂	植物生长调节剂	杀鼠剂	杀虫/杀菌剂
字样	除草剂	杀虫剂、杀螨剂、杀软体动物剂	杀菌剂或者杀线虫剂	植物生长调节剂	杀鼠剂	杀虫/杀菌剂(杀虫剂/杀菌剂)
特征颜色标志带	绿色带	红色带	黑色带	深黄色带	蓝色带	红色带 / 黑色带

注:农药类别的描述文字应当镶嵌在标志带上,颜色与其形成明显反差。其他农药可以不标注特征颜色标志带。

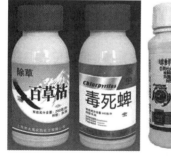

图 3-2　农药类别及其特征颜色标志带

(2)产品性能:主要包括产品的基本性质、主要功能、作用特点等。对农药产品性能的描述应当与农药登记批准的使用范围、使用方法相符。

(3)农药毒性与标志:农药的毒性不同,其标志也有所差别。毒性的标志和文字描述皆用红字,十分醒目(见图 3-3)。毒性及其标识应当标注在有效成分及含量和剂型的正下方(横版标签)或者正左方(竖版标签),并与背景颜色形成强烈反差。剧毒、高毒农药以及使用技术要求严格的其他农药等限制使用农药的标签还应当标注"限制使用"字样,并注明使用的特别限制和特殊要求。用于食用农产品的农药的标签还应当标注安全间隔期。

毒性	标志	字样(红字)
剧毒	☠	剧毒
高毒	☠	高毒
中等毒	✸	中等毒
低毒	 ◇	低毒
微毒		微毒

图 3-3　农药毒性与标志

注意事项:①由剧毒、高毒农药原药加工的制剂产品,其毒性级别与原药的最高毒性级别不一致时,应当同时以括号标明其所使用的原药的最高毒性级别;②直接使用的卫生用农药可以不标注特征颜色标志带;③杀鼠剂产品应当标注规定的杀鼠剂图形,使用时应注意鉴别。

4. 使用范围、使用方法、使用剂量、使用技术要求和注意事项

(1)使用范围:主要包括适用作物或者场所、防治对象。

(2)使用方法:施用方式。

(3)使用剂量:以每 hm^2 使用该产品的制剂量或者稀释倍数表示;种子处理剂的使用剂量采用每 100 kg 种子使用该产品的制剂量表示;特殊用途的农药,使用剂量的表述应当与农药登记批准的内容一致。

(4)使用技术要求:主要包括施用条件、施药时期、次数、最多使用次数,对当茬作物、后茬作物的影响及预防措施,以及后茬仅能种植的作物或者后茬不能种植的作物、间隔时间等。

(5)限制使用农药应当在标签上注明施药后设立警示标志,并明确人畜允许进入的间隔时间。

(6)安全间隔期及农作物每个生产周期的最多使用次数的标注应当符合农业生产、农药使用实际。安全间隔期及施药次数应当醒目标注,字号大于使用技术要求其他文字的字号。用于食用农产品的农药应当标注安全间隔期,下列农药标签可以不标注安全间隔期:①用于非食用作物的农药;②用于拌种、包衣、浸种等种子处理的农药;③用于非耕地(牧场除外)的农药;④用于苗前土壤处理剂的农药;⑤仅在农作物苗期使用 1 次的农药;⑥非全面撒施使用的杀鼠剂;⑦卫生用农药;⑧其他特殊情形。

(7)注意事项:①容易对农作物产生药害,或者对病虫容易产生抗性的,应当标明主要原因和预防方法;②容易对人畜、周边作物或者植物、有益生物(如蜜蜂、鸟、蚕、蚯蚓、天敌及鱼、水蚤等水生生物)和环境产生不利影响的,应当明确说明,并标注使用时的预防措施、施用器械的清洗要求;③已知与其他农药等物质不能混合使用的,应当标明;④开启包装物时容易出现药剂撒漏或者人身伤害的,应当标明正确的开启方法;⑤应当标明施用时应当采取的安全防护措施;⑥应当标明国家规定禁止的使用范围或者使用方法等。

5. 中毒急救措施

中毒急救措施应当包括中毒症状及误食、吸入、眼睛溅入、皮肤沾附农药后的急救和治疗措施等内容。有专用解毒剂的,应当标明,并标注医疗建议。剧毒、高毒农药应当标明中毒急救咨询电话。

6. 储存和运输方法

储存和运输方法应当包括储存时的光照、温度、湿度、通风等环境条件要求及装卸、运输时的注意事项,并标明"置于儿童接触不到的地方""不能与食品、饮料、粮食、饲料等混合储存"等警示内容。

7. 生产日期、产品批号、质量保证期、净含量

（1）生产日期：应当按照年、月、日的顺序标注，年份用四位数表示，月、日分别用两位数表示。产品批号包含生产日期的，可与生产日期合并表示。

（2）质量保证期：应当规定在正常条件下的质量保证期，质量保证期也可以用有效日期或者失效日期表示。不同厂家的农药质量保证期标明方法有所差异：一是注明生产日期和质量保证期，二是注明产品批号和有效日期，三是注明产品批号和失效日期。一般农药的质量保证期是 2～3 年，在质量保证期内使用，才能保证作物的安全和防治效果。

（3）净含量或净容量：农药的净质量或净体积，应当使用国家法定计量单位表示，特殊农药产品可根据其特性以适当方式表示。

8. 农药登记证持有人名称及其联系方式

农药登记证持有人名称及其联系方式包括农药登记证持有人、企业或者机构的住所和生产地的地址、邮政编码、联系电话、传真等。

9. 可追溯电子信息码

可追溯电子信息码应当以二维码等形式标注，能够扫描识别农药名称、农药登记证持有人名称等信息（见图3-4）。可追溯电子信息码不得含有违反《农药标签和说明书管理办法》规定的文字、符号、图形。可追溯电子信息码格式及生成要求由农业农村部另行制定（参见农业农村部公告第 2579 号《农药标签二维码管理规定》）。

图 3-4　可追溯电子信息码

10. 象形图

象形图包括储存象形图、操作象形图、忠告象形图、警告象形图（见图 3-5）。象形图应当根据产品安全使用措施的需要选择，并按照产品实际使用的操作要求和顺序排列，但不得代替标签中必要的文字说明。象形图应当用黑白两种颜色印刷，一般位于标签底部，其尺寸应当与标签的尺寸相协调。

图 3-5　农药象形图

11. 农业农村部要求标注的其他内容

除上述内容必须标注外，下列农药标签标注内容还应当符合相应要求。

（1）原药（母药）产品应当注明"本品是农药制剂加工的原材料，不得用于农作物或者其他场所。"且不标注使用技术和使用方法。经登记批准允许直接使用的除外。

（2）限制使用农药应当标注"限制使用"字样，并注明对使用的特别限制和特殊要求。

（3）委托加工或者分装农药的标签还应当注明受托人的农药生产许可证号，受托人名称及

其联系方式,加工、分装日期。

12. 农药标签上不能标注的内容

(1)《农药标签和说明书管理办法》第二十六条规定,标签和说明书不得标注任何带有宣传、广告色彩的文字、符号、图形,不得标注企业获奖和荣誉称号。法律、法规或者规章另有规定的,从其规定。

(2)标签和说明书上不得出现未经登记批准的使用范围或者使用方法的文字、图形、符号。

(3)除《农药标签和说明书管理办法》规定应当标注的农药登记证持有人、企业或者机构的名称及其联系方式之外,标签不得标注其他任何企业或者机构的名称及其联系方式。

(4)农药标签和说明书不得使用未经注册的商标。

(5)标签中不得含有虚假、误导使用者的内容,有下列情形之一的,属于虚假、误导使用者的内容:①误导使用者扩大使用范围、加大用药剂量或者改变使用方法的;②卫生用农药标注适用于儿童、孕妇、过敏者等特殊人群的文字、符号、图形等;③夸大产品性能及效果、虚假宣传、贬低其他产品或者与其他产品相比较,容易给使用者造成误解或者混淆的;④利用任何单位或者个人的名义、形象做证明或者推荐的;⑤含有保证高产、增产、铲除、根除等断言,含有速效等绝对化语言和标识的;⑥含有保险公司保险、无效退款等承诺性语言的;⑦有其他虚假、误导使用者的内容。

13. 文字字号及商标、限制使用字样等的位置

(1)标签上汉字的字体高度不得小于 1.8 mm。

(2)有效成分的字体高度不得小于农药名称的二分之一。

(3)标签使用注册商标的,应当标注在标签的四角,所占面积不得超过标签面积的九分之一,其文字部分的字号不得大于农药名称的字号。

(4)"限制使用"字样,应当以红色字样标注在农药标签正面右上角或者左上角,并与背景颜色形成强烈反差,其字号不得小于农药名称的字号。除"限制使用"字样外,标签上其他文字内容的字号不得超过农药名称的字号。

(5)安全间隔期及施药次数应当醒目标注,字号大于使用技术要求中其他文字的字号。

14. 特别说明

《农药标签和说明书管理办法》第十条规定,农药标签过小,无法标注规定全部内容的,应当至少标注农药名称、有效成分含量、剂型、农药登记证号、净含量、生产日期、质量保证期等内容,同时附具说明书。说明书应当标注规定的全部内容。

同时,若登记的使用范围较多,在标签中无法全部标注的,可以根据需要,在标签中标注部分使用范围,但应当附具说明书并标注全部使用范围。

23.3.3　农药配制及常用使用方法

(1)农药配制要经过农药制剂取用量的计算、量取、混合均匀、喷洒、清洗等步骤。

(2)确定农药的使用方法后,在田间配制药液时,根据作物面积,按照农药使用说明书上的配制浓度(单位面积上的农药制剂取用量)快速计算农药制剂取用量(见表 3-2)和兑水量(以常规喷雾用药为例)。计算时,首先需要确定药液用量,一般情况下,药液用量为 $750\sim1500$ kg/hm^2,可根据作物类型适当调整,若为蔬菜和粮食作物,一般为 $750\sim900$ kg/hm^2,有时也可用 600 kg/hm²;若为果树,则可以适当增加用量,比如 1500 kg/hm²。根据实际的施药面积即可换算出相应的药液量,然后再根据药剂的推荐使用剂量确定药剂用量和兑水量。

$$农药制剂用量＝单位面积农药制剂用量×施药面积$$

(3)用电子天平称取农药制剂用量,在专用配药桶中配制。兑水时,先用少量温水将药液化开,用搅拌器或人工混合均匀配成母液,再加水至所需浓度,保证农药被充分溶解,以提高药效,延缓药害;小规模用药也可直接在喷雾器中配药,配制农药时先放喷雾器容量一半的水,然后将农药放入,用塑料棍搅拌 3 min,再加入另一半水再次搅拌 5 min。

(4)配制好的农药液必须使用专用农药喷雾器(机动喷雾器或植保无人机极飞 P 系列)进行施药。

(5)喷洒农药结束或者更换新的农药(尤其是更换除草剂)进行喷洒时需要对已经使用过的喷雾器进行清洗,要求使用碱水进行清洗,以确保喷雾器不含残留的农药。

表 3-2 农药制剂用量[EC(mL)或 WP(g)]、配制药液量(L)和稀释倍数对照表

配制药液量/L		8	10	14	16	20	30	40	50	100	200
稀释倍数	100	80	100	140	160	200	300	400	500	1000	2000
	200	40	50	70	80	100	150	200	250	500	1000
	300	27	33	47	53	67	100	133	167	333	667
	400	20	25	35	40	50	75	100	125	250	500
	500	16	20	28	32	40	60	80	100	200	400
	600	14	17	24	25	33	50	67	83	167	333
	700	12	14	20	23	29	43	57	72	143	286
	800	10	12.5	18	20	25	38	50	63	125	250
	900	9	11	16	18	22	34	44	56	111	222
	1000	8	10	14	16	20	30	40	50	100	200
	1200	7	8	12	13	16.6	25	33	42	83	167
	1500	6	7	10	10.7	13.3	20	26.6	33	67	133
	1800	5	6	8	9	11	16.6	22	27	55	111
	2000	4	5	7	8	10	15	20	25	50	100
	2500	3.2	4	6	6.4	8	12	16	20	40	80
	3000	3	3.3	5	5.3	6.6	10	13	16.6	33	67
	5000	1.6	2	2.8	3.2	4	6	8	10	20	40

23.4 实验作业

(1)列表(见表 3-3)记载当地农药市场上主要农药的剂型、农药理化性状及使用特点。

表 3-3　农药名称、剂型、理化性状等

农药名称	中(英)文通用名称	剂型	有效成分含量	颜色	气味	毒性	主要防治对象

(2)测定 1～2 种可湿性粉剂及乳油的悬浮性和乳化性并记录其结果,记录实验的操作步骤,撰写实验报告。

(3)如何通过特征颜色标志带识别农药?描述农药毒性标识。

(4)任选 2 种固体或液体制剂,按照其推荐使用剂量,配制 1 kg 的药液,并计算出该药液有效成分的浓度。

(5)针对当地小麦赤霉病的发生情况,配制丙硫菌唑药液,科学使用机动喷雾器或植保无人机进行防治。

实验二十四　农药常用剂型的加工制备

24.1　实验目的与要求

农药厂或化工厂制造出来的未经加工的农药产品统称为原药。固体的原药叫原粉,液体的原药叫原油。掌握农药常用剂型的加工原理及方法,并进一步了解它们的成分、物理性状及使用特点。

24.2　实验材料

多菌灵、吡虫啉、敌敌畏、辛硫磷、高岭土、陶土、硅藻土、肥皂粉、茶枯粉、乳化剂、苯、二甲苯、戊唑醇、分散剂 NNO、成膜剂、稳定剂等。

24.3　实验用具

电子天平,研钵,60 目、200 目、300 目等标准筛,恒温水浴锅,温度计,移液管,烧杯,玻璃棒,砂磨机,激光粒度分析仪,超音速气流粉碎机等。

24.4　实验内容与方法

24.4.1　粉剂制备(2％吡虫啉粉剂的制备)

粉剂系用农药原药和填料,经过机械粉碎而成的粉状混合制剂(见表 3-4)。粉剂的质量标准为细度要求(95％粉粒可通过 200 目筛)、水分含量不超过 1.5％、pH 值为 6～8。

表 3-4 粉剂的配比

原料名称	配比	实验用量/g
吡虫啉(原药,≥97％)	2 份	0.2
高岭土(填料)	100 份	10

将过 200 目筛的吡虫啉原药称取实验用量,并称过 200 目筛的高岭土实验用量,置研钵内,混合研磨均匀即成。

注意:该法制备粉剂,要特别注意所用填料密度应与所用的高浓度粉剂尽量保持一致,否则,喷粉时可能会造成填料粉粒与药剂粉粒分离,即先喷出的粉状物和后喷出的粉状物的有效成分含量不一致。

24.4.2 可湿性粉剂制备(25％多菌灵可湿性粉剂的制备)

可湿性粉剂系用农药原药、湿润剂和填料,经机械粉碎而成的粉状混合物制剂(见表 3-5)。它易被水湿润,可分散和悬浮于水中,供喷雾使用。可湿性粉剂的质量标准为细度要求(99.5％粉粒可通过 200 目筛)、水分含量不超过 2.5％、润湿时间小于 1.5 min、悬浮率达50％以上。

表 3-5 可湿性粉剂的配比

原料名称	配比	实验用量/g
多菌灵(原药)	25 份	2.5
茶枯粉(湿润剂)	10 份	1
洗衣粉(湿润剂)	1 份	0.1
陶土(填料,要求干燥)	加足到 100 份	6.4

分别称取过 200 目筛的各原料置于研钵内,充分研磨、混匀,即成 25％多菌灵可湿性粉剂。

注意:可湿性粉剂制备与粉剂制备的不同之处为粉碎(研磨)时间较粉剂长,转速要慢,若原药受热易软化,要间歇作业,"慢工出细活"。与乳油相比,可湿性粉剂不含二甲苯等有机溶剂,更环保,成本更低,而且具有包装运输方便、安全等优点。

24.4.3 乳油制备(80％敌敌畏乳油的制备)

乳油为用农药原药、乳化剂和溶剂制成的单相液体加水乳化的产物(见表 3-6)。乳油为高浓度制剂,它在中国农药制剂总量中虽仅占 20％左右,但其防治面积却占化学防治总面积的 70％～80％。该剂型具有加工工艺简单、理化性状稳定、使用时便于计量,以及药效好等优点。主要缺点是含有较多有机溶剂,药效一般,还污染环境。乳油的质量标准为外观透明、不分层、无沉淀物为合格。

表 3-6　乳油的配比

原料名称	配比	实验用量
95％敌敌畏	80 份	16 mL
乳化剂 0203(或十二烷基苯磺酸钠、吐温 40、吐温 80 等)	5 份	1 g
二甲苯(苯)	加足到 100 份	3 mL

1. 乳油制备

1)乳油的配比

2)配制步骤

①称取乳化剂 1 g 置于小烧杯内,加二甲苯(苯)1 mL,置于恒温水浴锅(30 ℃)上,调稀;

②按用量吸取 95％敌敌畏于另一个小烧杯内,加二甲苯 1.5 mL,置于恒温水浴锅(30 ℃)上,搅拌 2 min;

③将①中的溶剂倒入②中的溶剂内,搅拌 2 min 即成 95％敌敌畏乳油。

注意:配制时全部用具必须干燥。

2. 乳油分散情况观察

将装有 500 mL 标准硬水(0.342 g/L)的大烧杯置于 25 ℃的恒温水浴中,待温度平衡后,用移液管吸取乳油 1 mL,从离液面 1 cm 处自由滴下,观察分散性。如乳油滴入水中,能迅速地自动分散成乳白色透明溶液,则扩散完全;如呈白色微小油滴下沉,或呈大粒油珠迅速下沉,搅动后虽呈乳浊液,但很快析出油状物并沉淀,则扩散不完全。

24.4.4　颗粒剂制备(3％辛硫磷颗粒剂的制备)

颗粒剂系用农药原药、辅助剂和载体制成的粒状制剂(见表 3-7)。颗粒剂与粉剂的对比:从生产上看,颗粒剂具有粉尘污染小、可用载体种类多、比表面积小、储存防潮能力提高的优点;从应用上看,颗粒剂着药目标强,有些助剂具有控制有效成分释放的作用,可以延长残效,施药方式多种多样,而且对环境影响较小。颗粒剂存在的问题主要是有些制剂的加工成本较高。将原药与过筛(20～60 目筛)的载体(如煤渣、蛭石、砂等)充分拌匀、混合,让药剂均匀地吸附在载体的外围即可制成颗粒剂。这种颗粒剂使用方便,成本低,药效期长。其质量标准为有效成分含量达到该剂型规定的标准;粒度,90％(重量)通过 10～48 目筛;水分含量<3％;颗粒完整率≥85％,即破碎率≤15％;有效成分从载体上脱落率(粉状)<5％(指包衣法颗粒剂)。

表 3-7　颗粒剂的配比

原料名称	配比	实验用量
辛硫磷(原药,≥85％)	3 份	3 mL
煤渣(蛭石)	加足到 100 份	97 g

将煤渣过 60 目筛,将辛硫磷溶在易挥发的有机溶剂(如丙酮)中,将溶有辛硫磷的溶剂倒入载体中,拌匀回收即可制成颗粒剂。

24.4.5 种衣剂制备

1. 水悬浮种衣剂(5.4%吡·戊悬浮种衣剂的制备)

1)水悬浮种衣剂的配比

水悬浮种衣剂的配比如表 3-8 所示。

表 3-8 水悬浮种衣剂的配比

原料名称	规格型号	配方中有效成分含量/(%)	实验用量/g
吡虫啉	95%	5.0	5.0
戊唑醇	97%	0.4	0.4
WJF-1000	工业品	4.0	4.0
分散剂 NNO	工业品	0.5	0.5
黄原胶	食品级	0.25	0.25
膨润土	工业级	1.0	1.0
成膜剂 AC	工业级	4.0	4.0
玫瑰精(警戒色)	工业级	0.4	0.4
水	自来水	84.45	84.45

2)制备方法

先将吡虫啉、戊唑醇、WJF-1000、分散剂 NNO、黄原胶、膨润土、成膜剂 AC 和适量水混合均匀,加入砂磨机砂磨 2 h,采用激光粒度分析仪检测样品粒径合格后(95% 以上粒径为 1～5 μm,平均粒径小于 3 μm),再加入玫瑰精,研磨 0.5 h,然后加入剩余的水,调制研磨 0.5 h,将药液与研磨介质分离得样品,进行各项指标的分析检测。

2. 干悬浮种衣剂(6%福·戊唑干粉种衣剂的制备)

水悬浮种衣剂存在运输、包装、防冻、储存等方面的问题,制约了包衣技术的进一步推广。干悬浮种衣剂具有高浓度、低成本、有效成分不易分解、储存方便、使用方便、包装物易于处理的优点,可以解决使用水悬浮种衣剂包衣种子包装物不易处理及扩散污染的难题,因此在应用上较水悬浮种衣剂更具优势,符合现代农药发展"超高效、无毒、无污染"的趋势。

1)干悬浮种衣剂的配比

干悬浮种衣剂的配比如表 3-9 所示。

表 3-9 干悬浮种衣剂的配比

原料名称	配方中有效成分含量/(%)	实验用量/g
福美双	4.5	5.0
戊唑醇	1.5	1.7
警戒色	7.5	7.5
表面活性剂	5.0	5.0
分散剂	5.0	5.0
扩散剂	3.5	3.5

续表

原料名称	配方中有效成分含量/（%）	实验用量/g
渗透剂	2.5	2.5
助成膜剂	3.0	3.0
消泡剂	1.0	1.0
成膜剂	0～2	0.2
黏合剂	1.2	1.2
增稠剂 1	0.8	0.8
增稠剂 2	0.1	0.1
填料 1	29.3	29.3
填料 2	27.5	27.5
载体	2.0	2.0
稳定剂	0～6	0.6
表面处理剂	0.1	0.1

2）制备方法

干悬浮种衣剂活性成分、表面处理剂、表面活性剂、分散剂、扩散剂、载体和填料经双螺旋混拌机混合后，将其放入 LZQS 对撞式超音速气流粉碎机，通过控制分级轮超音速频率、气流温度、工作压力、冲击速度等工艺技术参数实现物料在流化床的超细研磨和粉体表面处理。经过气流粉碎的混合物料经过旋风捕集和脉冲捕集进入无重力混拌机混合均匀，可以实现干悬浮种衣剂的分子组装和复配，使有效成分均匀分散。

24.5   实验作业

（1）农药为什么要进行制剂加工？

（2）在可湿性粉剂的加工过程中，影响其质量的因素有哪些？

（3）乳油与可湿性粉剂相比有何优缺点？

（4）观察记载农药的物理状态、颜色、气味以及在水中反应变化。

（5）简述水悬浮种衣剂制备的基本流程。

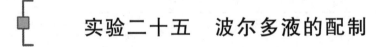

实验二十五   波尔多液的配制

25.1   实验目的与要求

通过实验掌握波尔多液的配制方法，了解原料质量和不同配制方法与波尔多液质量的关系，了解波尔多液的性质、防病特点及鉴别其优劣的方法。

1882 年，法国人米亚尔代在波尔多城发现了波尔多液的杀菌作用。波尔多液是一种保护性的杀菌剂,有效成分为碱式硫酸铜,可有效阻止孢子发芽,防止病菌侵染,并能促使叶色浓绿、生长健壮,提高树体抗病能力。该制剂具有杀菌谱广、持效期长、病菌不会产生抗性、对人和畜低毒等特点,是应用历史最长的一种杀菌剂。波尔多液是用硫酸铜和生石灰配制的天蓝色胶悬状悬浮液,呈碱性。质量好的波尔多液沉降慢,黏附性强,但久放会使物理性状被破坏,宜现配现用或制成失水波尔多粉,使用时再兑水混合。其有效成分为碱式硫酸铜,分子式为 $CuSO_4 \cdot XCu(OH)_2 \cdot YCa(OH)_2 \cdot ZH_2O$。

25.2　实验材料

(1)仪器:250 mL 烧杯、100 mL 烧杯、50 mL 烧杯、50 mL 量筒、100 mL 量筒、玻璃棒、温度计、电炉、水浴锅、电子天平、pH 试纸等。

(2)药品:$CuSO_4 \cdot 5H_2O$、CaO(生石灰)。

25.3　实验方法与步骤

25.3.1　10%石灰乳的配制

称取生石灰 10 g,放入烧杯中,滴入少量水,使生石灰化成粉状,再加入定量的水,配成10%石灰乳 100 mL。

25.3.2　10%$CuSO_4$ 溶液的配制

称取 $CuSO_4 \cdot 5H_2O$ 13.7 g,加少量水使其溶解,然后加定量水配制成10%的硫酸铜溶液100 mL。

25.3.3　不同比例波尔多液的配制

分别取一定量10%的硫酸铜溶液和10%石灰乳,加水稀释成表3-10所示的体积和浓度,并按表3-10规定的方法配成波尔多液。

表 3-10　不同比例的波尔多液的配制

配制方法编号	硫酸铜溶液		石灰乳		总体积/mL	配制方法
	浓度/(%)	体积/mL	浓度/(%)	体积/mL		
1	1.25	80	5	20	100	冷液,硫酸铜溶液注入石灰乳中,适当搅拌
2	2	50	2	50	100	冷液,硫酸铜溶液注入石灰乳中,适当搅拌
3	5	20	1.25	80	100	冷液,硫酸铜溶液注入石灰乳中,适当搅拌
4	2	50	2	50	100	冷液,石灰乳注入硫酸铜溶液中,适当搅拌
5	2	50	2	50	100	冷液,石灰乳和硫酸铜溶液同时注入 3 号器皿中,适当搅拌
6	2	50	2	50	100	各液体分别加热至 60 ℃,同时注入 3 号器皿中

25.3.4　波尔多液质量检测

(1)物态观察:观察比较不同方法配制的波尔多液的质地和颜色,质量优良的波尔多液应为天蓝色胶态乳状液。

（2）pH 值测试：用 1～14 的 pH 试纸测定波尔多液的酸碱性，以碱性（试纸显蓝色）为好。

（3）置换反应：将磨亮的铁质小刀（铁钉）插入波尔多液片刻，观察刀面是否有镀铜现象，以不产生镀铜现象为好。

（4）水溶性铜检查：取波尔多液少许，滴入 2～3 滴黄血盐，若有褐色出现，表示石灰不足，而水溶性铜过多；也可将磨亮的小刀插入波尔多液片刻，观察是否有镀铜现象。

（5）沉降速度测试：将用不同配制方法配成的波尔多液，分别同时倒入 100 mL 量筒中，分别静置 15 min、30 min、60 min 后观察各量筒中波尔多液的药粒沉降速度和沉降体积，用量筒上的刻度表示，比较其沉淀情况。沉淀越慢越好，沉淀后上层清水层越薄越好，沉淀过快的波尔多液不可使用。

波尔多液质量检测表如表 3-11 所示。

表 3-11　波尔多液质量检测表

项目	沉降速度测试			物态观察	pH 值测试	置换反应	水溶性铜检查
	15 min	30 min	60 min				
1							
2							
3							
4							
5							
6							

25.3.5　注意事项

（1）所用的硫酸铜和生石灰等试剂材料一定要充分研碎、研细；原料应选用纯净、优质、白色生石灰块和纯蓝色的硫酸铜，硫酸铜不应夹带绿色和黄色杂质；若无生石灰，可用熟石灰代替，但用量应增加 1/3。

（2）材料称量要准确；搅拌要均匀，使材料彻底溶解。

（3）配制中切忌用浓的硫酸铜溶液与浓石灰乳混合后再稀释，这样稀释的波尔多液质量差，易沉淀。正确的配制方法：先取 1/3 的水配制石灰乳，充分溶解过滤备用，再取 2/3 的水配制硫酸铜溶液，充分溶解备用；将硫酸铜溶液慢慢倒入石灰乳中，边倒边搅，或将硫酸铜溶液、石灰乳分别同时慢慢倒入同一个容器中，边倒边搅拌。配制好后的波尔多液应装入木桶或塑料桶。

（4）波尔多液不能长期储存，要随配随用，否则效果差，且易产生药害。

（5）波尔多液不合用时，可加少量石灰观察是否可以矫正，配料比可根据需要适当增减。

25.4　实验作业

（1）将波尔多液的配制实验结果写成实验报告，并对不同方法配制的波尔多液质量的优劣进行比较。你认为哪种方法较好，为什么？

（2）试计算配制 0.8% 等量式波尔多液 200 mL 所需原材料的数量。

（3）简述波尔多液配制过程中的主要注意事项。

实验二十六 可湿性粉剂的配制及质量检测

26.1 实验目的与要求

掌握可湿性粉剂的室内配制及质量检测的方法。

农药原药和一定量合适的湿润剂、载体混合均匀，研磨成一定细度的粉状制剂，即为可湿性粉剂。

26.2 实验材料

各种原药（如吡虫啉）、湿润剂（十二烷基硫酸钠）、分散剂（2-萘磺酸甲醛聚合物钠盐、2.0% NNO）、氯化钙（$CaCl_2$）、六水氯化镁（$MgCl_2 \cdot 6H_2O$）、硅藻土、高岭土、滑石粉等。

26.3 实验仪器

电子天平、10 mL 量筒、100 mL 量筒、250 mL 烧杯、5 mL 移液管、吸耳球、恒温水浴锅、烘箱、漏斗、研钵、球磨机、200 目筛、300 目筛、量尺等。

26.4 实验方法

26.4.1 可湿性粉剂的配制

用电子天平按计算的用量分别称取原药、湿润剂（一般 3%～5%）、分散剂（2%）和载体于研钵中，研磨均匀，混匀，过 200 目筛，即加工成可湿性粉剂。按配方分别称取吡虫啉（20.0%）、分散剂（2.0%）、湿润剂（6.0%）、载体（高岭土补足至100%），放入研钵中进行研磨加工可以制得 20% 吡虫啉悬浮剂。

26.4.2 可湿性粉剂的质量检测

1. 细度的测定

称 10 g 配制好的可湿性粉剂于 300 目筛中，盖好筛盖，均匀摇动，使小于 300 目的粉粒全部筛出，称量未通过 300 目筛的可湿性粉剂的质量，计算其与总质量的比。90% 通过 300 目筛为合格。

2. 标准硬水（硬度以碳酸钙计为 0.342 g/L）配制

称取无水氯化钙 0.304 g 和带结晶水的氯化镁 0.139 g 于 1000 mL 的容量瓶中，加蒸馏水溶解至刻度。

3. 润湿时间的测定

在润湿时间测定中，记录可湿性粉剂倒入水中的变化，并记录润湿时间。润湿时间按照《农药可湿性粉剂润湿性测定方法》（GB/T 5451—2001）进行测定。

取 0.342 g/L 标准硬水 100 mL 倒入烧杯中，将此烧杯置于 25 ℃的恒温水浴中，使其液面与水浴的水平面平齐。待硬水温度为（25±1）℃时，用表面皿称取 5 g 刚配制好的可湿性粉剂,将全部试样从与烧杯口平齐位置(或一次均匀地)倾倒入烧杯,不要扰动液面。加样品时立即用秒表计时,直至试样(5 g 可湿性粉剂)全部被水润湿的时间为润湿时间。如此重复 5 次,取其平均值,作为该样品的润湿时间。一般要求润湿时间≤2 min。

4. 悬浮率测定

在 100 mL 量筒中分别装入自来水、蒸馏水 100 mL,从距水面 5 cm 处分别加入 5 g 可湿性粉剂,立即搅拌 30 s,30 min 后观察沉淀情况,测定底部十分之一悬浮液中有效成分含量,计算其悬浮率。沉淀越少,悬浮率越高。

26.5　注意事项

(1)在配制可湿性粉剂的过程中,注意避免原药和皮肤的接触。

(2)在润湿时间测定的过程中,注意加药时距液面的高度。

(3)在可湿性粉剂细度的测定的过程中,注意过筛时的准确性,由于筛孔较小,容易堵塞,可用玻璃棒轻轻拨动。

26.6　实验作业

(1)在可湿性粉剂的配制和使用过程中,湿润剂起什么作用?

(2)在室内配制可湿性粉剂时,对载体有什么要求?

实验二十七　杀菌剂毒力测定(生长速率法)

27.1　实验目的与要求

掌握杀菌剂毒力测定的操作技术和基本方法;通过测定结果,求得杀菌剂毒力回归方程,并计算出 LC_{50} 或 EC_{50}。

生长速率法(又叫含毒介质法)是杀菌剂毒力测定的常规方法之一,适用于不长孢子且菌丝生长较快的真菌,是通过菌落生长的速度来衡量药剂的毒力的方法。其原理是将不同浓度的一定量的供试药液和一定量的热的培养基混合,待冷却凝固后,接供试菌,适温培养一定时间,以菌丝生长速率来衡量判定药剂的毒力。生长速率法操作较简单,重现性好,结果精确可靠。对供试菌的要求是菌丝易在培养基上迅速平铺生长,边缘整齐,产生孢子缓慢、不产生孢子或孢子量少。

27.2　实验材料

供试菌、琼脂、马铃薯、葡萄糖、琼脂培养基(PDA)、供试药剂(如 70%多菌灵、9%肟菌酯等)、番茄灰霉病菌等。

27.3　实验仪器

恒温箱、烘箱、高压灭菌锅、超净工作台、打孔器、接种针、培养皿、容量瓶、三角瓶、吸管、酒精灯、镊子等。

27.4　实验方法

27.4.1　含毒培养基的制备

将所试药剂配成一系列浓度梯度的药液,分别准确吸取 1 mL 药液于培养皿内,并加入 9 mL 45～50 ℃ PDA 培养基,事先加入少量硫酸链霉素,充分混匀,平置平板使其凝固。以加入无菌水的培养基为对照(CK)。

27.4.2　菌饼制备

以无菌操作手续,用接种针将供试菌从斜面试管中转接到平板上,培养一定时间后,用打孔器沿菌落边缘打取圆形菌饼。

27.4.3　移接菌饼

用无菌接种针(镊子)夹取菌饼,菌面向下接于含毒培养基的培养皿中央,每皿一块菌饼。将培养皿放入恒温培养箱(27 ℃)中培养,于处理后 3 d、5 d、7 d 观察测定菌丝的生长情况,并用十字交叉法测量菌落直径。将实验结果填入表 3-12。

表 3-12　不同浓度的多菌灵对番茄灰霉病菌的抑菌效果比较

药剂名称	药剂浓度 /(mg/L)	浓度对数	菌落直径/mm				抑制率/(%)
			1	2	3	平均值	
CK							

27.5　实验结果分析

1. 菌落生长速率的表示方法

(1)菌落达到一个给定的大小(通常为长满培养皿)所需要的时间(单位为 d 或 h)。

(2)在单位时间内菌落的直径(单位为 cm 或 mm)。

2. 抑菌率计算

$$菌落纯生长量 = 菌落平均直径 - 菌饼直径$$

$$抑制率 = \frac{对照菌落 - 处理菌落}{对照菌落} \times 100\%$$

27.6　实验作业

(1)简述杀菌剂毒力测定(生长速率法)的基本原理。

(2)根据实验结果比较各种供试药剂对病原菌菌丝生长的抑制作用。

实验二十八　杀菌剂保护作用和治疗作用的测定

28.1　实验目的与要求

本实验是用病原菌寄主植物叶片或果实来测定,相比孢子萌发试验法、抑制菌圈法、生长速率法等更接近田间实际情况。

保护作用的测定原理是先在供试叶片或果实上喷供试药液,自然干燥后,在叶片或果实上接种供试病原菌并保湿培养一定时间后检查结果。

治疗作用的测定原理是先在供试叶片或果实上接供试菌,保湿培养 24 h,让病菌侵入,但还没有表现出症状,然后喷洒供试药液,药液干燥后,保湿培养一定时间后检查结果。

28.2　实验材料

供试菌种:香蕉炭疽病菌(纯培养 7 d)。

供试药剂:75％百菌清可湿性粉剂;50％多菌灵可湿性粉剂。

供试作物:香蕉果实(成熟度适中)。

28.3　实验仪器

挑针、镊子、三角板、烧杯、量筒、移液管、记号笔、药棉、超净工作台、保湿培养箱、吸耳球、直径 5 mm 的小玻管等。

28.4　实验内容与方法

28.4.1　香蕉的准备

从田间采摘大小、成熟度较为一致的香蕉果实,用清水洗净,晾干备用,可使用乙烯利催熟。

28.4.2　供试菌饼的制备

用已灭菌的小玻管打菌饼,菌饼要完整无缺且"不拖尾巴"。

28.4.3　药液的配制

将药剂配制成适当的浓度梯度。

28.4.4　保护作用的测定

每支香蕉选上、中、下 3 个点(深浅一致,等距离),用挑针刺伤香蕉的表皮,然后用镊子夹棉花球蘸取不同浓度药液均匀涂抹在香蕉上,对照涂清水,自然晾干后,在刺伤部位接菌饼,(菌丝一面朝下,药棉保湿),每次处理接种 3 支香蕉,处理好后的香蕉四周放湿棉花条,再放入保湿箱中保湿培养 3～7 d,检查结果。

28.4.5　治疗作用的测定

每支香蕉选上、中、下 3 个点(深浅一致,等距离),用束针刺伤香蕉的表皮,然后在刺伤部位接供试菌饼(菌丝一面朝下),四周放湿棉花条并放入保湿箱中保湿培养 24 h,取出晾干,用镊子夹棉花球蘸取不同浓度药液均匀地涂在香蕉上,对照涂清水,药液干后,再放在保湿箱中保湿培养 3~7 d,待对照全部发病即可检查结果。

28.5 实验结果分析

(1)观察各接种点发病情况,求发病率或量病斑直径(十字交叉法测量得到的平均值)再按分级标准计算发病严重度,根据发病率或病情指数算出防治效果。

$$发病率 = \frac{发病点数}{接种点数} \times 100\%$$

$$病情指数 = \frac{\sum(病级斑点数 - 该病级值)}{接种点数 \times 最高级值} \times 100\%$$

$$防治效果 = \frac{对照组病情指数(或发病率) - 处理组病情指数(或发病率)}{对照组病情指数(或发病率)} \times 100\%$$

病斑分级标准如下。

0 级:病斑直径为 0。

1 级:病斑直径小于 5 mm。

2 级:病斑直径为 5~15 mm。

3 级:病斑直径为 15~25 mm。

4 级:病斑直径为 25~35 mm。

5 级:病斑直径大于 35 mm。

(2)观察每个处理的药害情况。药害程度可用下列符号表示:

①无药害:"—"。

②药害轻:"+"。

③药害中等:"++"。

④药害严重:"+++"。

根据病情和药害情况,综合分析各种药剂的保护和治疗作用的效果。

28.6 实验作业

(1)简述杀菌剂的保护作用和治疗作用的测定的基本原理。

(2)药剂处理后逐日观察接菌香蕉的发病情况,对照(CK)发病后,开始记载各药剂处理的发病情况,并计算发病率和病情指数。病情指数可分 5 d 和 10 d 两次记载计算。

实验二十九 杀虫剂的触杀毒力测定

29.1 实验目的与要求

(1)了解毒力测定的目的。

（2）掌握杀虫剂触杀毒力测定（点滴法和浸渍法）的操作技术和基本方法；通过测定结果，求得毒力回归方程，并计算出 LD_{50}。

29.2　实验原理

29.2.1　杀虫剂触杀毒力测定（点滴法）

点滴法是采用一种精密定量的微量点滴仪将药剂滴到昆虫的某个部位（一般为昆虫胸部背面或腹面），然后间隔一定的时间观察其死亡率的方法。

29.2.2　杀虫剂触杀毒力测定（浸渍法）

杀虫剂触杀毒力测定——浸渍法实验原理：将农药配制成一定浓度梯度的药液，然后将试虫和植物枝茎一同浸入药液中，间隔一定时间后取出，测定杀虫剂穿透表皮而引起昆虫中毒致死的触杀毒力。每个试虫虫体都应充分接触药液。此法是杀虫剂触杀毒力测定中较准确的方法，也是目前普遍采用的一种测试技术，可应用于大多数目标昆虫的触杀毒力测定，如蚜虫、叶蜂、二化螟、玉米螟、菜青虫、粘虫等。

29.3　实验材料与仪器

29.3.1　供试材料

微量点滴仪或微量毛细管、人工气候箱、打孔器、直径为 9 cm 的培养皿、100 mL 量筒、200 mL 烧杯、试管、容量瓶、吸管、电子天平、脱脂棉、镊子、白菜叶片等。

29.3.2　供试药剂

供试药剂：吡虫啉、阿维菌素、丙酮等。

29.3.3　供试昆虫

供试昆虫：麦二叉蚜若蚜。

29.4　实验内容与方法

29.4.1　点滴法测定杀虫剂的触杀毒力

（1）配制药液：将供试药剂阿维菌素用丙酮稀释，配制成 100 mg/L、25 mg/L、6.25 mg/L、1.56 mg/L、0.39 mg/L 5 个浓度的药液，再结合微量点滴仪的档位和点滴次数，设置 5 个点滴剂量。

$$点滴剂量＝浓度×滴数/1000$$

（2）点滴处理：安装并调适好微量点滴仪（或微量毛细管），吸取 1 μL 药液，按从对照组（CK）到低浓度到高浓度的顺序将药液滴在昆虫胸部背面或腹面。每次处理 20 头，重复 3 次，以丙酮为对照（CK）。点滴完后，将昆虫置于适宜环境条件下，观察死亡情况。0.5 h 或 1 h 后检查试虫的生存及死亡数量，统计各浓度下若蚜的死亡率和校正死亡率。

$$死亡率＝\frac{死亡虫数}{试虫总数}×100\%$$

$$校正死亡率＝\frac{（处理死亡率－对照死亡率）}{（1－对照死亡率）}×100\%$$

（3）结果分析：分别用作图法和计算法（最小二乘法）求解得出毒力回归方程及 LD_{50} 值，并进行检验。

29.4.2　浸渍法测定杀虫剂的触杀毒力

先将供试药剂（70％吡虫啉水分散粒剂）配制成 700 mg/L、350 mg/L、175 mg/L、87.5 mg/L、43.75 mg/L 的药液，置于烧杯中，选取麦二叉蚜 100～150 头（植株上），浸渍于不同浓度的药液中，浸渍 5 s 后取出，记录麦二叉蚜若蚜的数量，每个浓度梯度重复 3 次，以丙酮为对照（CK），0.5 h 或 1 h 后检查试虫的生存及死亡数量，统计各浓度下若蚜的死亡率和校正死亡率。分别用作图法和计算法（最小二乘法）计算吡虫啉的致死中浓度（LC_{50}）值，并进行可靠性检验。

29.5　实验作业

（1）将点滴法和浸渍法的结果分别填入表 3-13 和表 3-14 中，并求解毒力回归方程及 LD_{50}，并进行可靠性检验。

表 3-13　点滴法测定杀虫剂的触杀毒力结果

点滴剂量 /（μg/虫）	剂量对数	供试虫数/头	处理 24 h 后死亡情况		
			死亡虫数/头	死亡率/（％）	校正死亡率/（％）
CK					

表 3-14　浸渍法测定杀虫剂的触杀毒力结果

剂量 /（μg/虫）	剂量对数	供试虫数/头	处理 24 h 后死亡情况		
			死亡虫数/头	死亡率/（％）	校正死亡率/（％）
CK					

（2）简述杀虫剂的触杀毒力测定（点滴法和浸渍法）的操作技术和基本方法。

实验三十　杀虫剂的胃毒毒力测定(夹毒叶片法)

30.1　实验目的与要求

(1)掌握杀虫剂的胃毒毒力测定(夹毒叶片法)的操作技术和基本方法。

(2)通过测定结果,用作图法、快速平均法和计算法(最小二乘法)等求得毒力回归方程,并计算出 LD_{50}。

30.2　实验原理

胃毒毒力测定是利用昆虫的贪食性,尽量避免触杀、熏蒸等作用的干扰,使昆虫在取食正常食物的同时将毒剂摄入消化道,经肠壁细胞吸收进入血液,随血液循环到达作用部位而使昆虫中毒、死亡。测定方法有液滴饲喂法、口腔注射法、夹毒叶片法。

夹毒叶片法的基本原理:在两叶片中间均匀地夹入一定量的杀虫剂,饲喂供试昆虫,药剂随叶片被昆虫取食,然后由被吞食的叶片面积,计算出吞食的药量。优点:①可避免或减少供试昆虫与杀虫剂的直接接触,排除了药剂对昆虫发生的触杀作用;②操作方便,省时省力;③可定量测定药剂对昆虫的毒力;④结果比较精确。夹毒叶片法只适用于植食性的、取食量大的咀嚼口器供试昆虫,如菜青虫、粘虫、蝗虫、玉米螟等。

30.3　实验材料与仪器

微量点滴仪或微量毛细管、人工气候箱、12孔组织培养板、直径为 9 cm 的培养皿、直径为 1 cm 的打孔器、容量瓶、移液管、吸管、平头镊子、滤纸、坐标纸、养虫盒等。

供试昆虫(健康菜青虫幼虫)、原药(氯虫苯甲酰胺)、丙酮、新鲜面粉糨糊、白菜叶片等。

30.4　实验内容与方法

(1)预备试验:用丙酮将氯虫苯甲酰胺原药稀释成 4 μg/mL、2 μg/mL、1 μg/mL、0.5 μg/mL、0.25 μg/mL、0.125 μg/mL、0.0625 μg/mL 7 个浓度的药液(氯虫苯甲酰胺推荐使用浓度为 0.5 μg/mL),从这些浓度的药液中找出合适的药液进行试验,即以试虫死亡 2%～10% 的浓度为最低浓度,死亡 8%～90% 的浓度为最高浓度,并根据这个预备试验结果进行试验设计。

(2)药剂准备:用电子天平称取待测药剂(药剂为固体)或用移液管移取待测药剂(药剂为液体),用容量瓶稀释成 50×、100×、200×、400×、800× 液 5 个浓度,每个浓度为一个处理,每处理重复 4 次,每重复处理试虫 12 头,以丙酮为对照(CK)。

(3)试虫准备:选择室内饲养、3 龄以上、大小一致的敏感菜青虫幼虫作为试虫,先饿 5～6 h,每头虫用电子天平称重,计算每头平均质量。每培养皿放 12 头虫并用纱布封口备用。

(4)饲料准备:将新鲜清洁的无毒白菜叶片用自来水冲洗干净,用直径为 1 cm 的打孔器打成叶碟,放入垫有湿棉花或湿纱布的培养皿中进行保湿。

(5)夹毒叶片制作:用微量点滴仪从低浓度到高浓度,均匀地在每张叶碟上滴 1～2 μL 药液,待溶剂挥发后和另一片涂有一薄层面粉糨糊的无药的叶碟对贴,贴上后不再移动,即成夹毒叶碟。将制作完毕的夹毒叶片放于 12 孔组织培养板的孔内。以滴 1~2 μL 丙酮再与涂有糨糊的叶碟对贴的叶碟(不夹毒叶碟)为对照(CK)。计算出每张叶碟的总药量。

(6)药剂处理:组织培养板每个孔内接 1 头试虫,置于正常条件下培养。每头试虫饲喂 1 张夹毒叶碟。

①方法一(行业标准,NY/T 1154.2—2006)。

接虫 2 h ~ 4 h 后,待试虫取食完含药叶碟后,在培养板孔内加入清洁饲料继续饲养至调查,淘汰未食完一张完整叶碟的试虫。处理后 24 h 调查试虫死亡情况,记录试虫总数和死亡虫数,并计算死亡率和校正死亡率。

$$死亡率 = \frac{死亡虫数}{试虫总数} \times 100\%$$

$$校正死亡率 = \frac{处理组死亡率 - 对照组死亡率}{1 - 对照组死亡率} \times 100\%$$

若对照组死亡率 <5%,无须校正;若对照死亡率为 5%~20%,应按校正死亡率公式进行校正;若对照组死亡率 >20%,试验需重做。

②方法二(非国标)。

观察试虫取食情况,控制食叶量,让一部分试虫食叶碟 1/3,让一部分试虫食叶碟 1/2,让一部分试虫食叶碟 3/4 或全部叶碟,然后取出剩余的夹毒叶碟,继续饲喂新鲜清洁的无毒叶碟,放在适宜条件下,分别在 0.5 h、1 h、6 h、10 h、24 h 后观察试虫的中毒症状及死亡情况,24 h 后,检查记录试虫死亡情况,并计算死亡率和校正死亡率。

(7)食量的计算:将剩余的叶碟放在直径为 1 mm 的坐标纸上,计数被吃去的方格数(1 mm²/1 方格),然后按每张叶碟上的总载药量计算每个方格的剂量,即可求出取食药量,从而求得每头试虫单位体重取食的剂量。

$$试虫吞食药量 = \frac{吞食面积 - 药量}{昆虫质量}$$

$$试虫吞食药量 = \frac{药液浓度 \times 滴加量}{昆虫质量}$$

(8)结果分析:分别用作图法、快速平均法和计算法(最小二乘法)等计算得出毒力回归方程及 LD_{50},并进行可靠性检验。

①国标法:用统计分析系统(SAS)、数据处理系统(DPS)等软件进行分析,计算各药剂的 LC_{50}、LC_{90}、b 值(标准误)及其 95% 置信限,评价供试药剂对靶标昆虫的胃毒毒力。

②非国标法:用快速平均法计算致死中量 LD_{50},即根据取食叶面积、单位面积上的载药量及试虫体重,求出每头试虫的单位体重食药量,并按每头试虫食药量由大到小排序,注明试虫的生存或死亡反应。根据幼虫生死反应将供试昆虫分为生存组、中间组(有生存的,也有死亡的)、死亡组。生存组和死亡组只作为划分中间组的界限。在计算 LD_{50} 时只用中间组,故设计浓度时,生存组和死亡组反应试虫数目越少越好。中间组又分生存部分和死亡部分。将中间组的每个死虫的单位体重药量相加,除以中间组的死虫总数得 A;将中间组的每个活虫的单位体重药量相加,除以中间组的活虫总数得 B;将 A 与 B 相加除以 2 即得致死中量 LD_{50}。计算公式为

$$A = \frac{\sum \text{中间组活虫剂量}}{\text{中间组活虫总数}} \qquad B = \frac{\sum \text{中间组死虫剂量}}{\text{中间组死虫总数}}$$

$$\text{致死中量 } LD_{50} = \frac{A+B}{2}$$

30.5　实验作业

(1)简述杀虫剂的胃毒毒力测定(夹毒叶片法)的操作技术和基本方法。

(2)将夹毒叶片法的结果填入表 3-15,分别用作图法、快速平均法和计算法(最小二乘法)等计算得出毒力回归方程及 LD_{50},进行可靠性检验,并比较 3 种方法求解的异同。

表 3-15　夹毒叶片法测定杀虫剂的胃毒毒力结果

氯虫苯甲酰胺稀释倍数	供试虫数/头	供试昆虫体重/g	试虫取食量		按昆虫体重计食药量/(μg/g)	处理 24 h 后中间组				剂量对数	处理 24 h 后死亡情况		
			叶碟面积/mm²	食药量/μg		中间组活虫总数/头	中间组活虫剂量/(μg/g)	中间组死虫总数/头	中间组死虫剂量/(μg/g)		死亡虫数/头	死亡率/(%)	校正死亡率/(%)
50													
100													
200													
400													
800													
CK													

实验三十一　杀虫剂熏蒸作用毒力测定

31.1　实验目的与要求

基本原理:熏蒸作用毒力测定一般用于测定某些化合物是否具有熏蒸作用毒力,也可以用于比较几种熏蒸作用剂对某种昆虫熏蒸作用毒力的大小,还可以用于测定熏蒸剂在不同种类昆虫及同种昆虫不同发育阶段的熏蒸作用毒力等。在适当温度、湿度下,在固定的空间利用有毒的气体、液体或固体挥发产生蒸气,并达到一定浓度,与试虫接触,在短时间内毒杀供试害虫,称为熏蒸。熏蒸时,毒剂主要以气态从昆虫的气门进入气管,再分布到全身的气管,然后到达神经作用部位。因此,测定熏蒸作用毒力的装置都必须遵循同一个原则,即试虫在密闭容器(或近于密闭的场所)中进行熏蒸处理,才能保证具有足够的蒸气浓度,且不会和固态或液态的毒剂直接接触。毒剂只能以气态和试虫接触。在实验室内常见熏蒸作用毒力测定的方法有二重皿法、干燥器法、广口瓶法、药纸熏蒸法和三角瓶法等。

了解几种药剂对试虫的熏蒸作用及毒力大小,学习和掌握熏蒸作用毒力测定技术,并进行有关毒力数据整理及其可靠性检验。

31.2 实验材料

供试药剂:50%敌敌畏 EC、50%马拉硫磷 EC、90%敌百虫结晶、丙酮等。

供试昆虫:赤拟谷盗或米象成虫、黄斑皮蠹幼虫。

31.3 实验仪器

直径为 9 cm 的培养皿、棕色干燥器、0.1 mL 移液管、0.5 mL 移液管、微量进样器(或定量毛细管)、100 mL 量筒、250 mL 广口瓶、200 mL 烧杯、毛笔、脱脂棉球、滤纸、线绳、纱布、小虫布袋等。

31.4 实验方法

31.4.1 二重皿熏蒸法

(1)药剂配制:每组实验药剂稀释成有效成分含量 0.5%的药液,各 20 mL(用丙酮稀释)。

(2)处理:在培养皿底内加入 5 mL 供试药液,皿口盖 1 张纱布或纱网盖,将 20～30 头试虫放在纱布或纱网上,再盖相同口径的培养皿底,使其密闭对合(见图 3-6),各药剂重复 3 次,对照(CK)用清水,0.5 h、1 h、5 h 后,观察并计算平均死亡率。

31.4.2 干燥器法

取 60 头试虫分别放在 3 个小烧杯中,杯口用纱布扎紧(3 个重复),放在干燥器磁板上,再将供试药剂稀释成有效成分含量为 0.1%的药液 20 mL,放入干燥器底部,对照用丙酮,盖好干燥器盖,一定时间后,在通风处迅速取出试虫,统计死亡率。

31.4.3 广口瓶法

取两个广口瓶(250 mL),在一个广口瓶中放入一定数量的试虫,在另一个广口瓶中放入定量药剂,用橡皮塞和多个玻璃管把广口瓶连接,震荡,使药剂挥发,气体均匀分散,作用一定时间后,将试虫移入干净器皿,放入新鲜饲料,盖上纱布,在规定时间内观察试虫的中毒死亡情况。

31.4.4 药纸熏蒸法

在三角瓶(500～1000 mL)的瓶塞上,用大头针固定 0.5～1.0 cm 的滤纸片,在滤纸片上滴 1～2 μL 的敌敌畏原油或其他熏蒸剂,然后将麻醉的赤拟谷盗放入瓶内,盖上瓶塞,在 25 ℃下培养一定时间后,观察试虫的中毒反应。

31.4.5 三角瓶法

在三角瓶底部放含有一定量熏蒸剂的滤纸片(4 cm×4 cm),用纱布袋包一定数量的试虫,把布袋固定在瓶塞上,让布袋悬挂在三角瓶中,在 25 ℃温度下放置一定时间后,观察试虫的中毒和死亡情况(见图 3-7)。

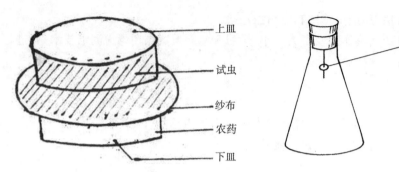

图 3-6　二重皿熏蒸法　　　　　　图 3-7　三角瓶密闭熏蒸法

（1）供试药剂：辛硫磷、敌敌畏、杀灭菊酯、敌百虫、高效氯氰菊酯。

（2）供试昆虫：黄斑皮蠹幼虫等。

（3）用具：三角瓶、培养皿、吸液管、镊子、毛笔等。

（4）实验步骤如下。

①药剂配制：将药剂稀释为有成效成分为 0.5% 的乳剂备用。

②用毛笔将试虫接入 250 mL 三角瓶中，每瓶 10～20 头（以 20 头试虫数为例）并放在小虫布袋内，悬吊于三角瓶中，以软木塞或弹性强的胶塞为瓶塞，以保证密闭性。

③用微量进样器或移液管吸取 0.5 mL 供试药液，滴在滤纸片（2 cm × 2 cm）或脱脂棉球上，立即用大头针将滤纸片固定在橡皮瓶塞上或放在底部，勿使虫体接触药剂，然后用胶塞塞紧瓶口，使其不漏气，以在瓶中加丙酮为对照（CK）。

④分别于处理 24 h、48 h 后开启瓶塞进行观察，检查死、活虫数，并计算死亡率及校正死亡率，将实验结果记入表 3-16。

表 3-16　杀虫剂熏蒸作用毒力试验记载表

供试药剂	试虫数/头	处理后 24 h			处理后 48 h		
		死虫数/头	死亡率/(%)	校正死亡率/(%)	死虫数/头	死亡率/(%)	校正死亡率/(%)
辛硫磷	20						
敌敌畏	20						
杀灭菊酯	20						
敌百虫	20						
高效氯氰菊酯	20						
对照（CK）	20						

31.5　实验作业

（1）列表记录试验结果，计算死亡率及校正死亡率，比较不同种类药剂对试虫的熏蒸作用毒力大小，分析哪种供试药剂没有熏蒸作用，并就本实验提出改进意见。

（2）根据本次实验，你认为熏蒸粮仓时应特别注意哪些要点。

实验三十二　杀虫剂选择性拒食作用测定(叶碟法)

32.1　实验目的与要求

学习杀虫剂选择性拒食作用测定的方法(叶碟法)。

32.2　实验原理

拒食剂是干扰或抑制昆虫取食行为的物质。昆虫的触角下颚须上分布有与取食有关的感化器,由于进化和对环境条件的适应,各种昆虫的嗜食性基本上由感化器的功能所决定。感化器可将食物的特性变成电信号传入中枢神经系统,从而帮助昆虫决定是否取食。拒食剂的作用可能正是干扰这些感化器的功能。

杀虫剂的拒食作用是指害虫接触或取食施用杀虫剂的作物后,杀虫剂破坏了消化道中消化酶的分泌并干扰害虫的神经系统,使害虫拒食食料,逐渐被饿死。

32.3　实验材料

直径为 9 cm 的培养皿、0.1 mL 移液管、250 mL 三角瓶、丙酮、甘蓝型白菜(自种)、菜青虫幼虫(3～4 龄)、苦楝油、滤纸、坐标方格纸、打孔器。

32.4　实验方法

在药剂中加 1%～2% 乳化剂,再用丙酮或灭菌蒸馏水将供试药剂配成母液,再按倍稀释成系统列浓度;取直径为 9～12 cm 的培养皿,在底部铺一层湿滤纸,用打孔器打取适当面积的圆形叶;将叶于配制的药液中浸一秒钟,拿出后用吸水纸吸去多余药液,晾干,对照只用丙酮或水处理;将处理叶碟和对照叶碟各 2 片相间排列(见图 3-8),然后接上龄期一致、饥饿 2～4 h 的试虫一头,处理重复 5 次。取食 12 h 或 24 h 后,取出试虫用坐标纸法或叶面积测定仪测量对照组和处理组的被取食面积,用下列公式计算药剂的拒食率。

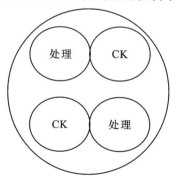

图 3-8　拒食处理示意图

$$拒食率 = \frac{对照组被取食面积 - 处理组被取食面积}{对照组被取食面积} \times 100\%$$

32.5　实验作业

(1)影响本实验的主要因素有哪些？有何改进意见？

(2)求本实验供试昆虫的拒食率。

实验三十三　除草剂生物活性测定方法（植株生长量测定法）

33.1　实验目的与要求

掌握抑制光合作用的除草剂的生物活性测定方法（去胚乳小麦幼苗法）。

33.2　实验原理

　　植株生长量测定法是指将所选的供试材料进行催芽处理后,种植在含有供试药剂的基质中（液体基质或土壤）或在植株生长的某个适期施药,经一定时间、一定条件的培育后观察试验结果。常用方法有去胚乳小麦幼苗法、萝卜子叶法、番茄水培法、叶鞘滴注法、再生苗测重法。

　　去胚乳小麦幼苗法是上海植物生理研究所 1964 年建立的测定光合作用抑制剂的较为经典的方法,其原理是早期人工将小麦剥离胚乳,使幼苗直接生长在含供试样品的培养液中,幼苗不再由胚乳供应养分,只能被迫从培养液中吸收药剂并独立进行光合作用以补充自身营养,许多光合作用抑制剂只有在植物萌发后能独立进行光合作用时才可发挥作用。该方法去除了胚乳的影响,因此是测定光合作用抑制剂较敏感的方法,具有操作简便、测定周期短等优点。

33.3　实验材料

　　供试作物:小麦种子。

　　供试药剂:莠去津。

　　小麦营养液:用 Hoagland's（霍格兰氏）营养液作为培养液,其配方为硝酸钙 945 mg/L、硝酸钾 607 mg/L、磷酸铵 115 mg/L、硫酸镁 493 mg/L、铁盐溶液 2.5 mL/L、微量元素 5 mL/L（碘化钾 0.83 mg/L、硼酸 6.2 mg/L、硫酸锰 22.3 mg/L、硫酸锌 8.6 mg/L、钼酸钠 0.25 mg/L、硫酸铜 0.025 mg/L、氯化钴 0.025 mg/L）,pH=6.0。

33.4　实验仪器

　　镊子、10 mL 小烧杯、1 mL 移液管、10 mL 移液管、试剂瓶、尺子等。

33.5　实验内容与方法

　　(1)催芽:将小麦种子浸泡 2 h 后,选择饱满度一致的种子,种沟向下排列在铺有湿滤纸或湿纱布的搪瓷盘中,然后覆盖 0.5 cm 厚的湿砂,在室温 25 ℃左右进行催芽,3～4 d 后苗高达 2～3 cm。

（2）剥除胚乳：精选高度一致、幼叶刚露出叶鞘、见绿的麦苗，轻轻取出，避免伤害根部，然后用镊子小心地摘除胚乳（不要损伤根、芽），再用水漂洗掉附在上面的胚乳成分，作为指示生物。

（3）药剂处理：将麦苗种植在内径为 2.5 cm、高为 3.0 cm 的玻璃杯内，每杯注入不同浓度供试药液 1 mL 和稀释 10 倍的培养液 4 mL，每杯插入 10 株上述去胚乳小麦。

（4）培养：在室温为 25 ℃、相对湿度为 80％～90％、12 h 光照的培养箱中培养，其间每天早晚两次补足杯中蒸发掉的水分。

（5）结果检查与处理：处理 5 d 后，测量每株小麦苗的生长量（株高），即从芽鞘到最长叶尖的距离，求株高抑制率，并以此评价待测样品的除草活性。

$$生长（株高）抑制率 = \frac{对照组生长量（株高）-处理组生长量（株高）}{对照组生长量（株高）} \times 100\%$$

33.6　实验作业

简述去胚乳小麦幼苗法测定除草剂的生物活性的主要实验步骤，记录实验数据，并完成实验报告。

实验三十四　除草剂毒力测定（黄瓜幼苗形态法）

34.1　实验目的与要求

掌握除草剂毒力测定（幼苗形态法）的操作技术和基本方法；通过测定结果，求得毒力回归方程，并计算出 GR_{50}（地上干重减少 50％ 的剂量）。

34.2　实验原理

种子发芽测定法是一种常用的除草剂活性测定方法。种子发芽率、根与茎的生长量或伸长度在一定范围内与药剂剂量相关，因此，种子发芽测定法可用于除草剂活性的定量测定，有较高的灵敏度。

34.3　实验材料

实验用杂草种子、除草剂（2,4-D 等）。

34.4　实验仪器

光照培养箱、直径为 15 cm 的培养皿、容量瓶、三角瓶、烧杯、镊子等。

34.5　实验方法

（1）杂草种子浸泡 4 h，催芽 24 h，至杂草种子露白；挑选芽大小一致，露芽整齐的黄瓜种子放入垫有滤纸的直径为 15 cm 的培养皿中。

(2)将除草剂(2,4-D)药剂配制成 6 个浓度:0.1 mg/mL、0.2 mg/mL、0.5 mg/mL、1.0 mg/mL、2.0 mg/mL 和 4.0 mg/mL。分别吸取 5 mL 药液,均匀加入载有黄瓜种子的培养皿,加盖。设清水组作为对照(CK)。在每个培养皿中放入 20 粒杂草种子,重复 6 次。

(3)将处理好的杂草种子放入 25 ℃生物培养箱内,5 d 后测量杂草种子的芽长、根长,计算除草剂对杂草种子芽长和根长的平均生长抑制率。

34.6　实验结果分析

将实验结果记入表 3-17,求出除草剂(2,4-D 等)对杂草幼苗的抑制中浓度(GR$_{50}$)。

表 3-17　除草剂对杂草幼苗的抑制情况

药剂浓度/(μg/mL)	芽长或根长	生长抑制率/(%)
CK		

$$发芽率 = \frac{药剂处理的发芽数}{对照处理的发芽数} \times 100\%$$

$$生长抑制率 = \frac{对照处理的发芽数 - 药剂处理的发芽数}{对照处理的发芽数} \times 100\%$$

34.7　实验作业

(1)求除草剂的生长抑制率。

(2)求除草剂的抑制中浓度(GR$_{50}$)。

实验三十五　农药对作物药害的测定

35.1　实验目的与要求

农药能消灭病虫草害,对保护作物免遭其危害起着重要作用。但药剂的性质、植物的反应、环境条件变化以及农药使用不当常使农药对作物产生药害,往往给作物造成不可挽回的损失。为了确保作物的安全,使用者必须在农药应用前进行药害试验。本实验的目的是对数种常用农药对一些作物的药害程度进行观察。

35.2 实验材料

(1)供试药剂:敌锈钠、1‰波尔多液、敌百虫、2,4-D、丁草胺、盖草能、敌稗。

(2)供试作物:玉米、花生、白菜、高粱、黄瓜、水稻。

(3)仪器:分析天平、发芽盒、直径为 15 cm 的培养皿、三角瓶、镊子、玻璃棒、量筒、移液管、吸耳球、烧杯、角尺等。

35.3 实验方法

1. 拌种法

种子药剂处理:实验采用相同品种,籽粒大小、饱满度基本一致,发芽率高且整齐的玉米等种子 5 份,每份 50 g,将其中 4 份分别放入 150 mL 三角瓶中,再分别按玉米等种子重的 5‰、10‰、15‰、20‰称量药剂并配制成一系列浓度的丙酮溶液,分别装入上述三角瓶中(注意编号),用塞子塞紧瓶口,充分振荡 5 min,使药剂均匀附在玉米等种子表面。取出后挑选,按每皿排放 20 粒放入直径为 15 cm 的培养皿中(事先在底层铺一薄层活性炭和 2 张未浸药湿润的滤纸),盖好皿盖,置于 25 ℃人工气候箱中保湿培养,分别于 3 d、7 d 取出观察记录玉米等幼苗的生长情况。

3 d 检查发芽势,7 d 检查发芽率,并观察玉米等芽和根的生长情况,检查时可在各处理随机取 10 株,测其芽和根的长度(根长一般是量 3 支根,取平均数),求出平均长度,并记录其对药剂的反应(见表 3-18)。

表 3-18 农药对作物药害(拌种法、砂培法)试验结果统计

实验方法	供试药剂名称、浓度	估计药害级别	芽的生长情况				根的生长情况			
			发芽势/(%)	发芽率/(%)	平均芽势/mm	对药剂的反应	根的数量	平均根长	对药剂的反应	抑制率/(%)
拌种法	5‰									
	10‰									
	15‰									
	20‰									
	CK									
砂培法	5‰									
	10‰									
	15‰									
	CK									

2. 砂培法

(1)种子药剂处理同拌种法。

（2）培养砂的制备：用清水反复漂洗通过 20 目筛的砂土，除去黏土、可溶性物质及其他杂质，然后用稀盐酸处理除去碳酸盐类，再用清水反复洗涤，直至不呈酸性，最后用蒸馏水洗涤 1 次并在 120 ℃以内温度下烘干（为了更好地观察根的生长情况，可在砂中加入 0.5%～1% 的木炭粉，充分拌匀）待用。

（3）进行发芽试验：将 750 g 上述干砂置于发芽盒中，加入 150 mL 蒸馏水搅拌均匀（含量约为 20%）然后在直径为 15 cm 的培养皿中放入 60 g 此湿砂，轻刮平后，用镊子挑取 50 粒已拌药的玉米等种子，均匀放入培养皿中，稍将玉米等种子压平，再加 40 g 湿砂于玉米等种子表面，覆盖均匀后置于 25 ℃人工气候箱中保湿培养，每浓度重复 3 次，以未拌药的玉米等种子为对照。结果检查与记载同拌种法（见表 3-18）。

3. 盆栽法

用口径 18 cm 的花盆装约八成满的泥土，种植玉米、花生、白菜、高粱、黄瓜和水稻 6 种作物，当作物长至 3～5 片叶时，拔去多余的植株，如黄瓜每盆留下 5 株、白菜每盆留下 10～20 株、高粱每盆留下 20 株等。

全班分 A、B、C 三个组，各组实验内容如下。

A 组：同一种农药同一浓度对不同作物的药害观察，使用 90% 敌百虫 1∶400 倍液对黄瓜、白菜、高粱、玉米、水稻和花生进行喷洒。

B 组：不同药剂对同一种作物药害观察，分别使用 1% 波尔多液（等量式）、90% 敌百虫 1∶800、敌稗＋敌百虫（1∶100＋1∶1000）、97% 敌锈钠（1∶300）、80% 2,4-D 钠盐（1∶1000）、12.5% 盖草能乳油（1∶1000）对花生进行喷洒。

C 组：不同剂量的同一种农药对同一种作物的药害观察，使用 50% 丁草胺乳油 1∶2000、1∶1000、1∶500、1∶250、1∶125 倍等对三叶期水稻植株进行喷洒。

各组每处理 6 盆作物，其中 5 盆是处理，1 盆是空白对照。挂好标志后进行喷雾，每盆喷药液 5 mL。施药后 5～7 d 调查作物被害情况，调查记录死苗数、活苗数，计算死苗率、药害率、药害指数、3 d 检查发芽势，7 d 检查发芽率，比较最安全药剂或使用浓度（见表 3-19）。

$$死苗率 = \frac{死苗数}{总苗数} \times 100\%$$

$$药害率 = \frac{药害苗数}{总苗数} \times 100\%$$

$$药害指数 = \frac{\sum(各级指数 \times 株数)}{调查总株数 \times 最高级数} \times 100\%$$

药害株分级标准如下。

①0 级：完全不受害。

②1 级：植株药害率小于 10%。

③2 级：植株药害率为 10%～20%。

④3 级：植株药害率为 20%～30%。

⑤4 级：植株药害率为 30%～40%。

⑥5 级：植株药害率大于 40%。

表 3-19　农药对作物药害(盆栽法)试验结果统计

供试药剂名称、浓度	死苗数/棵	活苗数/棵	死苗率/(%)	药害率/(%)	药害指数/(%)	估计药害级别	芽的生长情况				根的生长情况			
							发芽势/(%)	发芽率/(%)	平均芽势/mm	对药剂的反应	根的数量	平均根长	对药剂的反应	抑制率/(%)
CK														

35.4　实验作业

(1)敌百虫为什么会对不同作物产生药害?

(2)玉米、花生等对不同药剂的敏感程度如何? 三叶期的水稻秧苗对丁草胺的最高忍受浓度是多少?

模块 2　植物保护技术实习实训

第4章 农业植物病理学实习实训

一、农业植物病理学实习实训计划

(一)实习实训目的

学生通过"植物保护技术"课程学习植物病害的发生发展规律、症状特征、病原物形态结构及综合治理的方法与对策,并充分运用其发生发展规律及综合防治方法,及时有效地控制农业上重要的植物病害的发生和为害,使农作物高产、稳产、优质。

"农业植物病理学实习实训"课程实用性强,是一门技能性课程,与目前的农业生产密切相关。进行农业植物病理学实习实训是非常有必要的。通过教学实习,学生可以提升病害的诊断、识别及综合治理技术,可以增强对该课程的学习兴趣和实践操作能力。

(二)实习实训内容

(1)植物病害实习实训动员、分组及内容讲解(0.25 d)。

(2)植物病害田间诊断与病原物鉴定(4 d)。

①水稻、麦类、玉米及园艺等病害田间诊断与病原物鉴定(1 d)。

②园艺等病害田间诊断(1 d)。

③园林植物病害田间诊断(1 d)。

④植物病原物鉴定(1 d)。

(3)植物病害的田间调查、统计及预测的案例(1 d)。

(4)实习实训总结及报告(0.25 d)。

(三)实习实训安排

具体实习时间要根据当地农田植物病害发生实际情况确定。

(四)实习实训要求

①实习实训期间不得迟到、早退,特殊情况需征得指导教师的同意方可请假。

②态度要认真,数据要真实可靠,不得弄虚作假,否则以不及格论处。

③实习实训中遇到不清楚的问题,要向指导教师请教,不要自作主张。

④写实习实训报告时,各实习实训组的数据可以共享,但不得抄袭报告内容。

(五)考核办法

按五级分制进行考核,即优秀、良好、中等、及格、不及格。

二、农业植物病理学实习实训教学实习指导

（一）植物病害田间诊断与病原物鉴定

1. 目的与要求

了解引起植物病害的病原物种类,学习不同类型植物病害的发生特点,掌握侵染性植物病害和非侵染性植物病害在田间的分布特点,熟练掌握田间植物病害诊断和鉴定的一般技术方法,并能针对相应的植物病害结合所学知识提出有效的防治措施。

2. 材料与用具

标本夹、植物病害采集包、镊子、生物显微镜、载玻片、盖玻片、培养皿、解剖针、放大镜、刀片、塑料袋、纸袋、标签、记号笔、修枝剪、手锯等实验常规用具,酒精、盐酸等实验常用药剂,以及采集的各类植物病害新鲜标本。

3. 内容与方法

1)植物病害田间诊断的基本思路和程序

植物病害田间诊断在农林业生产中经常出现不同专业的科技人员得出不同结论的现象。在复杂的栽培、种植、管理技术,防病用药手段,天气,肥料等因素均有的复杂环境里,诊断病害应考虑如下综合因素。诊断中可以采用逐步排除法,首先应判断为害种类(病害、虫害还是生理性病害),可按以下基本步骤逐步排除确认。

(1)由病原寄生物侵染引起的植物不正常生长和发育受到干扰所表现的病态,常有发病中心,由点到面——病害。

①植物遭到病菌寄生侵染,感病部位生有霉状物、菌丝体并产生病斑的症状——真菌性病害。

②植物感病使组织解体腐烂、溢出菌浓,有臭味——细菌性病害。

③植物感病引起畸形、丛簇、矮化、花叶皱缩等症并有传染扩散现象——病毒病害。

(2)有害昆虫,如蚜虫、白粉虱、棉铃虫等啃食、刺吸、咀嚼植物引起的植株非正常生长和伤害现象,可见虫体,不可见病原物——虫害。

(3)受不良生长环境限制,以及天气、种植习惯、管理不当等因素影响,植物局部或整株产生异常现象,开始时无虫体和病原物,常开始就成片发生——生理性病害。

①因过量施用农药或误施、漂移、残留等因素对蔬菜造成生长异常、枯死、畸形现象——药害。

②因偏施化肥,造成土壤盐渍化、缺素或过剩(中毒症),造成植株出现烧灼、枯萎、黄叶、化瓜等现象——肥害。

③因天气的变化,如突发性天灾造成的危害——天气灾害。

在田间采集各类植物病害标本,挑取一种或几种植物,观察某个部位(茎秆、叶、根等)的病害特征,初步诊断病害类型。

受作物品种、地理条件、环境因素、气候条件等方面的因素的影响,植物病害的发生会有很大的差异。在进行植物病害调查时应根据具体情况,选择3～5种植物,每种植物选择2～3个品种,根据已学植物保护基本知识对每种植物上的具有典型症状的病害进行一般调查和诊断,并填写表4-1。

表 4-1　植物病害的症状分析和初步诊断

编号	被害植物	症状分析		初步诊断结果
		病状	病征	

选择难以仅通过植物病害症状观察来确定的病害,在实验室进一步进行植物病原物鉴定,确诊病害类型。侵染性病害的诊断和植物病原物的病原性鉴定,特别是新病害的诊断和鉴定必须通过科赫法则(Koch's rule)来进行,但一定要充分注意科赫法则的局限性。

2)农作物(水稻、麦类、玉米、园艺等)病害田间诊断技术

农作物(水稻、麦类、玉米、园艺等)病害的田间诊断,主要是根据病害的田间观察,通过对作物罹病症状,症状特征及田间环境状况等进行仔细观察和分析,初步确定其发病原因,是预测和综合防控植物病害的关键。准确诊断是"对症"的基础。只有准确诊断,工作人员才能有的放矢,对症下药,从而收到预期的防治效果。

(1)根据病株在田间的分布判断。

病株的田间分布,暗示着相应的病因,可为田间诊断提供分析线索。

由生物病原物引起的传染性植物病害有传染现象。在田间开始发生时一般呈点片状,分布是零星分散且健病株混杂存在的,病情发展后常形成发病中心,并继续向四周扩散蔓延。

由营养、水分、温度、湿度等环境不适应引起的植物生理性病害,病株在田间往往成片出现,田间受害面积较大且均匀,病株常全株发病,株间不能传染,病株发病时间和受害表现一致、均匀,发病地点与所处的地形、土质或其他特殊环境条件有密切关系,如罹病时间短、病害不严重,但当病害消除后,作物能恢复正常生长。

由大风、冰雹、虫伤等外界的机械力引起的对作物的伤害,是突然发生的,有时是暴发性的,没有病理变化过程。若是虫伤,通常在作物受害部位或附近可见虫体或其排泄物,所造成的伤口都有其特殊的痕迹,如缺刻、孔洞、隧道、虫屑或刺吸后的小点等,即使是蚜虫、介壳虫、螨类等刺吸式口器的害虫,也会在作物上造成褪色、卷叶等为害状,易被人误认为病害。我们也可借助扩大镜或显微镜等在病株上找到虫体。如果田边地头植株发病严重,表明邻近有病害侵染源,要调查邻近地块的病害情况。

此外,我们要了解发病地块的地质、地形,栽培管理过程中的技术环节,气候状况等情况,以辅助对植物病害的进一步判断。

(2)根据病害症状判断病害类型。

症状是作物感病后,在外部表现出来的不正常现象,是内部发生病变的结果。罹病植物的病原物种类、发病部位及时期不同,其表现症状亦有所不同,表现也千差万别,主要有以下几种:变色、坏死、腐烂、萎蔫、畸形等。我们可根据不同的症状表现来判断病害类型。因此,我们在诊断植物病害时,首先要进行症状观察,根据植物病害症状特点,区别是植物病害还是伤害。伤害是没有病理变化过程的,病害是有病变过程的。若是病害,我们还要区别是非传染性的病害,还是传染性的病害。在观察症状时,一般用扩大镜或用肉眼观察病株的外部表现,当外部症状不明显时,再进行病理解剖,检查内部症状。

①侵染性病害与非侵染性病害的症状诊断。

非侵染性病害只有病状,无病征,不具传染性,在田间是成片分布的。

土壤缺乏某种元素,气候不适,水分、肥料过多或过少等非生物因素引起的植物病害常表现为变色、坏死、腐烂、萎蔫、畸形等病状特征,有如下特点。

a.病害突然发生,发生面积大,发生时间短,各植株同时发病且发病程度相似;多由环境污染或冻害、热干风、日灼等气候因素造成。

b.若有明显的褪绿、枯斑、卷曲或者灼伤,多集中在各病株的某个部位,且在历年生产中未见此病,那么可能是农药对作物产生药害或者化肥使用不当所致。

c.病害仅在某一个品种上大面积发生,表现为生长不良或系统性的一致症状,多为该作物品种遗传缺陷所致。

d.作物在生长过程中缺乏必要的元素,会出现褪绿、植株柔弱萎蔫、不能结实等症状(见图4-1),在植株老叶和新嫩叶上较为常见,如甜菜地的土壤缺乏微量元素"硼",就要引起甜菜根变黑腐烂,叫作缺硼病。

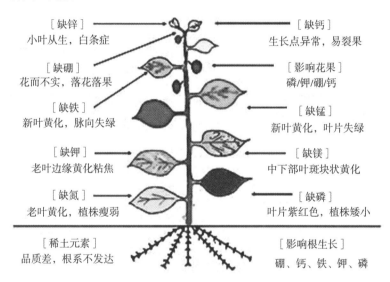

图4-1　植物缺素症状

侵染性病害除病毒病害外,既有病状,又有病征,在田间呈零星分布。

非侵染性病害患病植株上没有明显的病征(病菌的菌丝或者菌脓等),常大面积短时间内同时发生,病株症状基本相同且没有逐步传染扩散的现象。非侵染性病害一般在田间是同时普遍发生的,与地形、土壤、栽培、品种和气候等条件有关,没有完整的田间记录有时是很难鉴定的,最好就地观察、调查和分析,不能单纯依靠室内检查。

②真菌性病害症状诊断。

观察症状时,我们应先注意植物病害对全株的影响(如萎凋、萎缩、畸形和生长习性的改变等),然后检查病部。病部常长出各种丝状、粉状、颗粒状物等。

观察斑点病害时,我们要注意斑点的形状、数目、大小、色泽、排列和是否有轮纹等。作物得的叶斑类的病害,如禾谷类作物的霜霉病时,病株的叶面上常形成条状、多角状病斑,病斑的表面有灰色霉层。麦类得锈病时,麦株的发病部位形成退黄斑,黄斑上产生鲜黄色或红褐色粉疱似的铁锈状物。麦类得白粉病时,病叶正反面的白色霉层上散生黑色小颗粒。

观察真菌性病害引起植株或某个器官的腐烂。病部往往长有棉絮状物或霉状物,用手探摸病组织无枯滑感,无臭味,常有酒精味。注意腐烂组织的色、味、结构(如软腐、干腐)以及是否有虫伤等。

真菌也能引起作物地上部叶子变色,主要是它侵染植株根部所致。真菌性的萎蔫病,后期常造成植株枯死,并产生各种颜色的粉状物和点粒状物。

为了进一步鉴别,可先用湿润的解剖刀将病部的霉状物刮下来或撕下病部的表皮在显微镜下观察,就可看到致病的真菌产生孢子和子实体等。若病征尚未表现,可用湿纱布或保湿器将病部保湿 24 h,待霉状物长出,再行观察鉴别。值得一提的是,鉴定时常常会遇到许多非侵染性病害,它们的症状有的与病毒病、线虫病或有些菌物病害很相似,甚至还能在病部检查到腐生性菌物。

因此,真菌所致的病害,常在寄主寄生部位的表面长出霉状物、粉状物、小黑点、菌核等,这是真菌性病害的重要标志。

③细菌性病害的症状诊断。

植物细菌性病害表现各种类型的症状,不同属的细菌侵染植物后引起的症状有所不同。细菌性病害与真菌性病害一样,多造成局部性病斑:黄单胞菌属细菌主要引起叶斑和叶枯;假单胞菌属细菌主要引起叶斑、叶枯(少数枝枯、萎蔫和软腐)。细菌性叶斑病的田间诊断应在清晨露水未退时进行,此时病斑的水渍状特别明显,并常有白色菌脓溢出,发病后期,病斑常有干硬菌膜,很容易穿孔。为了进一步确认,可用刀片切下一块病组织放于载玻片上,并滴上一滴清水,再用另一片玻璃盖上夹紧,在太阳光下观察,若有白色霉状物从导管中溢出,表明为细菌性病害。有的细菌会分泌有刺激作用的物质,使受害部位长出肿瘤或变为畸形:棒形杆菌属细菌主要引起萎蔫;土壤杆菌属细菌主要引起肿瘤。细菌感染作物时,多从寄主的水孔、气孔和伤口处侵入,分泌多种酶来破坏作物的生理代谢,使受害病株腐烂,如欧文氏菌属细菌主要引起软腐等。细菌造成的腐烂常有恶臭味,病组织常溢出乳白色至棕黄色的黏质菌液,用手探摸有黏滑感。菌液干燥后成为黄色或污白色鱼子状或薄膜黏附在叶片上。

有的细菌会产生毒素杀死寄主细胞,使受害部位产生坏死斑,病斑周围呈水渍状或油渍状,可以作为诊断的特征,植物病部有时还有菌脓排出,也可以作为植物细菌性病害诊断特征。

因此,植物病原细菌导致的症状常常是组织坏死和萎蔫,少数能引起肿瘤、细菌造成的病斑,病斑的周围呈水渍状或油渍状,病斑上有时出现胶粘状物(菌脓),这是诊断细菌性病害的重要标志。

④病毒病害的症状诊断。

植物病毒病一般是全株性慢性病,没有病征表现。植物病毒必须经过一定的伤口才能侵入寄主植物的细胞和组织,从侵入点扩散,一般可以扩散到全株,往往表现出某一类型的花叶、变色、环斑和环纹、褪色、丛矮、矮缩、畸形、枯斑、组织坏死等器官变态的各种外部症状。这些病状常不是单独产生的,往往是几种混合产生的,病株在田间分布与真菌、细菌性病害一样多半呈分散状,有明显的病健交错现象,但没有发病中心。该病的发生与蔓延常与某些媒介昆虫的消长有关,如蚜虫多,病毒病发生传染就严重。植物病毒病的内部症状包括组织与细胞的变化和内含体的变化两个方面。病毒病的症状主要有以下两种。

a.花叶类型:典型症状是深绿色与浅绿色相交错、主要有黄斑、黄条斑、枯斑、枯条斑,病毒主要分布于薄壁细胞中,由病毒汁液通过机械摩擦传染,传毒媒介昆虫主要是蚜虫。

b.黄化类型:典型症状是叶片黄化、丛枝、畸形等,病毒主要存在于韧皮部中,通过嫁接传染,传毒媒介昆虫主要是叶蝉和飞虱。

植物病毒病害容易与非传染性病害混淆,因为病毒病害在外表看不出病征,区别病毒病害与非传染性病害,除根据有无传染现象外,还可根据病害的发生特点。非传染性病害在田间大都是普遍、均匀、成片产生的,发病地点与地形土质或环境条件有关。病毒病害在田间多是分散产生的,在病株周围可找到健株,其症状为花叶、黄化或矮缩畸形,常与传毒昆虫的活动有密切关系。

⑤植物病原线虫性病害的症状诊断。

植物线虫大多在土壤中为害作物的根和地下茎,少数在地上为害。植物受到线虫为害后,可以表现各种症状,症状大多表现为植株营养不良,生长衰弱,生育迟缓,致使地上植株矮缩变形,色泽失常变色、褪绿、黄化,叶片萎蔫,与缺肥、缺水的表现相似,这多半是根部危害造成的。有的还表现为瘿瘤、叶斑、坏死或整株枯死等,通常可在病部找到病原线虫。病原线虫性病害的症状特点主要有以下两种。

a.营养不良:生长缓慢、衰弱、矮小等。

b.局部畸形:扭曲、干腐、虫瘿、须根丛生。

各属线虫为害不同:茎线虫主要危害植物地下茎;孢囊线虫多寄生在植物根部支根或须根侧面;根结线虫在新生的支根或侧根上寄生后引起根结。大豆孢囊线虫病可在根部见到黄白色的颗粒状物,注意要把它与豆科作物的根瘤菌所致的根瘤区别开来,可用刀切开瘤状物,横截面为白色、有虫体的是线虫,而横截面为粉红色的为根瘤菌所致的根瘤。粒线虫和滑刃线虫主要危害植物的地上部分,如小麦粒线虫病苗期叶片打折,皱缩畸形,成熟后穗部的籽粒变成虫瘿。田间线虫的分布多随种植年限而加重,气候干燥则症状明显。线虫病害在田间主要表现为植株根部有线虫所致且常呈乳白色、米粒大小的瘤状物。线虫还包括可传染植物病毒的长针线虫、剑线虫和毛刺线虫等,在根外寄生。

⑥寄生性种子植物病害的症状诊断。

寄生性种子植物病害的症状为在植物上可见寄生性种子植物,如根寄生列当、独脚金等;茎(叶)寄生菟丝子、槲寄生、藻类等;寄生于园林绿化植物上为害木本植物的半寄生(桑、槲寄生)和主要寄生在一年生草本植物上,少数为害木本的全寄生(列当、菟丝子)等;全寄生园林绿化工程的缠绕樟科的无根藤。

总之,在田间诊断时,我们必须深入实地,进行周密细致的观察和调查访问,力求仔细认真、实事求是,切忌主观性、片面性和表面性。对于作物的一些常见病害,我们一般在田间现场通过上述的观察分析即可做出诊断,但对于少见的病害和新病害,我们必须采集标本进行室内分析,通过显微镜或扩大镜仔细地观察病部组织是否有病原物,进行病原病害名称的鉴定,对病原物进行分离培养和人工接种诱发实验,通过化学诊断和一些治疗实验排除等措施进行详细的诊断,以便得出确切的结论。

3)植物病原物鉴定

(1)非传染性病害的病原物鉴定。

我们可以在对养分、水分、温度、湿度和周围环境条件进行分析的基础上,进行化学诊断,就是将有病的植物榨出汁进行分析或对病土进行分析,测定矿物营养(如氮、磷、钾、硫、铁以及其他微量元素的含量)是否符合健康植物的标准,并查明所缺元素;还可以进行人工诱发试验,如水培法和砂培法,人为地提供可疑的类似条件,观察是否发病。

(2)传染性病害的病原物鉴定。

利用显微镜,制作切片,进行病原物形态观察。真菌的营养体为丝状体,菌丝分为有隔菌丝和无隔菌丝,能产生各种形态的孢子,菌丝在特殊的条件下会产生各种变态,如菌核、吸器、厚垣孢子等。

①真菌病原物鉴定。

植物病害的鉴定主要是根据症状特征和病原物的形态特征进行的。不同的病原物可引起相似的症状,一种病害的症状可能因寄主和环境条件而变化。症状对鉴定不是绝对可靠,应该以病原物的鉴定为依据。因此,植物病原物鉴定应根据材料的不同而采取不同的方法。

a.菌丝体和子实体的挑取检视:鉴定真菌性病害,一般常用的方法是挑取病株组织上的菌丝体或子实体制片,然后置于显微镜下观察病菌的形态、特征、色泽、大小、结构等。标本或培养基上的菌丝体或子实体,一般是直接用针挑取少许,放在加有一滴浮载剂的载玻片上,加盖玻片在显微镜下检视。

b.叶面菌物的粘贴检视:叶面菌物的粘贴检视可用透明胶、醋酸纤维素、火棉胶或其他粘贴剂等进行,目的是检查叶片表面的菌物,如白粉菌和其他霉菌等。

c.组织整体透明检视:组织整体透明检视,不但可以看清表面的病菌,还可以观察组织内部的病菌,透明的方法很多,最常用的是水合氯醛。水合氯醛透明检视:为了观察病叶表面和内部的病菌,可将小块叶片在等量的酒精(95%)和冰醋酸的混合液中固定 24 h,然后浸泡在饱和的水合氯醛水溶液中,待组织透明后取出,用水洗净,经稀苯胺蓝的水溶液染色,用甘油浮载检视。

d.病原物的玻片培养检视:直接挑取琼胶培养基表面的菌物进行检视往往会破坏菌物的结构,故玻片培养检视是很好的检视方法。

e.琼胶培养基中菌物的检视:分离培养是切取小块病株组织经表面消毒和灭菌水洗后,移到一定的培养基平板上,在恒温下培养,几天后观察菌落、菌丝体、无性孢子、有性孢子等的形态、色泽;琼胶培养基表面下的菌物结构,可以从平板上切取小块带菌的琼胶培养基,放在载玻片上,加盖玻片挤压后检视。

f.病原物细胞核和染色体的观察:菌物细胞核和染色体的观察对了解菌物致病性和变异是非常重要的,有时需要对菌物染色体的变化或细胞核进行观察;细胞核染色方法很多,通常使用苏木精染色或 4,6-Diamido-2-phenylindol(DAPI)荧光染料染色。

g.组织浸离检视:组织浸离就是将根、茎、树皮等组织用药处理,除去中胶层,使细胞分离,以观察单个细胞的形态。

h.徒手切片检视:徒手切片在教学和研究上都很有用,不需要特殊设备,操作方便,是日常用得最多的菌物检视方法。

i.接种试验应根据真菌性病害的侵染类型,将病菌孢子进行拌种、花器接种、土壤接种、涂抹接种或将孢子悬浮液进行喷雾接种。

②植物病原细菌鉴定。

植物细菌性病害的为害症状和发生发展规律并不像病毒病害那样与真菌有很大的差别,故鉴定方法大致和真菌性病害的鉴定方法相似。细菌很小,可作为分类根据的形态学性状比较少,因此,细菌的鉴定方法与真菌又有所不同。细菌的形态为单细胞杆状,很小,绝大部分细菌带鞭毛,应在油镜下观察。

a.病原细菌显微镜观察:显微镜观察对诊断是非常重要的,细菌侵染引起的病害的受害部位的维管束或薄壁细胞组织中一般都有大量的细菌,因此,病原细菌鉴定多采用"细菌溢"的方法,方法是切取小块病组织制片,放载玻片于显微镜下观察,如有"细菌溢"从病组织(维管束)涌出,即喷菌现象,即可初步确定为细菌性病害。

b.病原细菌分离鉴定:病原细菌鉴定通常需要进行生理生化测定和致病性测定。细菌的种类,可通过革兰氏染色鉴定;也可以通过稀释分离培养法鉴定,即使病原细菌与杂菌分开,形成分散菌落,分离获得较纯的培养菌种,然后通过伤口或自然孔(水孔、皮孔、气孔等)人工接种,来确定细菌的种类。

c.血清反应:目前,对病原细菌的鉴定,较迅速准确的方法是血清反应,具体方法是取一定病原的细菌液少许放在载玻片上,然后加入某种用生理盐水稀释过的"抗血清",两者产生"凝集"即证明病原细菌是某细菌性病害的病原物,例如鉴定马铃薯环腐病的病原物时,可将已培养好的环腐病细菌液注射到兔子体内,然后抽取兔子血液,沉淀后取上部的血清(抗血清),用生理盐水稀释后放在载玻片上,与被怀疑为马铃薯环腐病的病原细菌液混合,产生"凝集",即证明为环腐病病原物,否则非环腐病病原。

③病毒病害鉴定。

植物病毒病是作物的重要病害,几乎每种作物都发现有一种、几种甚至十几种病毒病害。病毒病害用普通显微镜观察不到组织病变。病毒颗粒的外形主要有球状和杆状,由核酸和蛋白质组成,只能在电子显微镜下观察。

人工接种试验是用病株汁液摩擦接种、嫁接、昆虫传染等方法进行接种。我们还可以根据病毒的生物学特性,如传播方法、寄主范围、寄主反应、体外保毒期、稀释终点以及血清方法等来区别病毒的种类。有些植物病毒还可以采用指示物进行鉴定。病毒鉴定主要是进行病毒粒子形态观察。

④线虫病害鉴定。

直接观察分离:植物根茎部或叶片受孢囊线虫、根结线虫、茎线虫和粒线虫等为害后,多在受害部位产生虫瘿或膨胀的形态变化,剖切虫瘿或膨胀部分,用针挑取内含物放在凹穴玻片上的水滴中制片,然后放在立体解剖镜下观察是否有线虫及形态特征。线虫的形态一般为圆筒形,体形细长,两头尖,呈线状,少数雌虫为梨形或肾形。有些线虫病并不引起植物形态变化,可采用布氏漏斗分离法和叶片染色法进行检查。

4)植物病害的诊断案例

 ## 案例1　水稻病害的田间诊断

水稻病害田间诊断主要分三步开展。

1.查看稻田是否有发病中心

病原物不可能在同一时间入侵全田所有的水稻植株,也不可能导致水稻产生同样的发病速度,往往只入侵一部分植株,再逐渐扩展,最先发病的植株及其周边的植株受害就相对严重一些,这样就形成了发病中心。

2.观察受害稻株的病状与病征

发生在叶片、叶鞘、穗颈、谷粒上的斑点、霉变、水渍状斑等病状,是诊断真菌性、细菌性病害与病毒病害的重要依据。真菌性、细菌性病原引发的病害一般都有明显的病征和病状,而病毒病害有肉眼可见的病状,但无明显病征。

水稻在生长过程中,经常产生一些症状相似的黄叶、叶斑、枯心、青枯、白穗等病征,很容易混淆,影响对症施治,造成减产。

1)黄叶

①白叶枯病黄叶。叶片的叶尖或边缘先产生黄绿色或暗绿色斑点,后沿着中脉扩展成斑条,呈灰白色,病部与健部界限明显,病斑上常有黄色胶状"菌脓"。

②黄矮病黄叶。顶叶下面1~2片叶的叶尖先发病,后逐渐发展到全叶发黄,或变成斑花叶,植株矮缩,节间短,禾叶下垂平展,黑根多、新根少,往往纵卷黄枯死亡。

③肥害药害黄叶。碳铵、氨水、农药等如果施用不当,会引起中毒,导致成块、成片稻叶被熏成鲜黄色或金色,有时黄叶上有焦灼斑。

2)叶斑

①稻瘟病叶斑。急性型的病斑开始是暗褐色小斑点,后变成椭圆形,叶背有灰绿色霉状物;慢性型的病斑呈菱形,旁边为红褐色,中央为灰白色,有一条褐色线贯穿病斑。潮湿时,病斑背面可见灰绿霉。

②胡麻病叶斑。病斑初似针头状的小点,后逐渐形成椭圆形斑点,形似芝麻。粗看时,病斑为黑褐色,较稻瘟病斑色深;细看时,颜色为3层,即外围有黄晕,边缘层较宽,黑褐色,中央多呈黄色。病斑两端无坏死线,病部难见霉绒物。

③褐条病叶斑。病斑为短线状条斑,褐色,与叶脉平行,叶端多,难见霉层,病株下部腐烂,发出腐臭气味,病叶枯心,心叶死于禾内。

3)枯心

①条纹叶枯病枯心。病株心叶有黄色条斑,并卷曲成纸捻状,弯曲下垂成"假枯心",基部无虫孔,不腐烂,枯心不易拔起。

②凋萎型白叶枯病枯心。稻株基部无虫孔,基部茎节变为黄褐色,挤压基部病节有黄白色菌脓物,无臭味;剥开刚刚青卷的心叶,也常有黄色珠状菌脓。

③虫害。螟虫枯心:稻株下部可见虫孔或虫粪,枯心易拔起。蝼蛄为害枯心:稻株基部无虫孔、无虫粪,枯心易拔起,茎基部和根部呈撕碎状。

4)青枯

①生理性青枯。稻株茎秆干缩,稻茎基部干瘪,易倒伏,状如褐飞虱菌核病为害。但茎基部无虫体、无病斑,叶鞘及茎秆内无菌核,多在晚稻接近成熟期发生,成片、成块青枯萎缩。

②细菌性基腐青枯。田间零星发生,一般每穴中有1~3株发病。病腿部呈鼠色腐烂,根系稀少腐烂,剥开基部茎秆,充满臭水,无菌核。

③小球菌核病青枯。多见于晚稻后期,田间常成丛发生,也有一穴中几株发病的情况。稻基部组织软腐,有黑褐色病斑。剥开基部叶鞘和茎秆,可见许多比苋菜种子还小的黑色菌核。

5)白穗

①三化螟白穗。稻茎上有虫孔、虫粪,白穗易抽起,穗颈无病变,田间白穗团明显。

②稻颈瘟白穗。稻茎上无虫孔，白穗不易拔起，穗颈、穗轴、枝梗生有黑褐色病斑，穗颈或枝梗易折断，潮湿时，病部生黑褐色绒状霉。

③纹枯病白穗。叶鞘、叶片或穗颈、茎秆上，初期出现暗绿色斑点，后扩大成椭圆形云纹状病斑，病斑边缘为褐色，中间为淡褐色至灰白色，茎部无虫孔，基部组织发软，白穗贴地倒伏。

④细菌性基腐病白穗。田间零星发生，白穗不易倒伏，不折断，茎基部和根部呈灰色软腐，有腐臭味，茎上无虫孔，根稀少腐朽，剥开基部叶鞘和茎秆不见菌核。

3.分析水稻发病的原因

主要分析有利于某种病害发生的气候条件、自然灾害、水稻长势、栽培管理措施等因素。一般来说，连续降雨、多雾、潮湿的气候或气温变化较大的天气，水淹后植株受损，氮肥施用过量造成水稻叶片生长浓绿、荫蔽等易引起病害发生。

 案例2　小麦生理性病害的田间诊断

1.缺氮

(1)症状：幼苗细弱，叶片短、窄且稍硬，叶色淡，基部叶片发黄；叶尖先干枯，然后由叶尖开始向下干枯，并逐渐向上部叶片发展；植株矮小，分蘖少，根数少，根量小，穗数少，穗子小，成熟早，产量低；根系色白且细长。

(2)诊断要点：仔细观察，如果从下位2叶开始黄化则可能是缺氮；注意茎的粗细和根的颜色，一般缺氮茎细根白；下位叶缘急剧黄化(缺钾)，叶缘部分残留有绿色(缺镁)，这两种情况不是缺氮；叶黄且白天萎蔫，可以考虑其他原因，如干旱、根病等。

2.缺磷

(1)症状：前期生长缓慢，植株瘦小，不分蘖或少分蘖；叶窄，呈暗绿色，无光泽，紫色茎基叶鞘尤其显著；根系发育受到严重抑制，次生根少而弱，到拔节期仍不伸展、不下扎，呈"鸡爪状"；严重缺磷时叶片发紫，抽穗开花延迟，灌浆不正常，千粒重低，品质差；缺磷麦苗抗寒力差，易冻死。

(2)诊断要点：注意症状出现的时期，冬前温度低，即使土壤不缺磷，由于温度低，磷也难以被作物吸收，从而易出现缺磷症；看叶色是否为暗紫色；酸性土壤，缺磷可导致铁、锰、铝中毒的状况，因此表现的症状就较复杂，需仔细辨别。

3.缺钾

(1)症状：植株生长延迟，叶缘枯焦，初期下部老叶的尖端和边缘变黄，叶片呈绿色或蓝绿色，随后变褐，叶脉与叶中部仍保持绿色，呈灼状，严重时老叶枯死；苗期可能表现为叶片细长，叶色黄绿，叶尖发黄，拔节后茎细，与缺氮有几分相似，但其分蘖呈横向伸展，与缺氮直上伸长不同，后期高氮低钾时，茎秆软弱，不能挺立，茎节屈曲，叶色深浓、披垂，抽穗成熟延迟，熟色不良，不实率高，极易倒伏；根系生长不良，易腐烂，造成植株萎蔫，灌浆不好，品质变劣。

(2)诊断要点：注意叶片产生症状的位置，如是下位叶和中位叶出现，则可能缺钾；同样的症状，如果出现在上位叶，则可能是缺钙。

208

4.缺锰

(1)症状:叶褪色变薄,有黄白色斑点,逐渐在叶中上部扩大,呈条状黄化;在三叶期出现,四、五叶期最重,有时称之为花叶缩苗病;根系不发达,须根少,发黑;生长缓慢,分蘖少或不分蘖,严重的死亡;抗寒力弱,易冻害。

(2)诊断要点:前期失绿与缺镁相似,缺镁失绿先从基部叶开始,缺锰失绿则从中上部叶开始;缺锰出现的斑点细小。

5.缺钼

(1)症状:叶片叶尖失绿变黄,心叶正常,心叶下二、三叶叶片下垂,略呈螺旋状;叶脉间产生黄绿色斑点,继而从叶尖开始枯萎,以至坏死。

(2)诊断要点:主要为黄化,像缺氮,但先从新叶开始表现。

6.缺铁

(1)症状:出现在顶部幼叶,一般开始时幼叶失绿,叶脉保持绿色,叶肉黄化或白化,但无褐色坏死斑;一般小麦不会发生缺铁。

(2)诊断要点:缺铁时,幼嫩部位先失绿。

7.缺镁

(1)症状:植物缺镁时最典型的症状是叶片失绿,叶尖和叶片边缘会褪色,从绿色变为淡黄色,还会向叶片基部扩展;严重时叶片会干枯、脱落;还会出现植株矮小、生长缓慢的现象。

(2)诊断要点:缺镁时,衰老部位先失绿。

8.小麦冻害

(1)症状:小麦遭受冻害以后,主要表现为叶色暗绿,叶片像用开水烫过一样,逐渐枯黄;受冻麦苗一般先从生长锥表现症状,受冻的生长锥初期表现为不透明状,以后细胞解体萎缩变形;小麦中后期受冻害,轻者叶尖失绿变黄,然后干枯,重者地上部分干枯或整株死亡。

(2)诊断要点:小麦遭受冻害的时期不同,其受冻部位及形态特点也有区别。小麦初冬冻害,冬季冻害、早春冻害及晚霜冻害在冻害症状的表现上存在着明显区别。小麦初冬受冻时,外部特征比较明显,叶片干枯严重。一般条件下,黄淮麦区初冬冻害与越冬冻害,只有在降温幅度很大时才出现死苗、死蘖现象,冻死小麦主要是弱苗和旺苗,壮苗一般不会冻死。植株冻害死亡的顺序是先小蘖后大蘖再主茎,冻死分蘖节的现象很少。小麦冬季外部症状明显,开始叶片的部分或全部为水渍状,以后逐渐干枯死亡。叶片死亡面积的大小依冻害程度而定,冻害越重叶片干枯面积越大。小麦发生早春冻害时,心叶、幼穗首先受冻,外部冻害特征一般不太明显,叶片干枯较轻,但降温幅度很大时也有轻重不同的干枯现象。受冻轻时表现为麦叶叶尖褪绿为黄色,尖部扭曲卷起。拔节后孕穗前发生的晚霜冻害,一般外部症状不明显,主要是主茎和大分蘖幼穗受冻,但降温幅度很大、温度很低也可造成叶片严重干枯,在这样的地块,小麦主茎和大分蘖几乎全部冻死。小麦受冻时,很少有叶片受冻干枯而幼穗不受冻的情况。孕穗期发生晚霜冻害时,受害部位为穗部。

9.小麦干热风

(1)症状:小麦受干热风为害时,各部位失水变干,顺序为由麦芒尖到芒基、由穗顶到穗基和由叶尖到叶基,茎秆青干发白,叶片卷缩凋萎,颜色由青变黄,逐渐变为灰白色,颖壳呈白色或灰绿色,麦芒紊乱不齐,因灌浆不足而籽粒干秕,千粒重下降。

(2)诊断要点:小麦受干热风为害后,在外部形态上表现为颖壳灰白无光,芒尖干枯变白,麦芒张开的角度由小到大,旗叶褪绿,凋萎,茎秆青枯,重者焦头炸芒,茎叶灰暗无光。

高温低湿型干热风特点是高温、干旱,有一定的风力,风加剧了干、热的影响,这种天气使小麦干尖、植株枯黄、麦粒干秕而影响产量,是北方麦区干热风的主要类型。雨后枯熟型干热风特点是雨后高温和猛晴,日晒强烈,热风劲吹,造成小麦青枯和枯熟。旱风型干热风特点是湿度低、风速大,但日最高气温不一定高于 30 ℃。

 ## 案例 3　玉米病害的田间诊断

玉米病害的田间诊断主要包括田间症状诊断、病原物鉴定和病原物致病性测定 3 个方面。

1. 田间症状诊断

玉米病害田间症状诊断方法与其他植物病害症状诊断方法相同。但需要注意以下几点。

(1)注意玉米病害诊断标本的代表性。我们应深入玉米病害发生现场进行调查,了解病害在田间的分布状态、玉米长势、田间管理水平及与病害发生有关的各种因素,在调查的基础上,采集症状典型的标本作为代表进行深入检查。

(2)注意病害症状的可变性。病害的症状并不是一成不变的,同一种病原物在抗病性不同的玉米品种上(特异性),或者在同一品种的不同发育时期、不同侵染部位以及不同环境条件下,都有可能表现不同的症状(同源异症性);相反,不同的病原物又完全可能引起相同的症状(同症异源性);在发生一种玉米病害的同时,另一种玉米病害(继发性病害)也可能伴随发生。

正确地对病害做出诊断,对症下药,才能达到防病治病的预期效果。

2. 病原物鉴定

玉米病害的病原物鉴定参考第 4 章内容。

3. 病原物致病性测定

对于以往少见或新发生的玉米病害,我们必须对在发病部位观察到的病原物或经组织分离培养的分离物做致病性测定。

 ## 案例 4　蔬菜田间诊断程序及蔬菜三大类病害(病毒病、细菌性病和真菌性病)的田间诊断

蔬菜病害田间诊断是植保综合技能。科研人员可取样返回实验室培养、分离镜检后再下结论,这种做法准确率高,出具的防治方案针对性强,但时间缓慢,与蔬菜生产要求的"急诊"不相适应。田间诊断则不一样。科研人员必须在第一时间进行判断,将虫、药、肥、寒、热害等进行区别,并给出初步的救治方案。

1. 蔬菜田间诊断程序

(1)观察:从蔬菜局部叶片到整株,观察病症所处位置或设施棚室所处的位置。了解栽培模式、相邻作物种类、栽培习惯等。有时候多观察几个棚室就能找到发病规律。所看到的症状有可能是自然发生的,也有可能是人为造成的。

（2）了解：①土壤环境状态，包括土壤营养成分、施肥情况、盐渍化程度，如浇水硬度过高导致基质出现结盐现象；②菜农的栽培史，包括是否连茬连作、连茬年数、上茬作物种类等；③农药使用情况，包括除草剂使用情况、使用农药的剂量、农药存放地点等；④种植的品种及其特征特性，比如耐寒性、耐热性、对药剂和环境的敏感性，是否适合当地的气候特点及土壤特点。

随着新特蔬菜品种的引进、推广和种植，各品种的抗高温性、耐热性、耐寒性及耐弱光性等不尽相同。一个品种的特征特性决定了它所要求的环境条件、栽培方法、密度等，如北方越冬栽培的黄瓜，对弱光、低温非常敏感，如果还是按照生长旺盛时期喷施杀虫剂、杀菌剂和叶面肥的剂量，就有可能致使植株或叶片产生药害，如畸形、枯斑或皱褶等。

（3）收集：有些菜农在预防病害时把三四种农药混于1桶水（约为15 L）中喷施，或将杀菌剂、杀虫剂、植物生长调节剂混用，或使用假、劣药，三、五天喷一次，可能使蔬菜生存受到威胁，生长受到抑制。因此，诊断时一定收集、排查使用过的农药袋子，以帮助我们辨真假、看成分、查根源。

（4）求证：为了追求高产，人们往往是有机肥不足化肥补；生产中常有将未腐熟的粪肥直接施到田间的现象，产生有害气体熏蒸作物造成危害；施用冲施肥不是均匀撒在垄中而是在入水口随水冲进畦里，造成烧根黄化以及土壤盐渍化。因此，诊断蔬菜生长异常时，需求证土壤基肥、追肥、冲施肥的使用情况，单位面积用量及氮、磷、钾、微肥的有效含量、生产厂商及施肥习惯等。

（5）咨询：经过上述观察、了解、收集、求证，我们还要查询所在区域气象资料，包括温度、湿度、自然灾害的气象记录，这对诊断很有必要。突发性的病症与气候有直接的关系，如下雪、大雾、连阴天、多雨、突降霜冻及水淹等。在诊断时应该充分考虑近期的天气变化和自然灾害因素。

（6）排查：在诊断蔬菜生长异常的原因时，人为破坏也是应考虑的因素，如除草剂飘移产生的药害，现实生活中经常因经济利益或家族矛盾而发生的人为破坏的现象，喷施植物生长调节剂（甚至除草剂）损坏他人的蔬菜生产。因此，应调查村情民意，排除人为破坏也应为诊断的必要步骤。

（7）验证：在初步确定为侵染性病害后，应将病害标本带回实验室或请有条件的单位进行分离、鉴定，确定病原种类，进一步验证田间的判断。

因此，只有综合考虑品种类型、种植方式、天气、水肥等各种因素，才能准确判断蔬菜生长异常发生的原因，并对症下药，减少损失。

2. 蔬菜三大类病害（病毒病、细菌性病、真菌性病）的田间诊断

1）不同蔬菜病毒病的共同特征

（1）病株表现出不同程度的矮化、畸形、皱缩、丛枝、花叶、明脉、卷叶、蕨叶（线状叶）、褪绿、黄化，以及茎、秆、枝、果上的坏死条斑。

花叶表现为叶片皱缩，有黄绿相间的花斑，黄色的花叶特别鲜艳，绿色的花叶为深绿色，黄色部位往下凹，绿色部位往上凸。蕨叶表现为叶片细长，叶脉上冲，重者呈线状。卷叶表现为叶片扭曲，向内弯卷。为害果实的蔬菜病毒病主要表现为成熟期果实上有条斑。例如番茄条斑型病毒病的症状为在果肩部出现青白色条斑，后渐变成铁锈色，用刀剖开果实，皮里肉外有褐色条纹；再如辣椒条斑型病毒病的症状为从果实的尖端向上变黄色，在变黄的部位上有短的褐色条纹，条纹向内凹陷。

(2)病株或病叶上难以观察到肉眼可见的霉状物、粉状物等病原物病征。

(3)以蚜虫、汁液传播,农事操作、暴风雨造成蔓延。

(4)连作、干旱、蚜虫量大时病害重。

(5)常易和肥害、药害(激素、除草剂)所引起的症状混淆。

大白菜、菠菜、番茄、黄瓜等代表性蔬菜病毒病的主要症状详见蔬菜病害实验部分。

2)蔬菜细菌性病害的共同特征

(1)由细菌引起的蔬菜病害,病株可见角斑、条斑、青枯、萎蔫、软腐、溃疡、疮痂等症状。病斑多表现为急性型的坏死斑,病斑初期呈半透明的水浸状,边缘常有油浸头及褪绿的黄色浑环,在潮湿的条件下,病部溢出菌脓,形成显著的病征。若果实溃疡或疮痂,果面有小突起,如番茄溃疡病、辣椒疮痂病。

(2)斑点型和叶枯型细菌性病害的发病部位,先出现局部坏死的水渍状半透明病斑,在气候潮湿时,叶片的自然孔口(气孔、水孔、皮孔等)、微伤口及裂口会溢出大量胶粘状物——菌脓。

(3)青枯型和叶枯型细菌性病害的确诊依据:病株经短期的白天萎蔫,早晚恢复后青枯死亡;用刀切断病根茎观察根茎部断面维管束是否有褐变,用手挤压可发现导管上流出乳白色黏稠液——菌脓。

(4)腐烂型细菌性病害的共同特点是病部软腐、黏滑,无残留纤维,并有硫化氢的臭气。潮湿时挤压病部明显可见浑浊菌脓,软腐部位有恶臭味,如大白菜软腐病。

(5)高温、高湿、久雨或大雨转晴、暴风雨、大水漫灌、地势低洼表面积水或施入未腐熟肥料时发病重。

黄瓜细菌性角斑病、番茄青枯病、辣椒溃疡病、菜豆细菌性疫病、白菜软腐病等代表性蔬菜细菌性病害的主要症状详见蔬菜病害实验部分。

3)蔬菜真菌性病害的共同特征

(1)病斑存在于蔬菜植株的各个部位,有圆形、椭圆形、多角形、轮纹形等病斑,如锈病、黑斑病、角斑病、纹枯病、炭疽病等。

(2)病斑上有不同颜色的霉状物或粉状物,有白、黑、红、灰、褐等颜色,如灰霉病、霜霉病、白粉病等病害。受害部位出现三种主要症状。

①坏死:这是一种常见的症状,它表现为局部细胞和组织的死亡,如蔬菜立枯病都造成叶片或根部坏死而出现死苗等。

②腐烂:细胞或组织坏死的同时伴随着组织结构的破坏,如茄子绵疫病、地瓜软腐病、西葫芦灰霉病等的症状都是腐烂。

③萎蔫:病原体侵染造成根部坏死或造成植株维管束堵塞而阻止水分的向上运输,使蔬菜缺水而引起植株萎蔫,这种萎蔫往往经过几次反复而使植株死亡,有的症状轻微的则可缓和,如茄子的枯萎病等。

菜豆锈病、辣椒疫病、番茄晚疫病、黄瓜灰霉病等代表性蔬菜真菌性病害的主要症状详见蔬菜病害实验部分。

案例5　园林植物病害的田间诊断

1）实习实训目标

结合生产实际，通过对当地园林植物群体和局部发病情况的观察和诊断，逐步掌握各类植物病害的发生情况及诊断要点，熟悉病害诊断的一般程序，了解病害诊断的复杂性和必要性，为园林病害的调查研究与防治提供依据。

2）实习实训内容及方法

（1）非侵染性病害的田间诊断：对当地已发病的园林植物进行观察，注意病害的分布、植株的发病部位、病害是成片发生还是有发病中心、发病植物所处的小环境等，若观察到的植物病害症状是叶片变色、枯死、落花、落果、生长不良等现象，病部又找不到病原物，且病害在田间的分布比较均匀而成片，可判断为非侵染性病害；诊断时还应结合地形、土质、施肥、耕作、灌溉和其他特殊环境条件，进行认真分析。若是营养缺乏，除了症状识别外，还应该进行施肥试验。

（2）真菌性病害的田间诊断：对已发病的园林植物进行观察时，若发现其病状如下，可判断为真菌性病害。

①坏死型：猝倒病、立枯病、疮痂病、溃疡病、穿孔病和叶斑病等。

②腐烂型：苗腐病、根腐病、茎腐病、秆腐病、花腐病和果腐病等。

③畸形型：癌肿病、根肿病、缩叶病等。

④萎蔫型：枯萎病和黄萎病等。

除此之外，若病害在发病部位多数具有霜霉、白锈、白粉、煤污、白绢、菌核、紫纹羽、黑粉和锈粉等，则可诊断为真菌性病害。

对病部不容易产生病征的真菌性病害，可以采用保湿培养，以缩短诊断过程，即取下植物的受病部位，如叶片、茎秆、果实等，用清水洗净，置于保湿器皿内，在 20～23 ℃培养 1～2 d，促使真菌孢子的产生，然后进行鉴定。对还不能确诊的病害，可进行室内镜检，对照病原物确定病害的种类。

（3）细菌性病害的田间诊断：田间诊断时若发现其症状是坏死、萎蔫、腐烂和畸形等不同病状，但其共同特点是在植物受病部位产生大量的细菌，以致当气候潮湿时，病部气孔、水孔、伤口等处有大量黏稠状物——菌脓溢出，可以判断为细菌性病害，这是诊断细菌性病害的主要依据。若菌脓不明显，可切取小块病健交界部分组织，放在载玻片的水滴中，盖上盖玻片，用手指压盖玻片，将病组织中的菌脓压出组织，然后将载玻片对光检查，看病组织的切口处是否有大量细菌呈云雾状溢出，这是区别细菌性病害与其他病害的简单方法。如果云雾状不是太清楚，也可以带回室内镜检。

（4）病毒病害的田间诊断：植物病毒病害没有病征，常具有花叶、黄化、条纹、坏死斑纹和环斑、畸形等特异性病状，田间比较容易识别，但有时常与一些非侵染性病害混淆，因此，诊断时应注意病害在田间的分布，发病与地势、土壤、施肥等的关系，发病与传毒昆虫的关系，症状特征及其变化，是否有由点到面的传染现象。

当不能确诊时，要进行传染性试验。如果对一种病毒病的自然传染方式不清楚，可采用汁液摩擦方法进行接种试验；如果不成功，可再用嫁接的方法来证明其传染性，注意嫁接必须以病株为接穗,以健株为砧木,嫁接后观察症状是否扩展到健康砧木的其他部位。

(5)线虫病的田间诊断:线虫病主要诱发植物生长迟缓、植株矮小、色泽失常等现象,并常伴有茎叶扭曲、枯死斑点,以及虫瘿、叶瘿和根结瘿瘤等的形成。一般来讲,对有病组织的观察、解剖镜检或用布氏漏斗分离等方法均能查到线虫,从而进行正确的诊断。

案例6 名优花卉(蝴蝶兰)病害的诊断和防治技术

做好病害防治是成功栽培蝴蝶兰的重要环节。防病是经常性的工作,栽培环境必须通风良好,植料、空气湿度适宜,定期喷洒波尔多液、百菌清等药防病。一旦发生病害,及时施药防治。

1.主要病害的诊断与防治

(1)灰霉病:花瓣上着生黑色霉点,霉点上可看到菌丝体。

(2)炭疽病:叶片长出大型黑褐色或淡褐色椭圆形或不定形病斑,病斑上有黑褐色或粉红色同心圆小点。

(3)白绢病:病菌侵入根及叶片,造成根腐或叶片软腐;受害部位及植料上长出白色菌丝,后变为褐色的菌核颗粒。

(4)细菌性软腐病:叶片出现浸渍状斑点,面向光源斑点呈现透明状。

灰霉病、炭疽病、白绢病等真菌性病害,施甲基托布津、多菌灵、锌锰乃浦、炭疽立克、吡唑醚菌酯、丙环唑等药剂。细菌性软腐病施农用链霉素等药剂。

2.蝴蝶兰病害诊断与防治案例

1)蝴蝶兰黑腐病

(1)主要症状:现在养兰最严重的兰病,尤以蝴蝶兰最甚,蝴蝶兰一旦感染此病,常全株腐烂而死,小苗发生立枯病,成株叶黑斑或心腐。

(2)发病原因:其病源菌为 *Phytophthora palmiala* 和 *Phytophthora parasitica*。

(3)防治方法。

①种植兰室需通风、降低温度,浇灌好于喷灌,不要使水滴飞溅,雨后喷洒丙环唑1000倍稀释液预防。

②如有感染,立即除去病叶腐株。

2)蝴蝶兰灰霉病

(1)主要症状:花瓣上会产生黑褐色的斑点,严重时花瓣会逐渐枯萎。

(2)发病原因:多发生在梅雨季节或下雨时,气温升高,发病逐渐减少。

(3)防治方法。

①种植场所需通风,勿使湿空气淤滞;

②喷洒丙环唑1000倍稀释液预防。

3)蝴蝶兰软腐病

(1)主要症状:病害发生在球根类鸢尾时,病株根茎部位发生水渍状软腐,球根发生糊状腐败,产生恶臭,随着地下部分病害发展,地上新叶前端发黄,不久外侧叶片也发黄。地上部分容易拔起,全株枯黄;其他类别的鸢尾发病时,从地下茎扩展到叶和根茎,叶片开始水渍状软腐,污白色到暗绿色立枯,地上部分植株容易拔起,根茎软腐,有恶臭。种植前球根发病时,有像冻伤水渍状斑点,下部变茶褐色,恶臭,具污白色黏液,发病轻的球根种植后,叶先端出现水渍状褐色病斑,展叶停止,不久全叶变黄枯死,整个球根腐烂。

(2)发病原因:病原物为 *Erwinia chrysant hemi*。软腐病多发生在高温多湿季节,尤其是夏初的阴雨季节。当高温多湿、通风不良、密度过大,施用氮肥过量时,软腐病比较容易发生。传染途径是通过伤口感染,如碰折、虫咬或剪除病叶时不当操作等。

(3)防治方法。

①选择无病、无伤的球根;温室栽培时,更换新土,及时剪除病叶或拔除病株。病害严重的土壤可用 0.5%~1%福尔马林 10g/m² 进行消毒后再种植,或更换新土后种植。被污染的切花工具,应用沸水、70%酒精、1%硫酸铜或 0.5%高锰酸钾浸渍消毒。

②发病初期,可选用(100~150)×0.000 001 的农用链霉素或链霉素加土霉素(10∶1)的混合液进行喷洒,连喷 2~3 次,效果较好。发病后,每月喷洒 1 次农用链霉素 1000 倍液,能控制病害蔓延。

4)蝴蝶兰褐斑病

(1)主要症状:主要危害各生长阶段的蝴蝶兰叶面。叶片感染病菌后,初期症状为水渍状淡褐色的小斑点,以后逐渐扩大成圆形、椭圆形或长条形的病斑。病斑中间的组织呈褐色或黑色坏死,周围环绕明显的黄晕,用手触摸有坚硬感。病斑的扩展十分迅速,常引起大量幼苗死亡,在较老植株上病菌可以侵染叶的任何部位,发病严重时整个叶片黄化或干枯,不需要几日就可造成叶片掉落。若扩展到生长点,则引起整株死亡。

(2)发病原因:病原物为卡特兰假单胞菌(*Pseudomonas cattleyae*);温室空气湿度高,秋、冬、春季通风透气不良,阴棚栽培,雨季发病重;老叶比幼叶抗病。

(3)防治方法。

该病在春、夏两季流行。病菌在 30 ℃时最活跃,传染迅速。因此,要改善栽培环境,注意通风,避免高温多湿。若发现病株,应先剪除病叶,然后选用 0.5%~1.0%波尔多液、70%甲基托布津可湿性粉剂 1000 倍液或 72%农用链霉素 1000 倍液防治。

①加强栽培管理:栽培密度适宜,改善栽培环境,及时分株以利通风、透光、降湿。冬、春季连阴天或连阴雨后晴天,要及时通风换气。及时清除病残体,病盆钵及基质未处理前不可再用。操作中尽量减少伤口。

②药剂防治:发病初期喷药。常用 20%络氨铜·锌水剂 400 倍液、53.8%可杀得干悬浮粉剂 1000 倍液、新植霉素 4000 倍液、12%绿乳铜乳油或 27%铜高尚悬浮剂 600 倍液、70%甲基托布津可湿性粉剂 1000 倍液、72%农用链霉素 1000 倍液等杀菌剂喷洒防治。

(二)植物病害的田间调查、统计及预测

1.目的与要求

学习和掌握植物病害田间调查、统计及预测的一般方法,熟悉调查资料的整理、计算和分析等。在此基础上,结合田间病害诊断和鉴定,为预测预报提供依据,并能根据相应的病害结合所学知识提出可能的防治措施。

2. 材料与用具

植物病害标本采集用具、放大镜、记录本及其他用品等。

3. 内容与方法

(1)植物病害的普查：以实习小组为单位进行调查。结合当地具体情况，分别对当季作物病害的种类、分布特点、危害程度以及发病条件等基本情况进行普查，从而为制订小麦病害防治方案提供依据。

(2)调查方法：生长后期病情调查使用五点取样法、随机取样等方法，每点取 100 株(叶)，统计各种病害的发病率、病情指数等。

(3)统计方法：参考《植物保护技术》教材。

4. 水稻纹枯病田间调查、统计及预测的案例

1)内容及方法步骤

根据当地生产特点和需要，选择 1～2 种主要病害，按调查目的和要求进行调查。调查时可选择不同类型的代表性田块分组进行，结束时对各组进行病害情况分析，并按实际情况提出应采取的防治意见。

2)调查时应注意

①选点时应根据调查目的确定代表田块，必要时可对病害发生特别严重或极轻的田块进行专门调查访问，探讨原因，为病害防治提供参考。

②调查时应对调查田块的基本情况进行了解，包括耕作制度、管理情况、过去病害发生情况、群众防治经验等。对调查田块的周围环境和自然条件进行分析。

③结合生产需要，本实训也可与教学、毕业实习结合进行，以达到熟练操作技术，熟悉病害发生动态和为生产服务的目的。

3)具体调查操作

在水稻分蘖盛期、孕穗期、抽穗前后各调查一次病情(见表 4-2)。选有代表性的田块 20～30 块，采取平行跳跃式取样，每块田选 20 点，每点查 5 丛，共 100 丛，检查病丛数，计算丛发病率；每点取一丛，共 20 丛，调查病害的严重度，详细进行病害严重程度等级，计算病情指数。

表 4-2　水稻纹枯病田间调查记录表

调查日期	调查地点	田块类型	调查丛数	发病丛数	丛发病率

三、实习总结及报告

(1)每个实习实训小组以 PPT 的形式总结和汇报该小组的实习实训内容和总结，展示要求提交的植物病害标本、病害照片以及标本描述和记录。

（2）对采集的植物病害标本进行描述和分类整理，并按要求提交的各类植物病害实物标本。

（3）植物病害诊断有哪些程序？诊断中应注意哪些问题？

（4）如何进行侵染性病害和非侵染性病害的田间诊断？

（5）真菌性病害田间诊断的主要根据是什么？怎样进行真菌性病害田间诊断？

（6）当地农作物、园艺、园林植物病害中，最常见的是真菌性病害、细菌性病害还是病毒病害？怎样才能准确地诊断病害的病原物？

第5章 农业昆虫学实习实训

一、农业昆虫学实习实训计划

(一)实习实训目的

"农业昆虫学实习实训"是农学类专业的一个实践实训课程,该课程的主要目的是使学生掌握采集和制作昆虫的方法,掌握常见昆虫的形态特征、分类依据,农业主要害虫的形态特征、虫害的发生发展规律、预测预报及综合治理的方法与对策,并充分运用其发生发展规律及综合防治方法,及时有效地控制农业上重要的虫害的发生和为害,保护农作物获得高产,稳产,优质。

本课程实用性强,是一门技能性课程,与目前的农业生产密切相关,故进行教学实习就显得非常有必要。教学实习可加深学生对于虫草的诊断、识别及综合治理技术,增强学生对本门课程的学习兴趣和实践操作能力。

(二)实习实训内容

昆虫标本的采集和制作;玉米害虫、水稻螟虫、大豆害虫、棉花害虫调查,地下害虫越冬虫口基数调查及预测。

(三)实习实训安排

(1)进行昆虫学实习实训动员、分组及实习内容讲解(0.5 d)。

(2)常见昆虫标本的采集(网捕法、灯诱法)(1.5 d)。

(3)昆虫标本的制作(0.5 d)。

(4)农业害虫(水稻、玉米、地下害虫)的越冬虫口调查(1 d)。

(5)农作物害虫天敌资源调查(1 d)。

(6)大豆食心虫成虫熏蒸防治(1 d)。

(7)汇总各组调查数据,进行统计处理,做出预测,并写实习报告和小结(0.5 d)。

(四)实习实训要求

①实习实训期间不得迟到、早退,特殊情况需征得指导教师的同意方可请假。

②态度要认真,数据要真实可靠,不得弄虚作假,否则以不及格论处。

③实习实训中遇到不清楚的问题,要及时向指导教师请教,不要自作主张。

④写实习实训报告时,各组数据可以共享,但不得抄袭报告内容。

(五)考核办法

按五级分制进行考核,即优秀、良好、中等、及格、不及格。

二、农业昆虫学实习实训教学实习指导

(一)昆虫标本的采集、制作与保存

1.昆虫标本的采集

1)采集工具

①捕虫网:大量采集昆虫标本的工具,包括捕虫网柄、网圈、网袋,网圈直径为 33 cm,网柄长度稍大于网圈周长,网袋材料为尼龙(见图5-1)。

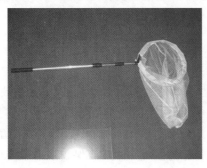

图 5-1　捕虫网

②毒瓶:密封好,开启方便的广口瓶,常用药物为 KCN、乙酸乙酯、乙醚、DDVP、三氯甲烷等。

制作方法:将脱脂棉塞入毒瓶瓶盖或将脱脂棉平铺在毒瓶瓶底;将脱脂棉压实;用医用注射器抽取或直接将乙酸乙酯倒入脱脂棉,用量以浸湿棉花而不滴漏为宜;若脱脂棉平铺在瓶底,将棉花浸湿后,需将直径与毒瓶内径一样的一张滤纸或带孔的塑料板放在脱脂棉上(见图5-2)。

③采集盒(见图5-3)。

图 5-2　毒瓶　　　　　　　　图 5-3　采集盒

④三角纸袋(见图 5-4)。

⑤取土铲:挖地下害虫。

⑥镊子:夹刺蛾、毒蛾等。

⑦吸虫管或小试管:吸集小型昆虫(见图 5-5 和图 5-6)。

⑧酒精瓶:70%~75%酒精,采集卵、幼虫和蛹等。

⑨铅笔、小刀、放大镜等。

⑩采集包(见图 5-7)。

⑪诱虫灯(见图 5-8)。

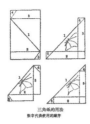

图 5-4　三角纸袋及其折叠方法

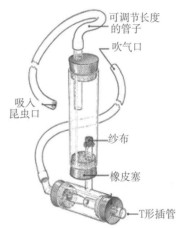

图 5-5　吸气型吸虫管

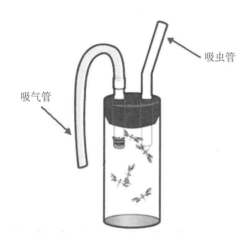

图 5-6　吹气型吸虫管

⑫还软器:软化已经干燥的昆虫标本的一种玻璃器皿(见图 5-9)。它是用来使已经干硬的标本重新恢复柔软,以便整理、制作的器皿。有盖的玻璃容器都可用作还软器。还软器器底应放些湿砂,加几滴苯酚防霉。标本应装在培养皿等中,放入器内,勿使标本与湿砂接触,以防滋生霉菌,密闭器口,借潮气使标本还软。

图 5-7　采集箱　　　　图 5-8　太阳能板诱虫灯　　　　图 5-9　还软器

昆虫学实习实训的主要工具如表 5-1 所示。

表 5-1　昆虫学实习实训的主要工具

名称	名称	名称
工具箱	样品采集器	太阳帽
昆虫采集三件套	昆虫针	昆虫针台
扫网网袋	金属柄解剖针	袖珍电子秤
捕虫网(带网袋)	解剖刀	指南针
医用剪刀	指形管	折叠小凳子
昆虫针钳	注射器	昆虫标本盒
计数器	直镊子	常用标签
便携水桶	弯镊子	油性记号笔
不锈钢水杯	剪枝剪	签字笔
强光手电筒	折叠锯	一次性手套
便携带光显微镜	测树围尺	多用小刀
电光源放大镜	三角纸袋	农林植保手册

2)采集方法

对于不同类群的昆虫,我们应根据其生活环境和习性采取适当的采集方法。

(1)网捕法:网捕法是最常用的一种采集方法。能飞善跳的昆虫在活动或静止时,都应网捕。捕捉空中善飞的昆虫时,应动作敏捷、轻快,迎面扫网或从后面扫网;捕捉静息的昆虫时,常从后面或侧面扫网。昆虫入网后要立即封住网口,即随扫网的动作顺势将网口转折过来,将网底下部连虫一并甩到网圈上来,或迅速翻转网柄,使网口与网袋叠合一部分,这样入网的昆虫就不易跑掉,此时握住网底上方,揭开毒瓶盖,将毒瓶送入网底,使采集到的昆虫进入毒瓶。切勿由网口从上往下探看网中之虫。

若捕到的是大型蝶蛾类,可在网外用手捏压其胸部,渐加压力,使其不能活动,然后再取出放入毒瓶。若是特大的种类,可用注射器在胸部注入少许酒精,使其迅速死亡。如果是蜇人的蜂蚁类,或有毒的隐翅虫、芫菁、蜍象、枯叶蛾幼虫、毒蛾幼虫、刺蛾幼虫等,必须用镊子取出;如果捕到的是中小型昆虫,数量很多,抖动网袋,使昆虫集中到底部,送入毒瓶即可。捕捉叶簇间、灌木丛或杂草丛中的昆虫时,要采用边走边扫的方法,扫几网后,可以将集中在网底的昆虫连同部分碎枝叶一起倒入毒瓶,待昆虫被毒死后,再倒在白纸上挑选,也可打开网底,将昆虫装入容器或毒瓶。

用马氏网捕来的昆虫是直接掉落并死在酒精瓶内的酒精中的,盖紧瓶盖即可。对于水生昆虫的稚虫,我们可根据其栖境用水网采集。

(2)震落法:震落是采集昆虫的好方法,主要用于采集有假死特性的昆虫。我们可以突然猛震寄主植物,使昆虫落入虫网、采集伞或白布单等工具,也可以在早、晚昆虫不甚活动时,趁其不备,猛击寄主植物取得上述效果。在黄昏或中午炎热时,我们可用震落法采到金龟子、锹形虫、象甲、叶甲、蜍象等昆虫。对于蚜虫、蓟马等小型昆虫,我们可以直接将其击落到网中或硬纸片上,也可用小毛笔收集到酒精中。对于有些有"拟态"的昆虫,我们可以震击寄主植物,使其受惊起飞,再设法捕捉。注意:一定要及时收集落下的昆虫,否则很快它们又会飞走。

（3）诱集法：诱集法是利用昆虫的趋光性、趋化性或趋异性等特点来采集昆虫的一种简便、有效的方法，可以采到多种具有趋性的昆虫。

①灯诱：灯光诱捕，是常用的诱集法，主要是用来诱集夜出性、趋光性的昆虫。蛾类、金龟甲、蝼蛄等昆虫均有较强的趋光性。灯诱应在昆虫盛发的季节，最好选择无风、闷热、无月光的夏日夜晚，尤其是月缺的晚上，应在适宜的地点，常用诱虫灯（黑光灯）（见图5-10）或高空诱虫灯（见图5-11）诱集，这样采集的昆虫更多，效果最好，有时一夜可诱到数万只昆虫。为了收集昆虫的方便，挂灯时，请在灯旁挂一块白布。

图 5-10　各种型号诱虫灯　　　　　　图 5-11　高空诱虫灯

②味诱：食物诱集，也是采集昆虫的好方法，即利用昆虫对某些发酵及有酒味的物质的趋性设计诱捕方法，对于大多数害虫的成虫都具有防治效果，如梨小食心虫、梨大食心虫、卷叶蛾、实蝇等害虫。将马粪、杂草，糖渣、酒糟在田间（苗圃）堆成小堆，可诱集到多种地老虎幼虫、蝼蛄、金针虫。用红糖3份、醋4份、酒1份，水2份的配方配成的诱剂，红薯发酵、粉浆沉淀物发酵后做成的诱剂，可诱集大量蛾类和双翅目昆虫。将糖6份、白酒1份、醋3份、水10份及少量鱼肉等盛于玻璃器皿中可诱集落叶松球果种蝇（见图5-12）。味诱还包括利用人尿诱捕蝴蝶、利用腐肉引诱蝇类、利用蜜糖诱集蚂蚁、利用腐烂水果引诱果蝇等。

图 5-12　诱虫糖醋液

③性诱：异性诱捕昆虫，一般是将人工合成的雌性信息素（如蚕蛾、毒蛾、螟蛾、卷蛾等的信息素）置于厚纸或塑料膜制成的诱器内（见图5-13），可诱集同种的异性。此法的缺点是性信息素专性很强，一种性诱器只能诱集几种昆虫。

④色诱：最常见的是用黄盘（或色板诱捕器）诱集蚜虫和跳小蜂等（见图5-14）。

图 5-13　水稻田安装的性诱器

图 5-14　黄板诱杀

（4）观察和搜索法：主要根据昆虫的栖境或寄主植物来搜索，采集在地面上、树枝上、树干上、砖石下或枯枝落叶中的昆虫。要采到需要的标本，必须了解昆虫的生活习性及活动场所。许多昆虫营隐蔽生活。在树皮下和树干内可采到天牛、吉丁虫、小蠹虫、木蠹蛾、透翅蛾、象甲、扁甲、郭公虫；果树或阔叶树的干部或枝条上可采到舞毒蛾、天幕毛虫的卵块；农田或苗圃地的土中可采到金龟子、地老虎幼虫、蝼蛄、金针虫和其他昆虫的幼虫或蛹；树冠中可采到巢蛾类及天幕毛虫的幼虫或蛹；紧密的卷叶筒中可采到卷叶象甲。蚜虫、木虱或某些蚧虫的分泌物常可被人发觉，我们可以根据爱食其分泌物的蚂蚁、蝇或天敌瓢虫的存在来采集蚜虫及蚧虫，也常可采到其天敌草蛉、蝎蛉、瘿蚊等。沫蝉幼虫常用分泌物在枝上形成泡沫，其自身躲在里面。我们可以由植物的被害状发现昆虫；咀嚼式口器昆虫为害后的植物叶片常留下啃食过的痕迹和粪便；刺吸式口器昆虫常造成叶片变黄失色或斑点，据此被害状可采到蚜虫、叶螨、叶蝉；有些昆虫使植物的叶柄、幼茎或枝干上形成各种虫瘿，有些昆虫生活在松树梢果内，造成梢果畸形，并有虫粪排出，据此被害状可找到松梢果螟类和象甲类昆虫。

（5）陷阱法：陷阱法常用来采集步甲、蚂蚁和蟋蟀等在地面活动的昆虫，很有效，特别是当陷阱中放有味诱剂时，效果更佳；在陷阱中加入少许啤酒时，可诱到较多的甲虫。

①地表陷阱杯法（地陷法）（见图 5-15）：用埋入地表的陷阱杯对地表昆虫进行取样。在面状生境采用五点法对每个样方设置 5 个陷阱杯。在线状样地沿着样带中间每间隔 5 m 分别放置 5 个陷阱杯。陷阱杯为高度 12 cm、杯口直径 8 cm 的硬质塑料杯。杯内倒入 1/3 的饱和食盐水，添加几滴洗洁精以破坏液面的表面阻力。使容器边缘稍低于或与土壤表面持平，并在容器上方 5 cm 处支撑一块有机玻璃片作为防雨罩。每周收集标本并更换溶液。

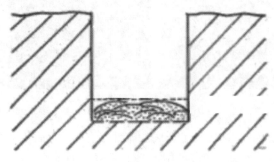

图 5-15　地表陷阱杯法（地陷法）

②悬挂诱饵的陷阱诱捕器（见图 5-16）：用于捕捉在地面爬行的昆虫。

③挂盆陷阱法（挂盆法）（见图 5-17）：利用谷盘（盆）诱捕器来捕捉蛾、甲虫等。用挂盆陷

阱法对在空中飞行的节肢动物进行取样:在每个面状生境内设置 9 个陷阱盆,分别置于样方为 2 m 的小栅格交点上,在每个交点分别间隔放置黄、白、蓝色盆形陷阱;在每个线状生境监测点分别设置 1 条 50 m 长的样带,每条样带上相间放置 3 个黄、白、蓝色盆形陷阱,每个陷阱至少间隔 2 m,两端的陷阱距样带端部至少 5 m;将上口径为 21 cm、高为 12.5 cm 的盆形陷阱挂在长 1.5 m 的支架上,支架插入地下约 30 cm 固定;陷阱中放入 300 mL(约盆的 1/4)饱和食盐水和少量洗洁精;每周收集标本并更换溶液。

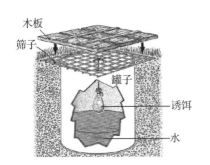

图 5-16 悬挂诱饵的陷阱诱捕器

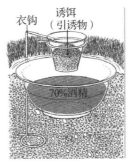

图 5-17 挂盆陷阱法(挂盆法)

(6)分离器和布氏漏斗法:分离器(见图 5-18)和布氏漏斗(见图 5-19)常用来收集土壤或枯枝落叶层中的微小至小型昆虫,非常有效。

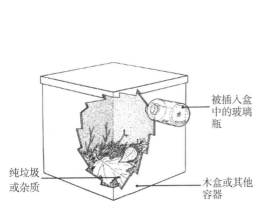

图 5-18 分离器

图 5-19 布氏漏斗

3)采集时间、地点

(1)采集时间。

昆虫种类繁多,生活习性各异,一年发生几代、何时开始出现、何时停止活动等可因种类和地区的不同而异。一般来说,一年四季均可采集,但由于昆虫的发生期和植物生长季节大致是相符的,每年晚春至秋末,是昆虫活动的适宜季节,也是一年中采集昆虫的最好时期。一年发生一代的昆虫应在发生期采集。采集时间主要根据自己的目的和需要来决定。一天之间采集的时间也要根据昆虫种类而定。日出性的昆虫,多在 10:00—15:00 活动最盛。夜出性昆虫在日落前后及夜间活动最频繁,最易采到。温暖晴朗的天气采集收获较大,而阴冷有风的天气,昆虫大多蛰伏不动,不易采到。

（2）采集地点。

采集地点也要依据采集目的而定，根据不同种所处生态栖境和习性选择合适地点，全面、认真、细致地采集，就可获得非常丰富的标本。对于大多数昆虫来说，理想的采集环境是植物生长茂盛、树木种类繁多、灌木繁杂、杂草丛生、鲜花遍野的山地，附近有溪流或沼泽更佳。因此，一般来说，森林、果园、苗圃、菜园、经济作物林、灌木丛都能采到大量有价值的标本，但是高山、沙漠、急流等处往往可以采到特殊种类昆虫。了解各种昆虫生态环境有助于有目的地进行采集。

①植物上的昆虫：对于大多数植食性昆虫，植物茂盛、种类繁多的环境是采集昆虫的好地方。

②地面和土中的昆虫：除了少数几个目的昆虫外，绝大多数昆虫均可在地面和土中采到。地面的环境极其复杂，可采到各种昆虫；土中可挖到多种鳞翅目昆虫的蛹，步甲、虎甲、芫菁、叩头虫等的幼虫及蝗虫的卵，蝼蛄、拟步甲和食虫虻等的幼虫；植物基部或根部可以挖到土居的蚜虫、介壳虫、天牛及小蠹虫等。

③水中的昆虫：静水、流水、盐中或温泉中均有昆虫生存。鞘翅目的沼梭、龙虱、豉甲等；半翅目的划蝽、仰蝽、负蝽；蜻蜓目、毛翅目、广翅目、襀翅目、蜉蝣目昆虫的幼期，以及脉翅目的水蛉、长翅目的水蝎蛉幼虫均生活在水中。双翅目昆虫的幼期有一半在水中生活。

2.昆虫标本的制作

为使昆虫标本长期保存、便于使用，采集的昆虫标本都需进行整理，制作成各种形式的标本。制作的昆虫标本，要完整、干净、美观、尽量保持其自然状态。因此，要有相当的技术、适当的工具和方法。

1）制作工具

制作工具包括昆虫针（见图 5-20）、昆虫针台（见图 5-21）、三级台、展翅板、分类标本盒、软木板、大头针、小纸条等。

（1）昆虫针：用于固定昆虫体的不锈钢针，尖端锐利，可以插入虫体。有些昆虫针的另一端有类似大头针的圆头，有些则无。昆虫针按粗细、长短的不同可分为 00、0、1、2、3、4、5 号共 7种。00 号长 12.8 mm，顶端无膨大的圆头，直径为 0.3 mm；0 号、1 号、2 号、3 号、4 号和 5 号长约 39 mm，顶端有膨大的圆头，直径分别为 0.3 mm、0.4 mm、0.5 mm、0.6 mm、0.7 mm 和0.8mm。常用的昆虫针是 0~5 号针，可根据虫体的大小来选择。00 号针是专门用来制作微小昆虫标本的，也叫二重针。昆虫针常放在昆虫针台中。

中型或大型昆虫的成虫和不完全变态昆虫的若虫均可直接插针；小型昆虫可以制作玻片标本，也可以进行二重插针，还可以放入指形瓶的酒精浸液中保存。

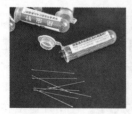

图 5-20　不同型号的昆虫针

图 5-21 昆虫针台

(2)三级台:由三级不同高度的木板组成的小木块,长 75 mm,高 24 mm,每级高 8 mm,每级中央挖不同深度的中空洞口(见图 5-22)。针插昆虫后,为维持昆虫在虫针上的高度及标签高度一致,可将标本连虫针插入洞口,调整标本及标签高度,如此标本做好后,放在标本盒内,高度整齐划一,也较为美观。第 1 级高 24 mm,用来固定标本的高度,要求针与虫体垂直,虫姿端正;第 2 级高 16 mm,是采集标签的高度,所有针插标本都要附采集标签,否则会失去科学价值,采集标签应写明采集的方法、时间、地点、寄主植物和采集人等;第 3 级高 8 mm,为鉴定标签的高度,鉴定标签应写明学名、鉴定时间和鉴定人等。

一些昆虫的虫体较肥厚,在第 1 级插好后,应倒转针头,在第 3 级插下,使虫体上面露出 8 mm,以保持标本整齐,便于提取。

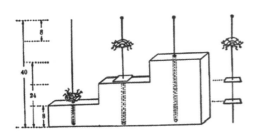

图 5-22 昆虫针和昆虫三级台

(3)展翅板:由三块软木或保利龙板组成的"工"字形的木架。下层一块板为 30 cm×30 cm 的正方形。上层两块板为 10 cm×30 cm 的长方形。上层二块板平放、对齐,互相平行排列,且表面略向内倾,一块可以左右移动,以调节两板间的距离。木架中央有宽 0.5～1 cm 的凹槽,铺软木或泡沫板,方便插针,中间留槽,供虫体腹部伸入,并使翅平放于上层板片上(见图 5-23)。需展翅的标本主要是鳞翅目、脉翅目、蜻蜓目、毛翅目和部分大型膜翅目标本。

(4)整姿台:主要是一片软木或保利龙板。针插标本后,将虫体各部位固定在整姿台上,可以使标本保持自然姿态,不卷曲(见图 5-24)。

(5)标签:为翔实记录标本资料,每一个标本必须有一张标签。标签是由大小约 1 cm ×1.5 cm 的硬纸制成的,称为虫签。虫签必须真实地记录采集时间、采集地点及采集者三项资料,缺一不可。

(6)其他:制作标本时还需要大头针、压条纸、镊子等,以协助固定标本。

图 5-23　展翅板

图 5-24　整姿台

2）制作方法

昆虫标本根据昆虫本身的特性（大小、软硬程度等）、生活时期（幼虫或成虫）及研究需求等，会有不同的制作方法，主要可分为下列几种。

（1）针插法：此方法主要适用于体型较大、体表较坚硬的昆虫成虫，也是最常见的一种标本制作方法。采集后，在标本还没干燥以前，将昆虫针插在标本上并进行整姿或展翅等工作，自然干燥后即可完成标本制作。

（2）微针及胶贴法（见图 5-25）：对于一些小型昆虫，普通的昆虫针太大，无法插入虫体，此时就需要用更小的微针来插虫，然后将微针插在小块的软木片上，再将普通昆虫针插在软木片上。对于更小的昆虫，可以用黏胶，将虫右侧中胸部分贴在小型三角纸的尖端，再用一般昆虫针将三角纸插起来。

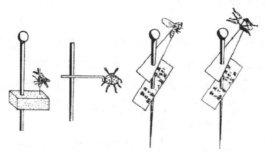

图 5-25　微针及胶贴法

（3）浸渍法：有些昆虫体表较为柔软，例如白蚁或完全变态类昆虫的幼虫，无法制成针插的干燥标本，此时，可将虫体浸泡在液体中。通常先用专用固定液或热开水将虫体组织固定，再浸泡于 95% 的酒精中保存。注意，保存的玻璃瓶要密封，否则酒精很容易挥发。有时标本会脱水或虫体的体液会流出,使酒精浓度变低,因此必须更换几次酒精(见图5-26)。

(4)玻片标本:玻片标本适用于体型极小的昆虫,必须用显微镜或放大镜观察它的形态特征,例如虱子、跳蚤、蚜虫等。一般步骤:将采集标本浸泡在10%氢氧化钾溶液中,将虫体的骨骼软化1 d后取出,用蒸馏水清洗,必要时以洋红等染剂染色,以利观察;以50%、60%、70%、80%、90%、100%等浓度的酒精进行一系列脱水,再以阿拉伯胶封片,干燥2～3周,即成。

图5-26　浸渍法

(5)展翅法:最好是在虫体刚被毒死时进行,这时胸部肌肉松软,不但展翅容易,而且经展翅后的标本也不易走样。如果虫体已干燥僵硬,必须充分还软后,才能展翅。一般步骤:用昆虫针刺穿虫体,插进展翅板的槽沟里,使腹部在两板之间,翅正好铺在两块板上,然后调节活动木板,使中间空隙与虫体大小相适应,将活动木板固定;两手同时用小号昆虫针在翅的基部挑住较粗的翅脉调整翅的张开度,蝶蛾类以将两前翅的后缘拉成直线为标准,蝇类和蜂类以两前翅的顶角与头左右成一条直线为标准,脉翅类和蜻蜓以后翅两前缘成一条直线为标准;移到标准位置,用细针固定前翅后,再固定后翅,将玻璃纸或光滑纸条覆在翅上,并用大头针固定,小蛾类展翅时,用小毛笔轻轻拨动翅的腹面,待完全展开,不用玻璃纸压,只需将针尖朝向后翅后缘处,并向后斜插,斜插度以压住两翅为好;针插后放入纱橱,约一周后,干燥定型即可取下。

(6)树脂包埋法。

①生单体制备:按甲醛∶尿素=100∶34的比例,将尿素加入甲醛液中,不断搅拌,使尿素充分溶解在甲醛液中,将尿素甲醛溶液用电炉或酒精灯慢慢加热,同时不断搅拌,当温度达到30 ℃时,按甲醛用量的5/10 000加入25% NaOH溶液,再继续加热,不断搅拌,当温度上升到90 ℃时停火,按甲醛量的8/1000加入冰乙酸,然后停火,不断搅拌,这时反应强烈,温度可达到100 ℃;反应缓慢后,继续文火加热,并搅拌5 min左右,这时可用玻璃棒不断蘸取溶液滴入常温水中,如出现云雾状时,按甲醛量的8/1000加入25% NaOH溶液,停火搅拌几分钟即可。生单体配制完成后存放在密闭的容器内待用,生单体一般可存放半个月。

②配制熟单体:在生单体中再次加入冰乙酸搅拌即成熟单体,加入冰乙酸的量随气温而异,一般为生单体量的3.3%～4%,在此范围内气温越高,加入冰乙酸的量越少。

③标本包埋:将采集到的昆虫标本放入毒瓶,昆虫死亡后即可进行包埋(需要展翅的昆虫展翅后再进行包埋)。包埋标本时先在模具中倒入一定量的熟单体,倒入量约为模具容量的1/4,静置于防尘通风处,当熟单体凝固,不能在模中流动时,可以进行包埋。

将包埋的标本小心地放在模具的一定位置,放时先在标本上抹上少量熟单体,以便粘在原来的单体上,同时将标本的名称和制作时间用碳素墨汁写在玻璃纸上,再滴一滴熟单体粘放在模具内,放置1 d左右,等标本和标签都已粘定在模具上时,再倒入熟单体,达到模具容积的1/2,等凝固后,再倒入熟单体(在标本包埋过程中要注意排除气泡,如果产生气泡,可用针插入气泡内排气),直到完全淹没标本。一般倒3～4次便可包埋完毕。让熟单体逐渐硬化,这时可将包埋好标本的模具置于室内防尘通风处,待单体完全硬化后即可脱模使用。一般夏季7 d,冬季30 d即可脱膜使用。如用烘箱干燥,4～7 d即可脱模。

树脂包埋标本如图5-27所示。

④甲醛脱色:工业甲醛在储存和使用的过程中会因为所用铁质容器生锈变成橙红色,如不

图 5-27　树脂包埋标本

及时处理会影响标本的透明度,可将甲醛加热到 80 ℃ 时,立即加入甲醛量 5％的 25％NaOH 溶液,稍加搅拌,静止 4 h 后,上部澄清液即可使用。

(7)幼虫吹胀标本制作。

①安装烘干装置:取 1 个胶头滴管,去掉胶头,安装在充气泵的塑料管端,用橡皮筋固定在铁架台二级架上边;烧杯底部铺 0.5～1.0 cm 厚普通细黄砂后,置于铁架台一级架的石棉网上,下面放酒精灯。

②去除幼虫粪便、内脏:将活幼虫的头部朝向制作者,平放在光面瓷砖上,用玻璃棒由前胸轻轻地向尾部擀压几次,再在幼虫中部稍用力擀出粪便,最后从前胸擀出内脏,用镊子去掉挤出的东西。

③检查幼虫内脏去除效果:取 1 个胶头滴管,去掉胶头,套在吸耳球上,将滴管端慢慢插入幼虫肛门并打气,看幼虫直不直,如果不直继续擀压。

④吹胀烘干幼虫:将安装在充气泵塑料管上的胶头滴管端插入去除内脏的幼虫肛门,用老式铁夹夹住滴管端的幼虫肛门;保持幼虫皮固定在烧杯口的上方,连续打气烘干,注意不要烤焦。

⑤定型幼虫标本:烘干好幼虫,松开铁夹,用水微微湿润夹住的地方,取下幼虫;将牙签插入幼虫体内,在牙签靠近幼虫肛门的位置事先缠一层脱脂棉,便于将幼虫固定在牙签上;肛门端牙签插入切好的高密度泡沫块上,用昆虫针插入泡沫块,插在标本盒内。

(8)生活史标本制作。

生活史标本即为认识、了解昆虫各虫期及危害,以供教学及展览用,将卵、各龄幼虫、蛹、成虫和寄主被害状等安排在标本盒中(见图 5-28)。

成虫标本如果是需展翅的种类,则不必用昆虫针刺穿固定,而是将标本的背面向下,平放在整姿台上,用昆虫针尖端钉住胸部,展翅整姿,甲虫、蟓象则需直接在整姿台上整姿。

幼虫标本一般放入指形管或小试管中,用软木塞加蜡或胶套封口,但保存液容易挥发,且拿出单独观察时因为虫体不能固定,观察有困难,为克服上述缺点,采用以下方法封管。

①将过期胶卷,经氢氧化钾处理,除去底片上的药膜,使其透明,根据幼虫、蛹体大小剪成大小不同的胶片小块,折成"Π"形,将晾干的虫体放在胶片上,用小玻璃棒蘸少量单丁酯三元树脂的二甲苯与环己酮(1∶2.5∶2.5)混合液,将虫体粘在胶片上。

②将粘好幼虫和蛹的胶片放进准备封管的玻璃管中,在一只漏斗形小玻璃管外面粘几圈白卡片纸,这种有白卡片纸的小玻璃管的外径要稍稍小于装虫玻璃管的内径,以便刚好塞进装虫玻璃管,从而压住下面的胶片。卡片纸圈上可写上虫名和虫态,小玻璃管可挡住气泡。

③在酒精灯上,将装虫玻璃管加热拉管成细颈,用注射针由漏斗形的小玻璃管管口注入保

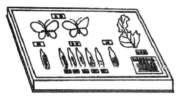

图 5-28　昆虫生活史标本

存液,使装虫玻璃管内的液面超过小小玻璃管的管口,这样气泡就只能在漏斗的上面,不会再移到漏斗下面。

④将玻璃管封口,完成封管;在标本盒的底部铺上樟脑小块或一层杀虫剂粉,上盖一层脱脂棉,将标本陈列于上。

3)针插标本制作的具体过程

①选择昆虫针:依昆虫标本的大小,选定适合的昆虫针,例如金龟子可用 5 号昆虫针,中型蝴蝶用 3~4 号针,小型蚊子用 0 号针。

②插针:不同类群的昆虫,为分类研究上的方便,其针插部位有一定要求。插针位置一般在昆虫中胸背板的中央偏右,以保持标本稳定,又不致破坏中央的特征。昆虫针插入后应与虫体纵轴垂直。但是,不同目标昆虫的插入部位有所不同(见图 5-29)。在直翅目中,针插在前胸背板中部、背中线稍右的位置;在半翅目中,针插在中胸小盾片中央偏右的位置;在鞘翅目中,针插在右鞘翅基部的翅缝边,不能插在小盾片上;在双翅目中,针插在中胸偏右的位置;在鳞翅目、膜翅目和蜻蜓目中,针插在中胸背板正中央,通过第 2 对胸足的中间穿出。针插入的深度一般以标本上方约还留有整只昆虫针的 1/3 为准,但有时必须视虫体厚度来调整。

③展翅:蝴蝶、蜻蜓等昆虫要展翅(见图 5-30)。展翅时,先将展翅板调到适当宽度,然后把定好高度的针插好的昆虫标本,小心地插入"V 形"展翅板的凹槽中,使翅膀基部和展翅板平行;用镊子将翅展开,使前翅的后缘和身体垂直;将翅调整至理想位置后,一手用透明且光滑的蜡纸或塑料纸等纸条将翅压在板上,用针拨动左翅前缘较结实的地方,使翅向前展开,拨到前翅后缘与虫体垂直,用大头针插在压条纸四周固定,但不能插到翅膀;将后翅向前拨动,使前缘基部压在前翅下面,用大头针固定;左翅展好后,再依法拨展右翅;将触角调整为与前翅前缘大致平行并压在纸条下;将腹部调整平直,不使其上翘或下弯,完成标本。

④整姿:有些昆虫不需要展翅,例如蚂蚁、金龟子等,但在标本采集后,虫体会卷曲,很难看,为使将来容易观察,以及维持标本美观,必须整姿。整姿时,前足及触角向前,中后足向后,

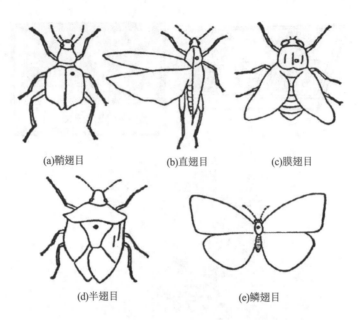

(a)鞘翅目　　　　　　(b)直翅目　　　　　　(c)膜翅目

(d)半翅目　　　　　　　　　(e)鳞翅目

图 5-29　各种昆虫标本插针位置

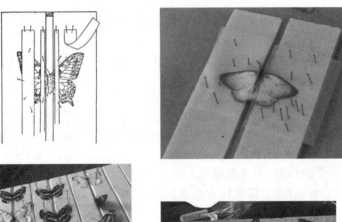

图 5-30　昆虫展翅

将身体各附属器官伸展开；用镊子将欲固定的部位放到适当位置后，用大头针协助将肢体固定在整姿板上，然后放到烘箱内于 40 ℃烘烤干燥（见图 5-31）。

　　⑤保存：标本烘干后，即可放入标本盒中保存（见图 5-32）。理想的标本盒的四周应该留有空隙，以便放置樟脑丸。标本盒也可以用铁制的饼干盒替代，在盒内铺一层保利龙板，将标本插在盒中保存。标本盒需放置于通风、干燥处保存。一个保存良好的标本馆，一般标本可以维持上百年而不致损坏。每一个标本代表着一个生命，应爱惜，并善加利用，如仔细观察标本形态，并尝试进行分类或其他科学研究。

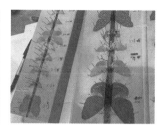

图 5-31　昆虫整姿

3. 昆虫标本保存及注意事项

1)昆虫标本的暂时保存方法

采集到的标本应暂时保存起来,以便随后带回室内整理、制作。常用方法是酒精浸液保存法、三角纸包保存法和棉层纸包保存法。

①酒精浸液保存法:75%～85%的工业酒精,再加1%～2%的甲醛或甘油。使用浓度依虫体大小和含水量而定。对于小型昆虫,浓度为 75%即可;大型昆虫和完全变态昆虫的幼虫体内含水量高,浓度最好为 85%。

图 5-32　昆虫保存

除鳞翅目、脉翅目、蜻蜓目和毛翅目成虫不可放入酒精浸液中保存外,其他虫态和类群均可在酒精浸液中暂时保存或长期保存。但是,如果虫体太小且个体又少,最好单独放在小指形瓶内浸存。

②三角纸包保存法:将长方形的纸折成三角包,可以装各种昆虫,但常用来装鳞翅目、脉翅目、蜻蜓目和毛翅目成虫。注意不能挤压和折叠,以免损坏标本。标本装好后,在口盖上注明采集的方法、时间、地点和采集人等。

③棉层纸包保存法:在长方形的脱脂棉块外包一层光面纸和一层牛皮纸做成。将标本整齐地放在棉层上后,盖上一层光面纸,然后注明采集的方法、时间、地点和采集人等。

2)昆虫标本的长期保存

①标本盒保存法:规格多样,常用的标本盒长为 37 cm,宽为 22 cm。针插标本干燥后,归类,整齐插入标本盒内长期保存。为防止虫蛀,在标本盒的四角常固定樟脑球,并注意适时更换。在标本盒边贴上标签,放入阴凉干燥的标本柜内保存。

②酒精浸液保存法:除了针插标本外,其他标本均可在酒精浸液中长期保存。为防止酒精和甲醛挥发,盖严瓶口后,请用石蜡、火漆或封口胶密封,贴上标签,放于阴凉处保存。如果虫体太小且个体又少,最好单独放在小指形瓶内浸存,贴上标签(用铅笔写),然后放入广口瓶内的酒精浸液中,密封,并置于阴凉处保存。

3)昆虫标本保存注意事项

①干燥:自然干燥,针插标本放于阴凉处 1 个月以上。

②防虫:放入樟脑精、甲敌粉等。

③防霉:干燥是关键,干燥后不易生虫和霉。

(二)主要农业害虫越冬虫口基数调查

1. 水稻螟虫越冬虫口基数调查

1)目的与要求

①掌握水稻越冬期主要害虫的调查方法。

②了解冬季水稻害虫的种类,掌握水稻害虫越冬虫态的主要识别特征和越冬部位。

2)内容与方法

(1)水稻害虫种类调查。

在水稻根部的不同部位观察、采集各种害虫,注意害虫的虫态、虫龄、为害部位和为害状。采集害虫的方法因害虫种类而存在差异,采集时可依据其栖息环境、为害部位等采取手捕,剥查茎秆、稻桩等方法。对采集到的害虫标本,根据有关资料,查出种类,并将主要识别特征等填入表 5-2。

表 5-2　水稻害虫调查记录表

虫名	虫态	主要识别特征	越冬部位	备注

(2)水稻越冬期主要害虫田间调查方法。

螟虫类:依据调查目的及相应的内容,调查方法包括虫口密度及死亡率调查、幼虫及蛹发育进度调查、螟害率调查等。每种调查都应根据螟虫的生物学特性及危害特点,确定调查的时间、抽样方法及数量、观察记载的内容,以及简单的计算方法。下面以水稻越冬期虫口密度及死亡率调查为例进行说明。

调查时间:每年 11 月—12 月。

调查方法:根据水稻品种、不同移栽期划分类型,每类稻田类型选择 3～5 块有代表性的田,采用平行跳跃法查 200 丛稻桩,也可采用单行或双行连续取样。螟害较轻的年份或田块,需适当增加调查数量。调查时,拔取样本丛中所有的稻桩,剥查并计算虫口密度和死亡率,可记载天敌寄生情况。

3)作业

根据田间调查和采集结果,填写表 5-2。

2. 玉米螟幼虫越冬虫口基数调查

1)目的与要求

学习蛀茎害虫玉米螟幼虫密度及危害程度的调查方法,并根据环境要素进行虫情分析,掌握玉米螟田间为害状特征。

2)内容与方法

不同类型田玉米螟为害情况调查如下。

①类型田选择：选择不同播期、品种的田块，进行田间为害情况和幼虫数量的调查。

②幼虫危害程度及虫口密度调查：在幼虫危害时期，选择1～2块有代表性的类型田，每块选五个点取样，调查总茎数、被害茎数、有虫茎数、剥查虫数并将调查结果记入表5-3。

表5-3　玉米螟幼虫调查记录表

虫名	虫态	主要识别特征	越冬部位	备注

3）作业

根据田间调查和采集结果，填写表5-3。

3. 地下害虫越冬虫口基数调查

1）目的与要求

①掌握地下害虫越冬期的调查方法。

②了解冬季地下害虫的种类，掌握地下害虫越冬虫态的主要识别特征和越冬部位。

2）调查时间

调查一般在秋季作物收获后土壤结冻前或春、夏、秋季播种前进行。

3）地块选择

调查时选择有代表性的地块，分别按土质、地势、茬口、水浇地、旱地等进行调查。

4）调查方法

（1）挖土调查。

查明当地主要地下害虫种类和虫口密度，以便准确掌握虫情，制订合理的防治计划。挖土调查是当前地下害虫种类和数量调查中最常用的方法（见表5-4）。

①取样方法：采用对角线或棋盘式取样点法。蛴螬、金针虫等较大型种类多属聚集分布，以采用"Z"字形或棋盘式取样法为宜。取样数量一般为1 hm² 以内地块取8～10个样点（5点），1 hm² 以上，每增加1 hm²，样点增加2个。

②样点面积：每个样点面积为1 m²（沿垄取1.33 m长）或每个样方面积一般为50 cm×50 cm。

③挖土深度：挖土深度根据土温而定，一般为30～50 cm（一锹深），边挖土边检查，土块要打碎。

表5-4　地下害虫调查记录表

虫名	虫态	主要识别特征	越冬部位	备注

续表

虫名	虫态	主要识别特征	越冬部位	备注

(2)灯光诱测法。

对有趋光性的害虫种类,如地老虎、蝼蛄、油葫芦、某些金龟甲和金针虫等,可从越冬成虫出土活动开始,至秋末越冬为止或在主要种类的成虫发生期利用黑光灯进行诱测。

(3)食物诱集法。

根据地下害虫的趋性,采取"穴播食物诱集法",一般在冬播或春播前,每隔 50 cm 穴拨小麦或玉米,当发现幼苗受害后,挖土检查,效果很好。

(4)糖醋盆诱集法。

利用根蛆成虫的趋化性,在重发生期,每块地设置 1～2 个糖醋盆,盆内先放入少许锯末,然后倒入适量诱剂(诱剂配方是红糖:醋:水＝1:1:2.5,并加少量的敌百虫拌匀),加盖,盆距地面 15～20 cm。每天在成虫活动时间开盖,及时检查诱集虫数和雌雄比,并注意补充和更换诱剂。盆内诱蝇数量突增或雌雄比接近 1:1,是成虫发生盛期,应立即防治。

(三)农业害虫田间调查、统计及预测

1.目的与要求

(1)初步了解、掌握当地农业害虫调查、统计方法,主要农业害虫种类,认识常见的农业害虫,为预测预报提供依据。

(2)明确农业害虫测报的原理,学会常用的农业害虫的测报方法。

(3)通过本项综合实习实训,熟悉当地主要病虫害发生发展规律,并能根据病虫害发生发展规律选择正确的预测预报方法,熟练掌握当地主要病虫害预测预报技术。

2.材料用具和资料

铁锹、卷尺、标本瓶(浸渍瓶)、镊子、诱蛾器、毒瓶或集虫箱、塑料布、1 m 长的小竹竿、小谷草把、酒、水、糖、醋、高粱秸或玉米秸、记载本等;气象资料、病虫害历史资料等。

3.实习实训场所

实验室、实训基地。

4.实习实训内容

(1)田间种类和虫口密度调查(同农业害虫基数调查)。

(2)为害情况调查。

一般春播作物应在出苗后和定苗期各调查 1 次;调查方法是选择不同土壤类型田块根据主要地下害虫种类的分布型,每次调查 10～20 个点。条播小麦、谷子每点调查 1 行,长 1～2 m;撒播作物,如小麦等,每点调查 1 m²;株距较大作物,如玉米等,调查长度可适当增加,也可调查一定株数。

5.调查方法与步骤

根据当地生产特点和需要,选择 1～2 种主要虫害,按调查目的和要求进行调查。调查时可选择不同类型的代表性田块分组进行,结束时汇兑各组情况,进行害虫情况分析,并按实际

情况提出应采取的防治意见。调查时应注意以下几点。

（1）选点时应根据调查目的确定代表田块，必要时可对害虫发生特别严重或极轻的田块进行专门调查访问，探讨原因，为害虫防治提供参考。

（2）调查时应对调查田块的基本情况，包括耕作制度、管理情况、过去害虫发生情况、群众防治经验等进行了解；对调查田块的周围环境和自然条件，特别是其他寄主情况、天敌情况等进行调查、记载，供分析害虫情况时参考。

（3）结合生产需要，本实训也可与教学、毕业实习结合进行，以达到熟练操作技术，熟悉害虫发生动态和为生产服务的目的。

6.农业害虫及其天敌田间调查预测案例

 案例1　地下害虫的调查预测技术

1.实习实训目标

①了解当地主要地下害虫种类，认识常见的地下害虫。

②明确地下害虫测报的原理，学会常用的地下害虫的测报方法。

2.材料用具和实训场所

铁锹、卷尺、标本瓶（浸渍瓶）、镊子、记录本、笔等；实训基地。

3.操作方法与步骤

1）田间种类和虫口密度调查

（1）挖土调查法。

查明当地主要地下害虫种类和虫口密度，以便准确掌握虫情，制订合理的防治计划。

①调查时间：一般在秋季作物收获后土壤结冻前或春、夏、秋季播种前。

②地块选择：调查时选择有代表性的地块，分别按土质、地势、茬口、水浇地、旱地等进行调查。

③取样方法：采用对角线或棋盘式取样点法。蛴螬、金针虫多属聚集分布，以采用"Z"字形或棋盘式取样法为宜。取样数量一般为 1 hm² 以内地块取 8 点（5 点），1 hm² 以上，每增加 1 hm²，样点增加 2 个。

④样点面积：每个样点面积为 1 m²（沿垄取 1.33 m 长）。

⑤挖土深度：挖土深度根据土温而定，一般为 30 cm（一锹深），边挖土边检查，土块要打碎。

（2）灯光诱测法。

对有趋光性的害虫种类，如地老虎、蝼蛄、油葫芦、某些金龟甲和金针虫等，可从越冬成虫出土活动开始，至秋末越冬为止或在主要种类的成虫发生期利用黑光灯进行诱测。

（3）食物诱集法。

根据地下害虫的趋性，采取"穴播食物诱集法"，一般在冬播或春播前，每隔 50 cm 穴拨小麦或玉米，当发现幼苗受害后，挖土检查，效果很好。

（4）糖醋盆诱集法。

利用根蛆成虫的趋化性，在重发生期，每块地设置 1～2 个糖醋盆，盆内先放入少许锯末，然后倒入适量诱剂(诱剂配方是红糖：醋：水＝1：1：2.5,并加少量的敌百虫拌匀),加盖,盆距地面 15～20 cm。每天在成虫活动时间开盖,及时检查诱集虫数和雌雄比,并注意补充和更换诱剂。盆内诱蝇数量突增或雌雄比接近1：1是成虫发生盛期,应立即防治。

2)为害情况调查

一般春播作物应在出苗后和定苗期各调查 1 次;调查方法是选择不同土壤类型田块根据主要地下害虫种类的分布型,每次调查 10～20 个点。条播小麦、谷子每点调查 1 行,长 1～2 m;撒播作物,如小麦等,每点调查 1 m²;株距较大作物,如玉米等调查长度可适当增加,也可调查一定株数。

4.预测方法

1)发生期预测

根据地下害虫种类和虫口密度的调查结果,结合害虫发生规律及天气预报,进行综合分析,提出下一年或下一茬作物主要地下害虫发生趋势预报。

2)防治适期预测

根据地下害虫的活动情况,结合气象因素和作物苗情,预报防治适期。

3)防治指标

对以上各类地下害虫的防治,应根据各地的危害优势虫种,确定防治指标。

(1)虫口密度指标。蛴螬类:3 头/m²。蝼蛄类:0.12 头/m²。金针虫类:4.5 头/m²。当各类地下害虫混合发生时,防治指标以 0.23～3 头/m² 为宜。田间麦苗被害率达 3%时应及时进行防治。

(2)防治适期指标:当地温度为 10 ℃时,全部或大部分幼虫移到表层为害,此时为该虫的防治适期。

案例2　稻纵卷叶螟的调查预测

1.查发生高峰,定防治适期

从各代的发蛾始盛期开始,选 1～2 块不同类型田块,每 2 d 定田调查一次,查到田间蛾量明显下降为止,一般全代查 4～5 次。每田查 67 m²,每天清早露水未干时进行,用 1.5 m 长的棍子采取平行连续取样法,逆风前进,边走边拨动两边的稻丛,迅速点数赶起的蛾子。计算每 667 m² 蛾量记入表5-5。以蛾量出现最多的 1 d 为发蛾高峰期,其后 10 d 左右为防治适期。

其估算方法为

2 龄幼虫高峰期＝上代发蛾高峰期＋产卵前期＋卵期＋1 龄幼虫期

3 龄幼虫高峰期等以此类推。

表5-5　稻纵卷叶螟田间赶蛾记录表

调查日期	调查地点	田块类型	作物生育期	赶蛾面积/m²	蛾数/头	蛾数/(头/667 m²)

续表

调查日期	调查地点	田块类型	作物生育期	赶蛾面积 /m²	蛾数/头	蛾数/(头/667 m²)

2. 查幼虫数量,定防治对象田

在各代盛孵高峰后,对苗情受害的类型田,1 次/2～3 d 调查幼虫发生情况。调查时可用五点取样或单行直线取样,每块田查 25～50 丛,统计虫数,凡有幼虫 30～50 头/100 丛或有虫苞 15～20 个/100 丛,定为防治对象田。

 案例 3　粘虫的调查预测

1. 糖醋液诱测粘虫成虫

选有代表性的禾谷类作物田(小麦或谷子田),设置诱蛾器,按配方比例为醋∶糖∶水∶酒 ＝4∶3∶2∶1 配糖醋液,加入少量敌百虫,配好后放入诱蛾器中,诱蛾器底部离地面 1 m 左右,诱蛾器间距 500 m。设置时间为历年发蛾始期前 5～10 d,至发蛾期终止,一般为 5 月 20 日—6 月 20 日。每日黄昏前,将诱剂皿盖打开,搅拌均匀诱剂。罩好简罩,诱剂不足时要及时添加(一般 3 d 加半量,5 d 换 1 次)。次日清晨统计雌、雄蛾数。将诱集的结果记入观测记录表中。

根据诱蛾量与当地历史资料的对比,参考未来天气预报资料和作物生长情况,预测可能发生量,并根据粘虫成虫发生的始、盛、末期,指导田间查卵、查幼虫。

2. 小谷草把诱卵

当诱蛾量连续增加时,选 1～2 块有代表性的麦田(每块地面积不少于 0.3 hm²)。每块地在麦行间棋盘式插 10 个小谷草把。草把顶高出麦株 15 cm 左右,每 3 d 检查并更换一次草把,剥开干叶和叶鞘查卵块数,并抽查 10 块卵粒数。在东北地区,平均 10 m 行长有卵 3～5块,幼虫就有为害的可能。我们可根据产卵盛期的当地天气预报、卵和 1～2 龄幼虫历期,推算 3 龄幼虫盛期,做好准备,及时防治。

3. 查幼虫

在查粘虫卵的基础上,选 2～3 块有代表性的主要被害作物田,定期调查,初期调查 1 次/3 d,盛期隔天查一次。幼虫进入 2～3 龄盛期时,进行所有田块的普查,以确定防治地块。查幼虫的方法是先取样(与查卵相同),调查时先在行间铺一块塑料薄膜,再用 2 根 1 m 长小杆,同时将两行麦苗向行间压弯拍打 3～5 次,震落幼虫,先查薄膜上的幼虫,再查落到地面上的幼虫。当小麦有低龄幼虫 5～10 头/m² 时,应立即防治。

4.注意事项

诱蛾器设置地点应为离村庄较远且附近没有障碍物的代表性麦田,不要靠近果园、葱地、酒坊等,以免影响诱蛾的准确性。查幼虫时应根据低龄幼虫取食习性,在每日 8 时以前、15 时以后进行检查。

(四)农业害虫天敌资源调查

1.实习实训目标要求

自然界的天敌资源非常丰富,要把大量宝贵的天敌资源查清,用于生产,发挥天敌控制、消灭害虫的作用。

掌握农作物害虫天敌识别和调查的基本方法;通过调查,基本查清当地农作物的主要害虫天敌的种类、分布和优势种群的发生消长规律,提出保护利用规划,促进生物防治工作,为害虫生物防治奠定基础。

2.实习实训内容

天敌调查(及天敌标本的采集)与病虫调查同时进行,着重调查天敌种类与数量,记录在相应栏内。天敌种类包括捕食性与寄生性昆虫(注明虫态)、致病微生物(细菌、真菌、病毒)及有益的动物(鸟、兽类)等。

1)天敌种类的调查

(1)捕食性天敌:直接捕食害虫的天敌,如瓢虫、草蛉、小花蝽、蜘蛛、食虫螨类等。

(2)寄生性天敌:在害虫体内营寄生生活的天敌,如寄生蜂类、寄生蝇类等。

(3)病原微生物:侵入害虫机体,使之染病死亡的微生物,如病毒、细菌、真菌、线虫等。

2)天敌生活规律的调查

对当地主要天敌的生活习性(食性、食量等),发生消长规律等情况进行系统调查研究。

3)调查天敌自然存量、对害虫抑制力大小和利用价值

通过对天敌与害虫消长规律的综合分析,评定利用价值。

3.调查范围及基点的设置

为查清天敌区系分布,各地都必须调查。以县为单位,根据地势、土壤、气候、植被等自然环境和作物布局,划出几个地域类型。在各地域类型中,选择条件好、有代表性的 2～3 个大队为调查基点,进行有计划的常年系统调查。同时,我们也要根据地域类型,在一年中组织 2 次面上普查,以便更多地发现天敌种类。

4.天敌资源调查技术

1)天敌资源调查时间

由于天敌种类多,发生时间不同,调查时间应为 3 月至 10 月底,调查频率为 7 天一次。对观察的重点天敌,可根据其生活习性、活动规律,妥善安排调查时间。

(1)食蚜的寄生蜂有蚜茧蜂、小茧蜂两类。苹果黄蚜茧蜂、瘤蚜茧蜂、梨蚜茧蜂和蚜虫金小蜂等,一年发生 10 余代,世代重叠交替寄生。介壳虫寄生蜂有粉蚧短角跳小蜂,一年发生 3 代,发生盛期为 5—9 月;龟蜡蚧跳小蜂,一年发生 1 代,发生盛期为 5—6 月;柿绒蚧跳小蜂,一

年发生 4 代。寄生鳞翅目害虫(如卷叶蛾、潜叶蛾、天蛾、尺蠖、毛虫、刺蛾、食心虫等)的寄生蜂有小蜂、绒茧蜂、小茧蜂、姬蜂、肿腿蜂类等,一年发生代数不等,多的一年发生 20~30 代。

(2)瓢虫类发生代数不等,盛发期为 4—9 月。

因此,面上调查可于 4、5 月份,7、8 月份各调查 1 次。

2)天敌资源调查方法

(1)诱捕。

不少昆虫具有趋光、趋化、趋诱,趋腐等习性,诱捕就是利用这些习性采取的调查方法。

①灯光诱捕:灯光诱捕到的常见又有利用价值的天敌,可以直接饲养、繁殖进行研究利用,其余的统计发生率后,用毒瓶毒死分类制作标本。对于寄生天敌,直接诱扑调查基数较低,不能反映自然界天敌生态规律,必须先用各种方法诱捕寄主的成虫、蛹、幼虫、卵,然后经过饲养投放大量的各态寄主,再去诱杀天敌昆虫,如诱捕到卵寄生天敌的寄主成虫,经过分类留雌虫进行饲养产卵,然后把卵制成不同形式的卵卡,放入田间,通过卵卡诱集卵寄生天敌。对于以幼、蛹、成虫为寄生的天敌昆虫,我们也要投放各态寄主,才能诱到大量天敌。

②糖蜜诱集:许多天敌和它们的寄主具有趋诱性,可通过种植蜜源植物和投放糖蜜诱集器(不加杀虫剂)进行诱集。利用糖蜜诱集到天敌后,要用清水、酒精等冲去昆虫身上的糖蜜,然后风干利用。

③腐诱捕:许多天敌(如双翅目、鞘翅目等)和寄主有趋腐性,可用铁网设置诱捕笼(诱捕笼要使虫类嗅到腐味后,只能飞入,不能飞出),在笼内放些鱼、肉、骨等腐败物进行诱捕。诱捕到天敌后要及时取出统计、利用,以防互相残噬,影响调查的准确性。

(2)捕网。

对于善飞会跳的天敌,如蝽象、步行虫、草蛉、瓢虫、茧蜂,寄蜂、寄蝇等类天敌的成虫,活动或静止时,都可以用网捕。捕网要运用自如,左右弧形摆动,网口和地面成 75°角平行移动。每捕一网将网口封住,翻转后再捕第二网。捕网离地面约 5 cm 或接近作物顶端。虫入网后,不要打开网口看,以防飞跑。每次扫 200 网为宜。扫网场所要有代表性。

(3)震落。

许多有假死性的昆虫,一被振动就往下掉,可在地上铺白纸、白布、塑料布捕捉,也可用特制的捕虫伞、捕虫兜来捕捉。有的虫类一被触动马上飞走,但也暴露了目标,可趁机用网捕。

(4)搜索。

隐蔽不动的小型昆虫,要细心搜索才能捕到。搜索时要掌握虫类的迁隐习性、场所,如许多半翅目、脉翅目、捻翅目的天敌昆虫,虫体较小,经常在树皮下、落叶中、底叶背面隐藏。

3)搜索采集方法

(1)采集捕食性天敌的方法。

首先观察其是否捕食害虫以确认其是否为天敌,然后进行调查采集。

①瓢虫类。瓢虫科昆虫绝大多数是捕食性昆虫,其中最有利用价值的有澳洲瓢虫、大红瓢虫、红点唇瓢虫、整胸寡节瓢虫、异色瓢虫、龟纹瓢虫、多异瓢虫、七星瓢虫、深点食螨瓢虫、束管食螨瓢虫、黑缘红瓢虫等。它们多在植物上捕食蚧类、螨类、蚜虫和部分鳞翅目害虫的低龄幼虫等猎物,在蚜虫或螨类较多的地方更为集中。

②捕食鞘翅目天敌。步行虫类,多在地面爬行,捕食粘虫、小地老虎等害虫的幼虫,可直接

捕捉。虎甲类,除在田间潜伏外,路边也有很多,此虫飞翔力强,必须用捕虫网捕捉。日本方头甲主要捕食矢尖蚧、糠片蚧、褐圆蚧、黑点蚧、桑白蚧、柿绒粉蚧和柑橘红蜘蛛等。

③捕食蝽类。蝎蝽的成虫、若虫捕食鳞翅目害虫和象鼻虫。春季或棉苗期,很易采到小花蝽,华姬猎蝽等。4、5月份在麦田,7、8月份在棉田、大豆田易采到蝎蝽等。

④脉翅目的大草蛉、蚊蛉、粉蛉、丽草蛉、中华草蛉、亚非草蛉、晋草蛉、牯岭草蛉、八斑绢草蛉等一年发生4~5代,发生期为5—10月,多以幼虫捕食各种蚜虫、介壳虫、木虱、粉虱等,也捕食红蜘蛛类及其卵,还捕食尺蠖的卵、卷叶蛾幼虫;常常活动于植物叶枝上,飞翔力弱,根据其生活习性可直接网捕或展落。草蛉有较强的趋光性,夜间可用灯光诱集,这种方法对不少天敌都可采用。

⑤捕食蝇类、蓟马可于田间网捕。食蚜蝇(如黑带食蚜蝇、狭带食蚜蝇),一年发生4~5代,盛发在4—10月,以幼虫取食蚜虫。体型较小的食虫蝇、食虫蓟马,因虫体很小,多活动于叶背面,要仔细观察,可采用震落法,使虫落入网中,也可用吸管吸取、毛笔扫取或使用10~20倍的放大镜在被害叶片上寻找,还可将被害叶片摘下,放入纸袋中,带回室内,在双目立体解剖镜下检查挑取。在识别食蚜蝇时,要注意食蚜蝇成虫的拟态,其形态与蜜蜂极为相似,但其飞行活动时,声音柔和,音色与蜂类较清脆的音色不同,稍加注意,即可区别。食虫虻的成虫和幼虫均为肉食性,捕食鳞翅目幼虫、叶甲、金龟子、蝇和蝽象等。

⑥捕食性螨类。我国柑橘园中常见的捕食性螨类有植绥螨科的钝绥螨和长须螨科与大赤螨科的部分螨类,如尼氏钝绥螨、具瘤长须螨。国内已知的钝绥螨属的捕食螨还有德氏钝绥螨、东方钝绥螨、胡瓜钝绥螨、拟长毛钝绥螨等。

⑦螳螂是一种中型至大型昆虫,以若虫和成虫捕猎昆虫和小动物。

(2)采集寄生性天敌的方法。

除对成虫直接网捕外,还必须对寄主进行饲养观察,才能搞清其生活习性及寄主。在调查中,凡是寄主虫体明显变色、膨肿、收隘或死亡,要在天敌尚未羽化时采集。寄生蜂类天敌成虫因其个体十分细小,在田间不容易被发现,可先搜索其寄主,带回室内进行饲养后得到成虫,再鉴定其种类。松毛虫赤眼蜂寄生在多种害虫卵内,被寄生的卵漆黑一片,而未被寄生的卵则呈白色或有黑点,肉眼即可区别;被寄生蜂寄生的蚜虫通常称"僵蚜",体色为淡褐色或黑色,若寄生蜂成虫已羽化,则其尾部背面有一个圆孔,在蚜虫种群数量较大的植株中下部进行搜索,很容易发现。

对于一些寄生在鳞翅目幼虫体内的寄生蜂和寄蝇,一般寄主害虫在群居状态下的被寄生率非常低,而那些离开群体营散居生活的个体的被寄生率较高。在采集这些寄主害虫时,还要注意观察,尽量采集那些有可能已被寄生的个体带回饲养。大多数被寄生的幼虫不爱活动或呈麻痹状态;有些寄主害虫的体壁有寄蝇的卵附着;寄主害虫体壁上有黑点,气门附近有黑斑。这些特征都可表明害虫被寄生。

在采集寄主害虫时,还应采集那些老熟或接近老熟的个体进行饲养:一方面,大量饲养低龄寄主害虫,需要经常采集和换食料,工作量较大,若食料来源稀少,寄主害虫不易饲养成功;另一方面,老熟个体在自然界生活的时间长,被寄生的可能性也较大。

①卵寄生蜂可采寄主卵进行培育和观察。采集有寄生现象的卵,放于试管或玻璃瓶中,在室温下培养、观察,试管和玻璃瓶内放新鲜植物叶子,保持一定湿度,并用纱布密封,防止羽化的天敌逃逸。

②饲养成虫、幼虫的容器要适当大些,要有充足的空气,有互相残杀习性的虫种要少放虫样或隔离,经常更换饲料,搞好防护,防止害虫和天敌逃逸。

③蛹的培育:被寄生的蛹多半腹部失去活动能力,可根据蛹的生活环境,采取裸露或土中培育。

(3)采集昆虫病原微生物的方法。

昆虫病原线虫是一种专门寄生昆虫的线虫,可寄生多种地下害虫,钻蛀性害虫,在土壤中越冬、越夏的害虫,如桃小食心虫、天牛、蛴螬、地老虎和金针虫等。要仔细观察害虫虫体是否染病,应特别注意查找感病、僵死的虫体。也可与调查寄生性天敌结合起来进行。行动比健康蛴螬缓慢迟钝,虫体呈乳白色,3对胸足的腿节混浊,不透明,说明被乳状菌寄生,发现后立即制成玻片。已死的蛴螬会被杂菌污染,无法应用。被其他菌感染而死亡的虫体,可存放于干净的试管中,以蜡密封管口,以备鉴定。

5.农业害虫天敌资源调查统计

寄生性昆虫和致病微生物等天敌的数量统计,分少量、中等和大量3级。各级的划分标准及符号:寄生率小于10%记少量,符号为"＋";寄生率为11%～30%记中等,符号为"＋＋";寄生率大于31%记大量,符号为"＋＋＋"。对捕食性昆虫及有益的鸟、兽进行调查时,记录种类和实际数量,并注明常见、少见、罕见等。

6.调查采集天敌应注意的几个问题

(1)掌握天敌活动、取食的场所特点和时间规律对进行天敌资源调查是十分重要的。

一般天敌常出现在农药施用量较少的农田或阳光充足、植被丰富、空气湿度较大、蜜源植物较多的野外。

有机磷类和拟除虫菊酯类的绝大多数杀虫剂,对草蛉的成虫和幼虫有较强的杀伤作用,灭多威、安打对草蛉也有杀伤作用。对草蛉较安全的杀虫剂有BT、楝素、灭幼脲3号、杀蛉脲、抑太保、抗蚜威、阿维菌素等。

在食蚜蝇发生期,果园应不喷或少喷广谱触杀性杀虫剂。

有机磷类、杀灭菊酯类、氟虫腈、毒死蜱、虫螨腈、阿维菌素、灭多威、多杀菌素、氨基甲酸酯类杀虫剂,对寄生蜂杀伤力较大。石硫合剂、矿物油乳剂、吡虫啉、BT、楝素、灭幼脲3号、雷通、菜喜、吡丙醚、噻嗪酮、白僵菌、托尔克、尼索朗等对于寄生蜂较安全。

多数有机磷、菊酯类杀虫剂和灭多威等对瓢虫的杀伤力较强,而烟碱、松脂酸钠、矿物油乳剂、果圣、优乐得、卡死克、克螨锡等对于瓢虫较安全。

长须螨对部分杀虫剂有较强的抗耐力,但对有机磷杀虫剂仍较敏感;钝绥螨对许多杀虫剂较敏感。应尽量不喷或少喷杀虫剂,特别是有机磷和拟除虫菊酯类杀虫剂,或选对捕食螨较为安全的矿物油乳剂、果圣、优乐得等杀虫剂。

日本方头甲对矿物油乳剂、优乐得、果圣有较强的抗耐力,但对有机磷和拟除虫菊酯类杀虫剂较为敏感。

安全用药建议:在天敌发生盛期和天敌放养期,不喷对天敌杀伤力较大的杀虫剂,尤其是广谱触杀性杀虫剂,如有机磷类、拟除虫菊酯类及灭多威等;可选用对天敌杀伤力较小的杀虫剂,如矿物油乳剂、石硫合剂、松碱合剂、苏云金杆菌(BT)、白僵菌、楝素、灭幼脲3号、抗蚜威、抑太保、烟碱、吡虫啉、吡丙醚、噻嗪酮、螨死净、尼索朗、果圣、优乐得等。

因此,选择作物生长好,害虫发生严重,施药次数少或没有施药的地块,并注意调查各种不同环境,便于发现更多天敌。

①瓢虫类、草蛉类等捕食性天敌的成虫、幼虫皆可取食多种蚜虫,螳螂、蜻蜓等,天敌在农田和野外的食料丰富,种群数量多,使用捕虫网进行搜索和捕捉十分容易。

②食蚜蝇和寄蝇的成虫与幼虫的食性和活动场所有很大不同。成虫需要补充营养才能达到性成熟,蜜源植物丰富以及有蚜虫和介壳虫分泌物的场所,可发现大量的蝇类天敌的成虫。

③步甲类天敌的捕食对象多在土壤中生活,非耕地和荒地的地下害虫种群密度较大,选择在这类场所挖土捉虫,成功的概率高。

④大多数捕食性天敌成虫在白天活动,采集时间以每天上午 7:00—10:00 时较为适宜,此时正是成虫取食和沐浴阳光取暖的时刻,它们的飞行动作比较缓慢,对外来惊扰也不十分敏感,因而比较容易捕获。

(2)对主要害虫天敌调查时,对寄主的各虫态发生盛期也都要进行调查。既要注意地上害虫天敌,又要注意地下害虫天敌以及重寄生调查。

(3)田间天敌密度计算:在地面活动和密植作物田中的天敌可以按平方米为单位计算;在植株上活动的天敌并在单株留苗作物田中可以按百株计算。

(4)天敌和寄主同时采集,并做好记载。记载项目包括以下内容。

①采集时间(年、月、日、时)。

②采集地点:除记载采集的地点外,还应记载害虫的寄主作物。

③被寄生的害虫的名牌以及虫态(卵、幼虫或若虫、蛹、成虫)。

④其他习性:单寄生还是复寄生、寄生率、发生数量等。记载用的编号,应与标本的编号一致,切勿混淆。

(5)注意领会生态平衡原则。

7. 实习实训作业

(1)正确识别 15 种以上天敌昆虫标本,并指出所属目。

(2)常见的昆虫的采集工具有哪些?

(3)昆虫诱集的方法有哪些?

(4)采集昆虫标本时应注意哪些事项?

模块 3 植物化学保护学实习实训

第6章 植物化学保护学实习实训

一、植物化学保护学实习实训计划

(一)实习实训目的

"植物化学保护学实习实训"是农学类专业的一门实践实训课程。本课程的目的是拉近化保课堂与实践的距离,使化保知识从理论层面的高度上升到实践层面的高度,更好地将教学理论与社会实践结合起来,为学生以后的工作和学习深造奠定初步的实践基础;根据植物化学保护学理论课和实验课教学内容,以及植物化学保护学最新进展,参考其他相关课程的内容,结合农药生产、研究、经营、管理和应用实际深入和拓展植物化学保护学学习的内容,特别是实习与农药生产、研究、经营、管理和应用实际工作有关的内容,为今后参与植物保护、植物化学保护和农药学等有关方面的工作奠定基础,为进一步学习农药学和开展农药学有关方面的工作做好准备。

(二)实习实训内容

农药销售市场及农药使用现状调查;田间病虫草害发生及化学防治情况实地调查;农药田间药效试验;种子处理

(三)实习实训安排

(1)进行植物化学保护学实习实训动员、分组,讲解实习内容并观看安全使用农药的教学视频(1 d)。

(2)农药销售市场及农药使用现状调查(1 d)。

(3)田间病虫草害发生及化学防治情况实地调查(1 d)。

(4)农药田间药效试验(2 d)。

(5)种子处理(1 d)。

(6)汇总各组调查数据,进行统计处理,做出预测,并写实习报告和小结(0.5 d)。

(四)实习实训要求

① 实习实训期间不得迟到、早退,特殊情况需征得指导教师的同意方可请假。

② 态度要认真,数据要真实可靠,不得弄虚作假,否则以不及格论处。

③ 实习实训中遇到不清楚的问题,要及时向指导教师请教,不要自作主张。

④ 写实习实训报告时,各组数据可以共享,但不得抄袭报告内容。

(五)考核办法

按五级分制进行考核,即优秀、良好、中等、及格、不及格。

二、植物化学保护学实习实训教学实习指导

(一)农药销售市场及农药使用现状调查

1.农药调查目的与要求

通过农药销售市场调查,对农药销售部门经销的农药的品种、数量、分类、施用方法、防治对象有进一步的了解;了解当地目前市场上和实际生产中常见的农药类别及其销售和使用情况;掌握主要农作物(小麦、油菜、玉米等)田间病虫草害化学防治的主要农药种类。

2.实习实训内容

1)农药销售市场调查

(1)调查方法:制订农药销售市场调查统一方案,以小组为单位到农药的经销部门或农药销售点,如农药的生产厂家、农技部门、供销社及其他零售经销商进行农药品种等调查。

(2)调查内容:记录每种农业生产用农药使用说明书上的主要内容(名称、有效成分及含量、剂型、施用方法、防治对象、使用对象、生产企业名称、登记证号)。

农药通用名称是农药产品中产生作用的活性成分的名称,即农药产品的有效成分名称。农药的商品名称是企业为区别其他农药产品并突出自己的产品,树立企业形象而使用的名称,如保卫田(多菌灵)、粉锈宁(三唑酮)、瑞毒霉(甲霜灵)、稻腾(氟虫双酰胺)、稻笑(氰氟草酯)等。调查农资市场中主要农药的通用名称与曾用商品名称并填入表 6-1。

表 6-1　农资市场中主要农药的通用名称与曾用商品名称

通用名称	曾用商品名称

2)室内除草剂分类与网上信息查证

(1)信息查证:上网查证调查到的农药信息。

网址为 http://www.chinapesticide.org.cn/(中国农药信息网),输入登记证号查证。

(2)农药分类:根据农药的防治对象进行分类。

3.实习实训材料及工具

电子计算机、记录本、水笔等。

4.实习实训方法与步骤

市场调查—信息查证—农药分类。

5.实习实训作业

每组同学调查 30 种以上农药(杀虫剂、杀菌剂、除草剂),按表 6-2 的形式制作表格并将每种农药的信息填入表格。

表 6-2　农药(杀虫剂、杀菌剂、除草剂)调查记录表

农药商品名称	农药通用名称	剂型	有效成分及含量	生产厂家	登记证号

(二)田间病虫草害发生及化学防治情况实地调查

1. 目的与要求

了解田间有害生物的种类、分布、危害、发生发展规律,为预测预报提供科学依据;了解田间的农药使用情况,开展化学防治情况调查,为提高农药的使用技术和指导科学用药提供依据。主要进行大田作物、温室大棚蔬菜、果园病虫草害发生情况及病虫草害化学防治情况调查。

2. 调查内容

本实习实训的病虫草害田间调查与农业病理学、农业昆虫学、植物化学保护等调查有所不同,调查内容主要侧重于了解农田间病虫草害发生的种类及危害的严重程度,目的是为提出有效防治措施提供参考,可根据田间病虫草害发生及化学防治情况实地开展此项调查(见表 6-3 和表 6-4)。

表 6-3　田间病虫草害发生及化学防治情况实地调查记录表

调查地点			
调查时间			
调查人			
农户姓名		家庭成员	
田块类型(水、旱田)(大田、保护地、果园)			
种植作物种类		种植面积	
前茬作物种类		套种作物种类	
土壤类型		土壤肥沃程度	
田间的环境条件			
当地的气候条件			
田间发生的病害(种类、程度)			
虫害(种类、程度)			
草害(种类、程度)			
病虫草害发生史(历史资料)			
使用的农药名称		登记证号	
施药时间		施药剂量(每次)	

续表

施药次数		施药方法	
施药器械		总施药量	

配药方法	
防治效果	
是否知道安全间隔期	
是否有药害产生	
是否有抗药性产生	
农药使用中出现的问题	
使用农药之前是否看说明书	
对于农药包装、使用说明有何建议和意见	
施用农药时是否采用安全保护措施	
施药后如何处理农药包装	
备注	

表 6-4 农药销售及使用情况调查表

调查地点：_____ 调查时间：_____

调查单位：_____ 调查人：_____

农药类别	商品名称	中文通用名称	英文通用名称	登记证号	包装（瓶或袋）	包装量	有效成分及含量	生产厂家	生产日期	有效期/是否过期	销售量/生产量	销售对象（集体或个人）
杀虫剂												
杀菌剂												
除草剂												
植物生长调节剂												

3. 撰写实习实训调查报告

根据农药销售及使用情况调查结果，分析当地的农药销售量、销售方式、施药种类、用药水平、防治结果、农药的真伪、病虫草害发生的种类，了解当地农药生产部门和销售部门的销售情况，了解是否有假农药销售及是否给农民的生产带来了经济损失，提出相应的改进措施，对当地的农药使用提出科学合理的建议。农药的真伪辨别和质量鉴别实例见实习实训案例1。

(三)农药田间药效试验

1. 目的和要求

掌握不同农药(杀虫剂、杀菌剂、除草剂等)在不同作物上防治不同有害生物(昆虫、病菌、杂草等)的田间药效试验设计、调查取样和评判方法;理论联系实际,解决有害生物防治中的简单问题;加深对课程的基本理论、基本知识的理解、掌握和应用。

2. 田间药效试验内容

农药田间药效试验是农药新品种开发与生产的必经环节,是在大田自然环境条件下,客观地评价农药新品种的应用效果、应用范围、应用前景,从而保证该品种在不同地区、不同条件下高效、安全、经济实用的技术。

试验内容可概括为以下三个方面。

(1)药效及其应用技术的试验。

药效及其应用技术的试验主要包括以下试验内容。

①农药新品种的筛选试验。

②农药新品种效果的比较,即对农药新品种按各自适宜的使用技术比较其药效。

③施药时间,即研究农药对有害生物的防治适期。

④施药使用剂量和施药次数,即研究农药使用的最佳剂量和最佳施用次数。

⑤使用方式,即研究喷雾、毒土、涂茎、熏蒸等方便且能有效控制有害生物的使用手段。

⑥环境与耕作栽培条件对药效影响的研究。

⑦农药混用的研究。

(2)农药对作物及害虫天敌影响的试验。

农药对作物及害虫天敌影响的试验包括农药对作物产量、安全性、抗逆性和有益生物的影响。

(3)农药理化性状及加工剂型与药效关系的试验

田间药效试验是在自然条件下研究农药使用的各种效果,在农药的开发、生产和使用上具有实际指导意义。由于许多因子影响药效的发挥,药效试验的规范化、标准化就显得极为重要。只有这样,才能获得准确、可靠的结果,从而使不同地区进行的相同农药品种的试验效果具有可比性。目前,联合国粮农组织(FAO)及亚太地区农药登记协调委员会已确定了 100 多种病、虫、草的具体田间药效试验方法。中国农业部农药检定所也制定了《农药田间药效试验准则(一)》(GB/T 17980.51~17980.53－2000)、《农药田间药效试验准则(二)》(GB/T 17980.54~17980.148－2004)。标准规定了试验基本方法和要求,对试验对象、品种选择、环境条件,试验设计(药剂、小区安排、施药方法),调查、记录和测量方法(药效计算,对作物的直接影响,对其他病虫草害和非靶标生物、产品质量和产量的影响)等做了要求。

3. 田间药效试验的基本要求

田间药效试验是在自然环境条件下进行的,最接近生产的实际情况,但环境条件难以控制,增加了试验的复杂性和难度。为了有效地做好试验,提高试验的准确度和精确度,使各地的试验资料和历年的试验记录具有一定的可比性和参照性,田间试验要符合以下基本要求。

1)试验目的明确

田间药效试验要按各种不同的试验目的,制订相应的试验方案。

2)试验条件有代表性

试验条件应能代表将来准备推广试验结果地区的自然条件(如试验地土壤种类、地势、土壤肥力、气候条件等)和农业栽培条件(如轮作制度、施肥水平等)。

3)试验结果可靠并具有可重复性

试验应保证准确度和精确度。准确度是指试验中某个项目的观察值与相应真值的接近程度,越接近,则试验越准确。但在试验中,真值一般为未知数,准确度不易确定。精确度是指试验中同一个项目的重复观察值彼此接近的程度,即试验误差的大小,是可以计算的。试验误差越小,则处理间的比较越精确。因此,在试验的全过程中,必须尽最大努力准确地实施各项操作技术,避免产生人为错误和系统误差。

在相同条件下,进行重复试验,应能获得与原试验相似的结果。农药品种登记时,要提供2年、4个不同自然条件地区以上的田间小区药效试验报告以及农药品种在不同年份和不同地区的表现,使农药品种在推广后能和原来的试验结果一致,获得预期的效果。

4. 田间药效试验类型

1)田间筛选试验

田间筛选试验是根据实验室和温室内获得的试验结果(如使用浓度、试验作物、防治对象等)进行的首次田间试验和小规模限制性试验,主要是测定某农药在田间的生物活性、作物耐药能力和使用的大致浓度。

2)小区试验

小区试验主要是确定农药的作用范围,不同土壤、气候、作物和有害生物猖獗条件下的最佳使用浓度(量)、最适的使用时间和施药技术,为农药登记提供科学依据。

3)大区试验和示范试验

大区试验是在小区试验得到初步结论的基础上进行的,试验处理项目较少,是为了证实小区试验的真实性而做的重复试验。

示范试验是农药产品取得临时登记后,采用小区试验和大区试验所得的最佳使用剂量、最适的施药时间和方法等进行的生产性验证试验,为今后大面积推广提供依据。

另外,田间试验还应包括对作物的安全性试验(药害试验)、产量增产试验和对害虫天敌等有益生物的影响试验等。

5. 田间药效试验设计的原则和方法

1)试验设计的基本原则

试验设计的主要作用是减少误差,提高试验的精确度。为了使参加试验的各个处理得以在公平的基础上进行比较,试验设计中必须遵循下述基本原则。

(1)试验必须设置重复。

田间药效试验中,每个处理必须设置适当的重复次数,其主要作用是估计试验误差,一般设3～4次重复。

(2)运用局部控制。

田间药效试验中,土地的土壤肥力或水分状态总是存在一定差异的,一般来说,在距离很近的范围内,这种差异较小,距离远的地方,差异往往较大。因此,运用局部控制能减少重复之间的差异。

（3）采用随机排列。

运用局部控制可以减少重复之间的差异，但重复之内的差异则通过随机排列来控制。

（4）设定对照区及保护行。

为进行药剂之间效果的比较，必须设立对照区。对照区有两种，即不施药的空白对照区和标准药剂（一般为推广应用的常用药剂）对照区。另外，为避免各种外来因素的干扰和消除边缘效应，试验区四周应设保护行。

2）常用的试验设计方法

（1）对比法设计。

对比法设计的特点是每隔两个处理区设一个对照区。在这种设计中，每个对照区与其两旁的处理区（共 3 个小区）构成一组，安排小区时一般采用顺序排列，一般重复 3～4 次。

（2）随机区组设计。

随机区组设计是药效试验中应用最为广泛的方法，特点是每个重复（区组）中只有一个对照区，对照区和处理区一起随机排列，各重复中的处理数目相同，各处理和对照在同一个重复中只能出现一次。

（3）拉丁方设计。

拉丁方设计有下述特点：处理数（包括对照在内）与重复数相同；每个重复中只有一个对照，每个重复占一条地，排成方形；每个横行或直行中，任何一个处理均只出现一次，每个直行或横行均包括试验的所有处理。

（4）裂区设计。

裂区设计是复因子试验的一种设计形式，比较常用的是两因子试验的裂区设计。在两因子试验中，如果两个因子具有同等重要性，则采用随机区组设计，只有当两个因子的重要性有主次之分时才采用裂区设计。

裂区设计首先按次要因子的水平数将试验区划分成 n 个主区，随机排列次要因子的各水平（称为主处理），然后按主要因子的水平数将主区划分成几个裂区，随机排列主要因子的各水平（称为副处理）。裂区设计的特点是主处理分设在主区，副处理分设在主区的裂区。这样，在统计分析时，就可以分析出两个因子的交互作用。

裂区设计时，如果主处理数为 2～3 个，重复应不少于 5 次；如果主处理数在 4 个以上，则设计 4 次重复即可。

6. 田间药效试验的施药技术

1）供试药剂

供试药剂要明确通用名称、来源及有效成分的准确含量。试验时，施药量可用单位面积施用有效成分的量来表示，如 g/666.7 m² 或 g/hm²；也可用制剂的量来表示，但必须指出药剂中有效成分的含量。

2）喷洒药液量

液用农药在施药时，喷洒药液量应根据供试作物的种类、生育期（或植株大小）以及喷雾类型来决定，如防治棉花田害虫，采用常规喷雾，棉株现蕾前的喷洒药液量为 20～30 kg/666.7 m²，现蕾至开花期的喷洒药液量为 30～40 kg/666.7 m²，开花打顶后的喷洒药液量为 40～50

kg/666.7 m²,若生长旺盛,可增至 60 kg/666.7 m²。

3)施药器械

喷雾器是农药施用中的主要器械。田间药效试验大多采用工农-16 型、联合-14 型、卫士牌 NS-16 型和 MATABI Super Green-16(西班牙制造)等背负式喷雾器以及大疆 T16、大疆精灵 4RTK,极飞 P 系列等植保无人机。

7. 药效调查与评判

1)杀虫剂药效调查与评判

(1)药效调查取样方法。

首先必须了解被调查害虫在田间的分布型(随机分布型、核心分布型或嵌纹分布型),以确定适宜的取样方法。随机分布型常采用对角线五点取样法;核心分布型和嵌纹分布型常采用"Z"字形或棋盘式十点取样法。取样单位和样点大小应根据植物种类、播种方式而定,一般密植禾谷类作物可采用 0.25 m²(撒播)或 1 m 行长植物上的虫数,棉花每点 10~20 株。若虫口密度很大可检查一定叶面积上的虫口数,如蚜螨类害虫可检查 1 cm² 或一定叶片数上的虫口数。果树每小区选择 3~5 株,每株按东、西、南、北、中选五个方位,每个方位随意调查 5 片有虫或有卵的叶片。

(2)评判指标。

以害虫本身对药剂的反应作为评判指标可计算死亡率和虫口减退率;以害虫造成的危害损失作为评判指标可计算被害株数和枯心数等;蚜虫危害严重时可采用蚜虫危害指数调查法,即每株蚜量分级;某些特异性农药(拒食剂、不育剂、性引诱剂等)可采用指数调查法,即目测作物受害情况并定出级别,从而求出危害指数。

(3)调查时间。

若以虫口减退率评判药剂对蚜虫的防效,一般施药后 1 d、3 d、7 d 各调查一次,考虑残效期还应增加调查次数,直到药效基本消失;特异性农药因药效缓慢可在施药后 3 d、6 d 各调查一次。

(4)防效计算。

① 死亡率。

$$死亡率 = \frac{死亡个体数}{检查样点总虫数} \times 100\%$$

$$校正死亡率 = \frac{处理区的死亡率 - 对照区的死亡率}{1 \pm 对照区死亡率} \times 100\%$$

② 虫口减退率。

$$虫口减退率 = \frac{防治前虫口密度 - 防治后虫口密度}{防治前虫口密度} \times 100\%$$

$$校正虫口减退率 = \frac{处理区虫口减退率 - 对照区虫口减退率}{1 \pm 对照区虫口减退率} \times 100\%$$

式中:"＋"——施药后处理区虫口密度下降,对照区虫口密度上升;

"－"——施药后处理区和对照区虫口密度均上升。

③ 被害率。

$$被害率 = \frac{被害株数（叶、蕾、果数）}{调查总数（叶、蕾、果数）} \times 100\%$$

④ 保产效果。

$$保产效果 = \frac{处理区产量 - 对照区产量}{对照区产量} \times 100\%$$

用危害指数来评判防治效果时，防治效果的计算较为简单：

$$防治效果 = \frac{对照区的危害指数 - 处理区的危害指数}{对照区的危害指数} \times 100\%$$

无论出现哪种情况，都可用 Abbott 公式进行校正。

2）杀菌剂药效调查与评判

（1）取样调查。

选点和取样数目因植物病害种类、作物生育期、环境条件不同而异。取样单位一般为一定面积或一定长度，如以穗为单位（每 200 穗左右）、以调查长度为单位（1～2 m）、以叶为单位（每点 20～50 张叶片）。

（2）评判指标与药效表达。

① 发病率。

$$发病率 = \frac{发病苗数（秆、穗、果数）}{调查苗数（秆、穗、果数）} \times 100\%$$

$$防治效果 = \frac{对照区发病率 - 处理区发病率}{处理区发病率} \times 100\%$$

② 病情指数。

对于叶部病害，如叶斑病，不同植物间、叶片间病菌危害程度不同，因此农作物产量损失不同，可用病情指数作为评判指标。

$$病情指数 = \frac{发病级别 \times 各级病叶数}{样本总数 \times 最高分级级别} \times 100\%$$

$$相对防效 = \frac{对照区病情指数 - 处理区病情指数}{对照区病情指数} \times 100\%$$

③ 病情指数增长率。

施药前已经发病，而各试验区的基础病情有明显差异时，应在处理区和对照区分别于施药的当天和施药后若干天进行分级调查，求出病情指数增长率，进而求出相对防治效果。

$$病情指数增长率 = \frac{施药后的病情指数 - 施药前的病情指数}{施药前的病情指数} \times 100\%$$

$$相对防治效果 = \frac{对照区病情指数增长率 - 处理区病情指数增长率}{对照区病情指数增长率} \times 100\%$$

④ 保产效果。

$$保产效果 = \frac{处理区产量 - 对照区产量}{处理区产量} \times 100\%$$

3）除草剂药效调查与评判

（1）定量评判。

① 取样：一般每小区调查三点，每点 0.25～1 m²，若杂草在田间呈团状、片状分布，应在杂

草未出苗时就在每个小区定三点。

②　调查时间：一般应在药效始期、高峰期、消失期和作物收获期各调查一次，每次调查相隔 15～30 d，若是除草剂持效期试验还应增加调查次数。

③　评判指标。

以杂草株数为指标，防除效果的公式为

$$防除效果 = \frac{对照区杂草株数 - 处理区杂草株数}{对照区杂草株数} \times 100\%$$

以杂草鲜重或干重为指标，防除效果的公式为

$$防除效果 = \frac{对照区杂草鲜重或干重 - 处理区杂草鲜重或干重}{对照区杂草鲜重或干重} \times 100\%$$

（2）定性评判。

定性评判即目测分级评判化学除草效果。目测应根据杂草覆盖度、作物长势、除草效果进行分级评定。除草效果在 7 级以上的除草剂才是有效的除草剂。

8. 田间药效试验结果统计分析

学生应掌握随机区组设计的方差分析方法，了解拉丁方设计和裂区设计的方差分析方法。

9. 田间药效试验实例

学生应根据试验目的、作物种类、防治对象，结合当时当地的具体条件，自行设计田间药效试验方案。田间药效试验的实例见实习实训案例 2～实习实训案例 7。

（四）种子处理

1. 目的与要求

通过本实习实训教学，学生应掌握常用的种子处理方法及新技术，熟悉种子包衣和种子使用技术。

2. 种子处理技术

狭义的种子处理指从收获后至播种前，为了获得苗全、齐、壮和高产植株，对种子采取的各种各样的措施，主要包括拌药、浸种、催芽、破眠等。

广义的种子处理指在种子一生中的任何时期，人为施加的各种直接、间接干预种子的生命活动，有利于萌发、成苗和植株生长发育而达到生产优质种子目的的各种措施，如催熟、防穗发芽、渗透调节、拌药等。

3. 常用的种子处理方法

1）晒种

晒种是利用阳光曝晒种子的措施。

2）热处理消毒

热处理消毒包括冷水温汤浸种、恒温浸种、开水烫种、干热处理。

3）拌（闷）种

拌（闷）种即用杀虫剂、杀菌剂、肥料和生长调节剂拌种（闷种）。

4）硫酸脱绒

硫酸脱绒能提高发芽率、防止病害、降低播量，还可提早出苗。硫酸脱绒可以使用浓硫酸

或稀硫酸。

5）种子包衣

（1）包衣：根据胶体化学稳定及高分子聚合成膜原理，以种子为载体、种衣剂为原料、包衣机为手段，在种子外表均匀地包上一层药膜的过程，是集生物、化工、机械多学科成果于一体的综合性种子处理高新技术。

（2）包衣的作用。

包衣的作用：①有效防控作物苗期病虫草害；②促进种苗生长；③增产 5％～20％；④减少环境污染，苗期施药方式由开放式喷药改为隐蔽式施药，一般播后 40～50 d 不需喷药，可以推迟喷药时间，减少施药次数，避免空气污染，减少中毒机会；⑤省种、药，精播省种 1/3；⑥防止假劣种流通。

包衣的作用可概括为"四防三省二增二保"：防病、虫、鼠、雀危害；省种、省药、省工；增产增效；保护昆虫天敌和环境。

包衣所用产品称为种衣剂（seed coating formulation）。种衣剂与一般拌种剂（干拌、湿拌、水浸）不同。拌种剂只是植保措施，种衣剂既能使良种标准化，又具有植保作用。

（3）包衣机械。

包衣机械按搅拌方式分为搅拌式、滚筒式。

包衣机械按雾化方式分为高速旋转甩盘雾化式、压缩空气雾化式。

（4）包衣技术。

①种子准备：种子应经过精选、加工，粒饱，整齐度高，净度高（不含任何杂质），纯度高，发芽率在 85％以上，水分在 12％以下（低于标准水分 1％）；棉花种子包衣前先脱绒成为光子。

②种衣剂准备：根据不同作物和防治对象，选择种衣剂，包括促萌发生长的种衣剂，根瘤菌、微量元素种衣剂，农药种衣剂；利于早播的种衣剂。种衣剂有沉淀时可搅拌，低温搅不动时将桶浸于 30～40 ℃温水中融化拌匀。用量可依种衣剂有效成分和作物来决定，规定的药种比不得随意变动。（包衣过程中，种衣剂温度应保持在 20～30 ℃。使用种衣剂时应按说明书复查 pH、流动性和黏度）

（5）包衣方法。

①机械包衣。

②人工包衣。

取大锅，将塑料袋洗净；称好种子，称好种衣剂，在锅中先倒入种子，再将摇匀的种衣剂分散倒在种子上，边倒边搅拌，晾干后装入塑料袋，可播种。

丸化种子，往往由于使用惰性物质的粉剂或黏合剂的种类与分量不当造成粉衣层板结，影响吸水透气而延缓出苗。目前国内外用 35％ 的 CaO_2（过氧化钙）作为粉衣物质，效果很好。干旱地区要考虑种衣剂的保水性问题。交联型聚丙烯酸盐可吸水达其自身重量的数百倍、数千倍，且对人、畜、种子均无毒。

（6）关于种子包衣的特别说明。

种子包衣注意事项如下。

①包衣前要对药剂进行复查，确认其有效成分的含量是否准确，pH 值是否适当。

②按规定的药种比先试包少量种子，发芽试验没有问题后才能进行正常作业。

③避免药桶无液启动，有液启动应打开出液阀和回流阀；作业时要求供药系统正常工作，

确保计量药箱内药剂液面高度无变化。

④操作人员如有外伤,严禁进行种子包衣作业;操作时必须采取保护措施,如戴口罩、穿工作服、戴乳胶手套,严防种衣剂接触皮肤;使用用具专用,严禁用手直接抓取或撒包衣种子;工作完毕,立即用肥皂洗手。

⑤工作完毕,要及时清理包衣机中剩余的种衣剂,回收后妥善保管;机械要冲刷干净,放出水,一般生产半年对机器转动部位进行润滑保养。

使用包衣种子应注意的问题如下。

①种衣剂不能与敌稗等除草剂同时使用。使用种衣剂30 d后才能使用敌稗;若先使用敌稗,3 d后才能播种包衣种子,否则易发生药害或降低种衣剂的效果。

②种衣剂在水中会逐渐分解,速度随pH值及温度升高而加快,所以不宜和碱性农药、肥料同时使用,也不能在盐碱地较重的地块上使用,否则容易分解失效。

③播种时不能吃东西、喝水,徒手擦脸、眼,以防中毒,工作结束后用肥皂洗净手、脸后再用食。

④出苗后,严禁用试验田的苗喂牲畜。

⑤用含呋喃丹的种衣剂处理水稻种子时,注意防止污染水系。

⑥含呋喃丹的各型号种衣剂严禁在瓜果、蔬菜上使用,因为呋喃丹为内吸性农药,菜类生长期短,用后对人畜有害。

⑦严防使用种衣剂后的死虫、死鸟被家禽、家畜吃后发生二次中毒。

实习实训案例1　常用农药的剂型和农药质量的简易鉴别

1. 目的与要求

了解常用农药的剂型和农药质量的简易鉴别方法。

2. 材料和用具

电子天平、200目铜筛、量筒、移液管、吸耳球、水浴锅、平口刀、秒表、烧杯、玻璃棒、当地常用农药、蒸馏水、标准硬水。

3. 内容及方法

1)了解常用农药剂型的种类

仔细观察收集的农药,记录农药的剂型、外观情况、标签完好情况、农药的名称、农药的使用方法、生产厂家及准产证、登记证、是否有农药标准。

2)农药质量的简易鉴别

(1)粉剂(dust powder,DP)、可湿性粉剂(water powder,WP)细度的简易测定。

取200目铜筛若干只,称取不同厂家的DP、WP各10 g,分别倒入不同的铜筛,用力摇动铜筛10 min后,收集筛下的农药,称量,计算DP、WP通过200目筛的百分率。在一定范围内,过200目筛的百分率越大,农药的质量越高。

（2）可湿性粉剂悬浮性比较。

取 500 mL 的量筒若干只，称取不同厂家的 WP 各 1 g，同时分别放入盛有水的量筒，观察 WP 的分散悬浮情况，分散快，悬浮时间长，则表明农药质量好。

（3）乳油分散性的观察比较。

准备装有 500 mL 标准硬水的大烧杯若干只，用移液管分别吸取不同厂家的乳油（emulsifiable concentrate，EC）各 1 mL，在离液面 1 cm 处将移液管内的 EC 自由滴下，观察分散性。EC 滴入水中，如果能迅速地自动分散成乳白色透明溶液，则为扩散完全，表明 EC 质量良好；如果呈白色微小油下沉、大粒油珠下沉，或搅动后成乳浊液，但很快又析出油状物并沉淀，则扩散不完全，表明 EC 质量不合格。

（4）乳油稳定性的观察比较。

在 250 mL 烧杯中，加入 100 mL 硬水，用移液管取 0.2 mL EC 试样，在不断搅拌的情况下，缓慢地加入硬水，加完 EC 后，继续用 3 r/s 的速度搅拌 30 s，立即将乳浊液转入清洁干燥的 100 mL 量筒中，在 25 ℃水浴中静置 1 h，如无 EC 沉淀，说明此 EC 稳定性合格。

4. 实习实训作业

（1）把当地常用农药剂型观察情况以列表形式记录下来，加以分析。

（2）统计分析不同厂家生产的粉剂、可湿性粉剂、乳油的各项质量简易鉴别结果。

实习实训案例 2　农药的使用技术及田间试验方法

1. 目的与要求

学习农药的稀释方法及农药的田间试验方法。

2. 材料和用具

当地有代表性的农药、量筒、烧杯、移液管、吸耳球、记录本、铅笔、钢圈尺、施药工具、水桶。

3. 内容及方法

1）农药的稀释方法

农药使用之前，绝大多数要进行稀释。掌握稀释方法是正确使用农药的关键。以下公式是进行农药稀释计算的依据。

$$加水稀释倍数＝商品农药的有效成分含量/药液有效成分浓度$$
$$稀释倍数＝稀释加水量/商品农药用量$$
$$商品农药用量＝容器中的水量/加水稀释倍数$$

根据公式，利用已知的两个条件，可计算另一个未知结果。

利用农药、容器和水等反复练习农药的稀释方法。

2）农药的田间试验方法

田间试验应选择在当地有代表性的生产田块进行，应保证田平土碎、肥力一致、作物长势整齐均一。确定田块后，根据药剂数量及重复要求，划分若干小区，确定小区面积，使每个小区内的处理随机排列，各小区要留有保护行相隔。施药时，严格计算每个小区的农药使用剂量，采用适宜的施药方法,将农药施到靶区及作物田中。

3)结果调查及整理

施药后调查时间可根据作物和病虫草害种类而定。如果以死亡率或虫口减退率为药效指标,可于施药后 24 h 或 48 h 进行调查;如果以发病严重度为指标,根据施药后不同时段的病株、病叶的病级,用病情指数计算防治效果;如果以产量为指标,在收获时每小区随机取样,分别称湿重或干重,计算增产效果。

调查方法可采用对角线五点取样法或平行线取样法等。调查作物的样本应根据情况而定,调查时做好详细的记录并保存好原始记录数据。最好将全部数据进行计算,求平均防治效果,以各处理的平均防治效果进行统计分析,做出正确评价。

4)药效试验记录

安排药效试验前的基本记录:农药试验批准证号(针对政府安排的登记试验)、农药生产单位、农药种类、农药名称(包括中文通用名称和英文通用名称)、有效成分含量、剂型以及试验范围与使用方法(包括作物品种、防治对象、用药量、具体施用方法)。

必需的调查内容包括试验进行期间的气象资料(降水类型、日降水量、温度)、土壤资料(土壤类型、肥力状况及杂草覆盖情况等,水田施药还要记录水层深度)和药效。

4. 实习实训报告

详细观察、记录、统计农药使用及田间试验结果,写出规范的试验报告。

实习实训案例 3　杀菌剂防治黄瓜白粉病药效试验

1. 试验条件

1)作物品种和试验对象的选择

此实习实训适用于杀菌剂防治黄瓜白粉病的药效评价,可选用感病的黄瓜品种,也可选用其他葫芦科瓜类。记录黄瓜或其他作物品种名称。为保证发病,可对供试作物进行人工接种(在叶子上贴上直径为 1 cm 的重病叶片,保持 24 h),作用方法要记录。

2)环境条件

田间及温室试验,所有试验小区的栽培条件(土壤、肥料、播栽期、生育阶段及株行距等)要保持一致。对于温室试验,若农药产品具有很强的蒸发、熏蒸或烟熏作用,应采用隔离房或隔离温室。

2. 试验设计和安排

1)药剂

(1)试验药剂。

应注明药剂的通用名称、中文名称、商品名称或代号、剂型、含量、生产厂家。试验药剂处理应不少于 3 个剂量或依据试验方案规定的用药剂量。

（2）对照药剂。

对照药剂应采用已登记注册的并在实践中证明有较好药效的产品。一般情况下,对照药剂的类型和作用方式应接近于试验药剂。用药剂量为当地常规用量,但特殊试验可视目的而定。

2）小区安排

（1）小区排列。

试验药剂、对照药剂和空白对照的小区处理应随机排列,在特殊情况下应加以说明。

（2）小区面积和重复。

小区面积:15～50 m²（温室大棚不少于 8 m²）。

重复次数:5 个处理,最少重复 4 次。

3）施药方式

（1）施药方法。

施药应与科学的农业栽培管理措施相适应。施药方法通常在标签上注明,药剂一般喷雾使用,或根据试验方案要求确定。

（2）使用器械的类型。

选用常用器械进行常量喷雾,应保证药量准确、雾滴分布均匀,药量偏差超过 10％的要记录。给出所用器械的类型和操作条件（工作压力、喷孔口径）的全部资料。

（3）施药时间和次数。

通常施药时间和次数在标签上已注明或依据合同要求确定。

记录施药次数和每次施药的日期。第一次施药是在植物病害初发生时立即施药,进一步施药根据农林植物生长过程中植物病害发生情况和药剂的持效期来决定。

（4）使用的剂量和容量。

根据标签推荐剂量施药,通常的表示方法是千克（kg）或升/平方百米（L/hm²）,也可用 g（有效成分）/hm² 表示。喷雾时要记录百分浓度和药液用量（L/hm²）。温室黄瓜施药,当喷雾浓度确定后,用药液量应和黄瓜不同的生长阶段相适应,记录所用水量（不超过 1 L/株）。烟熏和喷粉时,记录单位面积或单位容积的剂量。

（5）防治其他病虫草害的药剂资料要求。

若要使用其他药剂,应对所有的试验小区进行均一处理,与试验药剂和对照药剂分开使用,使这些药剂的干扰降到最低,并给出这类药剂的准确数据。

3. 调查、记录和测量方法

1）气象和土壤资料

（1）气象资料。

试验期间应以最近的气象站或最好的实验地获得降雨量（类型和每日降雨量,以 mm 表示）和温度（每日平均温度、最高温度和最低温度,以℃表示）的资料,在特殊情况下需要附加资料。

记录整个试验期间影响试验结果的恶劣气候因素,如严重和长期的干旱、暴雨等。

温室试验期间,记录温度和湿度。

（2）土壤资料。

记录土壤的类型、土壤肥力、排灌情况、藻类的生长情况、杂草生长情况。

2)调查的分级标准、时间和次数

（1）分级标准。

小区采用五点取样法，每点调查 2～3 株，每株上、下各选 4 片叶调查，每片叶按病斑占叶表面积的百分率（温室大棚试验时，每个小区随机选 5 棵植株调查），并根据以下标准分级。

①0 级：无病斑。

②1 级：病斑面积占整个叶面积的 1% 以下。

③3 级：病斑面积占整个叶面积的 2%～5%。

④5 级：病斑面积占整个叶面积的 6%～20%。

⑤7 级：病斑面积占整个叶面积的 21%～40%。

⑥9 级：病斑面积占整个叶面积的 40% 以上。

若病害较轻，可以计算每个植株上的白粉病病斑数。

（2）调查时间和次数。

初次调查：药剂处理前立即调查。

中期调查：依据合同要求进行，一般是在下一次处理前调查。

最终调查：最后一次处理后 10～14 d 调查，若药剂持效期较长，10～14 d 调查后再进行一次调查。

（3）药效计算方法。

$$病情指数 = \frac{\sum(各级病株数相对级数值)}{调查总株数} \times 100\%$$

$$防治效果 = (1 - \frac{CK_0 \times PT_1}{CK_1 \times PT_0}) \times 100\%$$

式中：CK_0——空白对照区施药前病情指数；

　　　CK_1——空白对照区施药后病情指数；

　　　PT_0——药剂处理区施药前病情指数；

　　　PT_1——药剂处理区施药后病情指数。

防治效果也可用增长率计算，即

$$防治效果 = \frac{PT 病指增长率 \pm CK 病指增长率}{1 \pm CK 病指增长率} \times 100\%$$

当对照区病情指数施药后比施药前增加时，公式中用"＋"，减少时，公式中用"－"。

3)对作物的其他影响

观察作物是否有药害产生，有药害时要记录药害的程度，也应记录对作物的其他有益的影响（促进成熟，刺激生长等）。

药害记录应包括以下内容。

（1）若药害能被测量或计算，则用绝对数值表示，如株高。

（2）在其他情况下，受害的频率和强度可以用两种方法表示。

①用药害分级标准区分每个小区的要害程度，以 0 级、1 级、2 级、3 级、4 级表示：0 级表示无药害；1 级表示轻度药害，不影响作物正常生长；2 级表示明显药害，可复原，不会造成作物减产；3 级表示高度药害，影响作物正常生长，对作物产量和质量造成一定程度的损失，一般要求补偿部分经济损失；4 级表示严重药害，作物生长受阻，产量和质量损失严重，必须补偿经济

损失。

②用每个小区相对于空白对照的药害百分率表示。同时,应准确描述作物的药害症状(矮化、褪绿、畸形等)。

4)对其他生物的影响

(1)对其他病虫害的影响。

记录对其他病虫害的影响,包括有益或无益的影响。

(2)对其他非靶标生物的影响。

记录对试验区的野生生物、鱼类或有益昆虫等的影响。

5)产品的产量和质量

每次采摘的时候,调查每个小区的数量及品级,可根据国家标准进行分级。

4. 结果

试验所获得的结果应用生物统计方法进行分析(采用 DMRT 法),用正规格式写出结论报告并对试验结果进行分析,原始资料应保存以备考察验证。

实习实训案例 4　杀虫剂防治小麦蚜虫 药效试验

1. 范围

本实习实训规定了杀虫剂防治小麦蚜虫药效试验的方法和基本要求。

2. 试验条件

1)试验对象和作物的选择

试验对象为小麦蚜虫。

试验小麦可选用任何品种,记录小麦品种名称。

2)环境条件

田间试验选择有代表性的,小麦蚜虫发生较为严重的麦田进行。所有试验小区的栽培条件(如土壤类型、施肥、耕作、浇水等)应均一,且符合当地科学的农业实践。

3. 试验设计和安排

1)药剂

(1)试验药剂。

注明药剂的商业名称或代号、通用名称、中文名称,剂型,含量和生产厂家。试验处理不少于三个剂量或依据协议规定的用药剂量。

(2)对照药剂。

对照药剂应是已登记注册的并在实践中证明有较好药效的产品。一般情况下,对照药剂的类型和作用方式应与试验药剂相近,使用当地常用剂量,特殊情况可视试验目的而定。

2)小区安排

(1)小区排列。

试验药剂、对照药剂和空白对照的小区处理采用随机区组排列,特殊情况应加以说明。

（2）小区面积和重复。

小区面积：20～30 m²，周围设保护行。

重复次数：最少重复 4 次。

3）施药方法

（1）施药方法。

施药方法通常已经在标签上注明或按合同要求确定，施药应与科学的农业实践相适应。

（2）使用器械。

选用常用的器械施药，应保证药量准确、分布均匀。用药量如有 10% 以上的偏差应记录。准确提供器械类型和使用时的操作条件（如操作压力、喷孔口径等）。

（3）施药时间和次数。

施药时间和次数应根据实际情况或按试验方案要求确定。施药一般应在麦蚜发生初盛期进行。记录每次施药的日期和施药次数。

（4）使用剂量和容量。

按试验方案要求及标签注明的剂量施用。通常药剂中有效成分含量用 g/hm² 表示。用于喷雾时，要记录用药倍数和药液用量（L/hm²）。

（5）防治其他病虫草害的农药资料要求。

如果使用其他药剂，应选择对药剂和试验对象无影响的药剂，对所有的小区进行均一处理，将试验药剂和对照药剂分开使用，使这些药剂的干扰降到最低。记录施用这类药剂的准确数据。

4. 调查、记录和测量方法

1）气象和土壤资料

（1）气象资料。

试验期间应以最近的气象站或最好的实验地获得降雨量（类型和每日降雨量，以 mm 表示）和温度（每日平均温度、最高温度和最低温度，以 ℃ 表示）的资料，在特殊情况下需要附加资料。

记录整个试验期间影响试验结果的恶劣气候因素，如严重和长期的干旱、暴雨等。

（2）土壤资料。

记录土壤的类型、土壤肥力、地形、排灌情况、藻类的生长情况、杂草生长情况。

2）调查方法、时间和次数

（1）调查方法。

小区采用五点取样法，每点固定 5～10 株有蚜株（穗），调查定株（穗）上的蚜虫数量。防治麦蚜时，处理前每个小区的蚜虫基数不得少于 500 头。

（2）调查时间和次数。

施药前调查蚜虫及主要天敌昆虫基数，施药后 1 d、3 d、7 d 各调查一次，如有必要，10～14 d 或更长时间再调查一次。如有特殊要求，按协议进行。

（3）药效计算方法。

$$虫口减退率 = \frac{施药前虫口数 - 施药后虫口数}{施药前虫口数} \times 100\%$$

$$防治效果=\frac{处理区虫口减退率-空白对照区虫口减退率}{1-空白对照区虫口减退率}\times100\%$$

或

$$防治效果=(1-\frac{空白对照区药前虫数\times处理区药后虫数}{空白对照区药后虫数\times处理区药前虫数})\times100\%$$

3）对作物的直接影响

观察作物是否有药害产生，有药害时要记录药害的程度，也应记录对作物的其他有益的影响（促进成熟，刺激生长等）。

药害记录应包括以下内容。

（1）如果药害能被测量或计算，则用绝对数值表示，如株高。

（2）在其他情况下，受害的频率和强度可以用两种方法表示。

①用药害分级标准区分每个小区的药害程度，以 0 级、1 级、2 级、3 级、4 级表示：0 级表示无药害；1 级表示轻度药害，不影响作物正常生长；2 级表示明显药害，可复原，不会造成作物减产；3 级表示高度药害，影响作物正常生长，对作物产量和质量造成一定程度的损失，一般要求补偿部分经济损失；4 级表示严重药害，作物生长受阻，产量和质量损失严重，必须补偿经济损失。

②用每个小区相对于空白对照的药害的百分率表示。同时，应准确描述作物的药害症状（矮化、褪绿、畸形等）。

4）对其他生物的影响

（1）对其他病虫害的影响。

记录对其他病虫害的影响，包括有益或无益的影响。

（2）对其他非靶标生物的影响。

记录对试验区的野生生物等的影响。

5）产品的产量和质量

每次采摘的时候，调查每个小区的数量及品级，可根据国家标准进行分级。

5. 结果

试验所获得的结果应用邓肯新复极差方法（DMRT 法）进行分析，用正规格式写出结论报告并对试验结果进行分析，原始资料应保存备以考察验证。

实习实训案例 5　大豆食心虫成虫综合防治试验

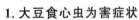

1. 大豆食心虫为害症状

大豆食心虫以老熟幼虫在表土下作茧越冬，翌年 7 月中旬从土中上升到土表陆续化蛹。7 月下旬到 8 月上旬为化蛹盛期；7 月末为羽化始期；8 月中旬为羽化盛期，成虫羽化一般为 8 月 12 日—18 日。羽化成虫出土后，随即飞往大豆田交尾产卵。成虫在夜间、上午均隐蔽在大豆叶背面、叶柄或茎上，只有在受惊时才短暂飞行。成虫多在午后 3—4 时开始活动，在日落前 2 小时左右活动最盛。早期羽化的成虫雄虫较多，后期则雌虫较多，到发生盛期时雌雄比接近 1∶1。成虫交尾时在田间可看到结团飞翔。8 月上旬为产卵始期,8 月中下旬为产卵盛期,卵期约 6~7 d。成虫产卵有明显的选择性,卵多散在嫩荚和有毛的豆荚上,一般一荚一卵,也有一荚二卵。卵经过 7~8 d 可孵化成幼虫,幼虫随即蛀入豆荚为害豆粒。幼虫入荚期为 8 月中旬到 8 月末,其中 8 月下旬为入荚盛期。土壤湿度的高低,对大豆食心虫发生有较大的影响,过高或过低都不利于大豆食心虫的发生。幼虫在荚内老熟后多从豆荚边缘穿孔脱荚入土作茧越冬。

大豆食心虫以幼虫为害,食性单一,主要为害大豆。幼虫可咬破豆荚或从绿色嫩夹缝钻入豆荚。钻入豆荚的幼虫咬食豆粒,轻者使豆荚内豆粒形成虫孔、破瓣,严重时会吃去大豆粒的 1/3~1/2,造成豆粒残缺,或整个豆粒被食光。同时大豆食心虫把粪便排在豆荚之内,使大豆在外观品质和内在品质上都受到严重的影响。

2. 综合防治

1)熏蒸防治

熏蒸防治在大豆食心虫成虫盛发期(约 8 月上中旬),即在成虫高峰期后的 6 d 内进行,在封垄比较好的情况下进行。

第一种做法是用长 30 cm 的高粱秸或玉米秸,一端去皮,浸于 80% 敌敌畏 EC 中约 3 min 制成毒棍,使其吸饱药液,把另一端插入大豆田垄台上,每隔 5 垄插一行,棒距为 4~5 m,450~500 根/hm²。

第二种做法是用约 30 cm 长的木棍,一端捆上棉球,蘸敌敌畏原液,按上述要求插好。

第三种做法是玉米穗轴蘸药液,将吸收药液的玉米穗轴夹在豆株枝杈上进行防治。在用敌敌畏熏蒸大豆食心虫时,必定要注意敌敌畏对高粱有严重危害,与高粱间种的大豆田或邻近有高粱的大豆田决不能运用敌敌畏。

2)喷雾防治

用 2.5% 溴氰菊酯 EC,商品量为 30 mL/667 m²,或用 5% 来福灵,商品量为 25 mL/667 m²,兑水 30~40 kg 喷雾。幼虫的防治应在幼虫未蛀入豆荚前。

3)生物防治

①赤眼蜂防虫:利用赤眼蜂在大豆食心虫体内产卵的特性防虫,做法是在盛期放赤眼蜂 1~2 次。

②用白僵菌防虫:在 9 月上旬左右,大豆食心虫老熟幼虫入土前,用白僵菌粉(1 kg/667 m²)加细土或草木灰(10 kg/667 m²),拌和均匀配成药土,撒在豆田垄台上和垄沟内。脱荚落地要入土的老熟幼虫,接触到白僵菌孢子后,在适合的温度和湿度的条件下,便发病死亡。

4)性诱剂诱杀迷向

在大豆食心虫成虫初发期,可在田间设置性引诱剂诱捕大豆食心虫成虫,每平方百米设置 30~45 个诱集点,诱捕器安放在专门的支架上,悬挂至高于大豆顶部 20 cm 处,诱芯每个月更换一次,备用诱芯密封存放在零度以下的冰箱中。

5)喷施干扰驱避剂

大豆食心虫干扰驱避剂是一种新型植物性生态防控剂,是用大豆防御性挥发物配制而成的,其本身无杀虫活性,挥发出的气味对大豆食心虫有驱避作用,可明显降低大豆食心虫的交尾率和落卵量。

驱避剂应在冰箱内冷藏密封保存,在大豆食心虫成虫发生盛期施药,施用时兑水使用,取

6～10 mL 药剂,对水配成 3000～5 000 倍液喷雾,喷施在大豆中、上部叶片上,一般 1～2 d 第一次施药(隔 3～5 d 第二次施药),防治效果可达 75% 以上。这种植物性的药剂对人畜安全,不污染环境,不杀伤天敌,不会产生抗虫性,有利于环境保护。

实习实训案例6　除草剂防治玉米地杂草药效试验

除草剂的生物学特性评价包括除草效果和作物安全性(选择性)等方面的内容。这些试验是只有在满足准则中重复不规定的条件下,根据杂草的发生情况,才能对除草效果或作物安全性做出评价。

1.试验条件

1)作物和栽培品种

准则适用于对夏播和春播玉米田除草剂防除杂草的药效进行评价。试验应考虑当地常规栽培玉米品种、播种量、播深和行距。

2)杂草情况

(1)杂草防除效果试验。

试验小区要有不同的有代表性的杂草种群,分布要均匀一致。杂草种群必须同待测的除草剂的杀草谱一致,如单子叶和(或)双子叶,一年生和(或)多年生。

(2)选择性试验。

试验小区应尽可能没有杂草,若有时可用人工或机械除掉。一般不使用其他除草剂,除非这种除草剂对作物没有影响,而且对试验产品和对照药剂有干扰作用。

3)栽培条件

所有试验小区的栽培条件(土壤类型、肥力、耕作条件等)必须均匀一致,而且应符合当地农业实际。记载前茬作物及其用过的各种除草剂,避免选择用过对后茬作物有毒害作用的除草剂的地块。如有灌溉,记下灌溉时间、水量和方法。

必须在不同环境条件的地区和不同季节进行 2 年以上的试验。

4)试验设计和小区排列

(1)处理。

不同剂量和应用时间的试验药剂和对照药剂及不用药处理小区均应采用随机排列。在有些情况下,可以采用邻近对照排。

(2)小区大小和重复。

试验小区面积:20～30 m²(不得少于 4 行),收割测产的小区至少 20 m²。

重复:4 次。

2.施药处理

1)试验药剂

注明试验药剂的剂型、中文名称、通用名称、商品名称、代号及生产厂家。

2)对照农药产品

对照农药产品应是登记注册的、在实践中证明效果较好的当地常用农药产品,它的剂型和作用方式应尽量与待测产品相近。

3)施药方法

(1)施药方法。

施药必须同当地农业实践相一致。施药方法一般按标签或试验方案规定确定。

试验农药产品常用喷雾、颗粒剂撒施法。

(2)使用器械。

应选择生产中常用的器械,使农药产品能均匀分布到整个试验小区或指定的位置。记录影响药效、杂草防除的持效时间、选择性的各种因素(如机具工作压力、喷头类型、混土深度),以及任何造成剂量偏差超过10%的因素。

(3)施药的时间和次数。

依照杂草和作物的萌芽时间,施药的时间可有以下三种:

①播种前(混土或不混土);

②播后苗前(混土或不混土);

③作物出苗后。

在施药时,记录杂草和作物两者的生长状态(萌芽、生育期)。

施药时间和次数一般在标签或试验方案上有详细说明。若无具体规定时,可根据试验目的和待测农药产品特性进行试验。相同农药产品可以一次或分次使用,使用次数和时间要记录下来。

(4)使用药剂的浓度和用水量。

通常农药产品使用剂量在标签上已有说明,也可按试验方案上推荐剂量确定,至少设低、中(常量)、高3个剂量。在进行作物安全性测定时,至少设低、中(常量)、高3个剂量,至少有一个较高剂量(常量的倍量)。用水量在没有说明时,可根据农药产品作用方式、药械类型、当地经验确定。所用农药剂型的剂量以 $kg(L)/hm^2$ 记载,并换算出产品的有效成分(g、mL)。喷雾时必须指出喷雾容量(L/hm^2)。

(5)防治病、虫和非靶标杂草所用农药的资料要求。

如必须使用其他农药,应将待测农药产品和其他农药分开使用,同时应对所有小区进行均匀处理,尽可能减少对试验的干扰,并给出准确的使用数据。

3. 调查记录和测量方法

1)气象和土壤资料

(1)气象资料。

记录施药当日及前后10 d 的降雨量(每日降雨量和降雨程度)、温度(日平均温度、最高温度和最低温度)、风力、阴晴、光照和相对湿度。所有数据可以在试验地记载,也可以在附近气象站抄录。

记录整个试验期间影响试验结果的恶劣天气因子,如长期干旱、大雨、冰雹等。

(2)土壤资料。

记录土壤 pH 值、有机质含量、土壤类型(尽可能记录其成分)、土壤湿度(如干、湿度,是否积水)、小区耕作质量和施肥方式。需测产时,不宜施农家肥,应施化肥。

2)调查的类型、时间和次数

(1)类型。

调查的类型包括杂草调查、作物观察、副作用观察。

①杂草调查。

记录小区的杂草种群量,包括杂草数量、覆盖度或杂草质量,可用绝对数或估计数表示。

绝对调查法即计算每种杂草植株数(前期),或取一定数量称重(后期)。绝对调查法可对整个试验小区进行调查,也可在每个试验小区随机选择 1/4～1 m² 方块进行测定。在某些情况下,绝对调查法也可以计算或测量特殊植物器官(例如单子叶杂草开花数或有效分蘖数)等指标。

估计值调查法即将每个处理小区同附近不处理小区或对照带进行比较,估计相对杂草种群量。这种调查方法包括估算杂草群落总体和单个杂草种群量,包括杂草数量、覆盖度、高度和苗壮度(实际的杂草量)等指标。原则上讲,这种估算方法快速、简单,其结果可以用简单的百分比表示,也可以等量换算成杂草防除百分比(0 表示杂草无防除效果,100％表示杂草全部防除)

为了克服准确估算百分比和使用齐次方差的困难,可以采用下列级别进行调查:

1＝无草;2＝无处理小区的杂草的 0～2.5％;3＝无处理小区的杂草的 2.5％～5％;4＝无处理小区的杂草的 5％～10％;5＝无处理小区的杂草的 10％～15％;6＝无处理小区的杂草的 15％～25％;7＝无处理小区的杂草的 25％～35％;8＝无处理小区的杂草的 35％～67.5％;9＝无处理小区的杂草的 67.5％～100％。

使用分级的调查人员必须事先进行训练。本分级范围可直接应用,不需转换成估算值的百分数的平均值。

不管采用哪种调查方法,为了精确地说明农药产品的作用方式,还要准确地描述杂草伤害的症状(生长抑制、失绿、畸形等)。

②作物观察。

作物药害的试验主要在选择性小区内进行,要收割测产。药效试验的小区的作物受害类型和程度也必须记录下来,以提供有益的补充资料。

作物药害可按下列要求记录。

a.若效果可以计数或测量时,则用绝对值表示,如植株数或植株高度。

b.在其他情况下,估算损害程度和频率,下述两种方法可任选其一。

参照一个级别,确定每个小区的药害级别,或将每个处理小区同不处理区比较,进行药害百分率估算。

在所有情况下,应对作物损害的症状(生长受抑制、褪绿、畸形等)进行准确的描述,可参考作物药害评价准则。

调查评价工作与试验产品和其他影响因素相关,还取决于不处理的对照小区的测定情况。因此,重要的是要考虑到植物药害和逆境条件(栽培方法、倒伏、病虫草害的侵袭,长久高温或冷冻害等)之间可相互作用。

若试验地能保留到第二年,要注意对后茬作物的影响。如果要进一步验证这些影响,可设置专门试验。

③副作用观察。

副作用指对非靶标的生物的各种影响。

(2)时间和次数。

若无特别说明,时间要与杂草防除和作物安全性调查的时间相协调。

①播前和芽前施药。

第一次调查(杂草防除试验):不处理区杂草出苗后不久。

第一次调查(作物安全性试验):在玉米 2～3 叶期(特别注意出苗是否推迟)。

第二次调查:封行前。

第三次调查(仅杂草防除试验):玉米抽出穗状雄花时。

第四次调查(仅杂草防除试验):收割前,对作物安全性进行观察,判断是否推迟成熟。

在玉米 4～8 叶期做一次杂草防除中期评价。

②苗后施药。

基数调查(仅杂草防除试验):应用前(每种杂草的分布百分比)。

第一次调查:处理后 2 周。

第二次调查:封行前。

第三次调查:(仅杂草防除试验)玉米抽出穗状雄花时。

第四次调查:(杂草防除试验)收割前,对作物安全性进行观察,判断是否推迟成熟、倒伏。

3)作物产量和质量的记载

作物安全性试验必须收割考种测产。杂草防除试验视情况而定。

测产做如下记载:

①中间 4 行玉米果穗去苞叶后的总鲜重数;

②中间 4 行干玉米粒总产量(换算为 kg/hm^2)(玉米的水分应符合国家规定标准)。

4. 结果

数据要用适当统计方法进行分析,做出报告,应列出原始数据并对使用的统计方法加以说明。报告应按药检所提出的正规格式书写,并对结果进行分析说明。报告应提出应用效果评价(产品特点、应用技术、药效、药害)及经济效益评价(增产、增效、品质、成本)的结论性意见。

补充追加试验:后茬作物试验。

在杂草防除或安全性试验中,除草剂药效显示出持久性的迹象时,进行后茬试验是有益的,这种试验通常是测定使用除草剂后,哪种后茬作物是安全的。后茬试验可按下列设置处理。

(1)持久性试验:对以前的试验小区进行耕作处理(耕作、免耕、少耕),播种当地主要轮种的作物品种。药害评价见有关标准。

(2)作物破坏性试验:将除草剂施到某种作物上,使之在早期阶段受到致命性伤害,然后播种生产中常用作物来代替受害作物。药害评价见农业农村部有关标准。

实习实训案例 7　园林植物病虫害综合防治方案的制订与实施

1. 实习实训目标

能根据当地园林植物主要病虫害的发生特点,通过对其制订综合防治方案及实施防治的过程,掌握工作岗位必需的病虫害防治技能。

2. 材料及用具

各种施药器械、药剂、量筒、天平、笔记本、铅笔等。

3. 实习实训内容及方法

根据当地园林植物种类及病虫害发生情况来确定防治的对象,制订防治方案并采用不同的防治方法。

1）确定防治对象

根据调查资料，选 1～2 种当地园林植物上常见病害或虫害作为靶标生物。

2）制订防治方案

根据"预防为主，综合治理"的植物保护工作方针，结合当地预测预报资料和具体情况，制订严格的防治方案，以便组织人力，准备药剂药械，单独或结合其他园林植物栽培措施，及时地防治，把病虫危害所造成的损失控制在最低的经济指标之下。

由于各地区的具体情况不同，防治方案的内容和形式也不一致，可按年度计划、季节计划和阶段计划等方式安排到生产计划中去。防治方案的基本内容应包括以下几点。

①确定防治对象，选择防治方法。根据病虫害调查和预测预报资料、历年来病虫发生情况和防治经验，确定有哪些主要的病虫害、在何时发生最多、何时最易防治、用什么办法防治、多少时间可以完成，摸清情况后，确定防治指标，采取最经济有效的措施进行防治。

②准备药剂、药械及其他物资。遵循对症下药的原则，确定药剂种类、浓度、施药次数，准备相应施药器械；准确估计用药数量，购买药剂，检查和维修药械。

3）实施病虫害防治

（1）化学防治。

化学防治包括农药的稀释和农药的使用方法。

①农药的稀释。

农药的稀释按通用公式进行稀释计算并配药。

$$原药剂浓度 \times 原药剂重量 = 稀释药剂浓度 \times 稀释药剂重量$$
$$稀释药剂重 = 原药剂重量 \times 稀释倍数$$

②农药的使用方法。

喷雾用于防食叶害虫；涂抹用于枝干害虫；打孔注药用于枝干害虫；灌药用于地下害虫。

（2）物理机械防治法。

人工捕杀用于成虫、卵、幼虫、蛹等；灯光诱杀用于趋光性害虫；毒饵诱杀用于地下害虫；黄色板诱杀用于蚜虫、斑潜蝇等。

（3）生物防治法。

生物防治法应因地制宜：赤眼蜂用于各种鳞翅目昆虫的防治；周氏小蜂主要用于美国白蛾的防治；人工鸟巢的制作用于招引益鸟；人工助迁各种瓢虫用于防治蚜虫、粉虱、介壳虫等；培养、收集各种有益昆虫病原菌用于防治相应害虫；各种有益微生物及其代谢产物用于防治病害等。

4. 实习实训报告及要求

（1）报告每人 1 份，应独立完成，报告应附实训体会。

（2）报告应内容完整、层次清晰，各技术环节均应按实际操作书写。

附录

附录 A 综合性实验报告模板

一、实验预习

专业班级		学号		姓名	
课程名称			教学院部		
实验名称					
实验时间			实验室		
1.实验目的					
2.实验原理、实验流程					
3.实验设备及材料					

二、实验报告

1.实验方法步骤及注意事项
2.实验现象与实验结果及对实验现象、实验结果的分析
3.综合实验体会和建议
4.教师评语及评分
签名：　　年　　月　　日

附录B 实习报告模板

班级		学号		姓名	
实习名称					
实习时间			实习地点		
1.实习目的					
2.实习任务及要求					
3.实习设备及材料					
4.实习体会和建议					
5.实习教师评语及评分			教师签名		
			日期	年　月　日	

附录C 实训报告模板

班级		学号		姓名	
模块			项目名称		
项目内容			日期		

1. 使用仪器、设备及工具	
2. 操作步骤及要求	
3. 注意事项	
4. 实训体会和建议	
5. 指导教师评语及评分	教师签名
	日期 年 月 日

附录 D 植物保护技术实习实训评分标准及考核

植物保护技术实习实训制订了全面考核、综合评价,突出"能力考核"的考核评价办法。评价采取阶段评价和目标评价相结合,理论考试和实践考核相结合,学生实验报告评价和知识点考核相结合的方式。成绩分专业技能考核成绩(50%)、实习实训实报告成绩(30%)及实习实训表现(20%)三个方面。实习实训指导老师对学生进行考核,考核等级分为优秀、良好、中等、及格、不及格。

1. 优秀(90 分以上)

(1)实习实训态度好,在整个过程中积极主动,能充分发扬互助协作精神;纪律性强,有事请假,无迟到、早退情况发生;自觉遵守实习实训安全相关管理规定,着装整齐,不喧哗,用语文明,能保证实习实训场所整齐。

(2)全面完成了各项实习实训任务,效果好,动手操作能力强,技能考核优秀。

(3)学生实习实训结束后,能独立撰写报告总结或心得(不少于 1000 字);实习实训内容完整,制订了完整的实习实训计划方案;报告内容真实、具体,对植物病原物形态、农业昆虫、植物化学保护农药等阐述、论述正确,主题突出,收获大,体会深刻,在植保专业知识领域方面有一定独创性见解。

(4)在实习实训单位表现优秀,受到实习实训单位的好评。

2. 良好(80~89 分)

(1)实习实训态度好,在整个过程中积极主动,有较好的互助协作精神;纪律性较强,有事请假,无迟到、早退情况发生;自觉遵守实习实训安全相关管理规定,着装整齐,不喧哗,用语文明,能保证实习实训场所较整齐。

(2)较好地完成了实习实训的各项任务,动手能力强、实习实训效果较好,技能考核为良好。

(3)学生实习实训结束后,能独立撰写报告总结或心得(不少于 1000 字);实习实训内容完整,制订了完整的实习实训计划方案;报告内容真实,基本概念正确,对植物病原物形态、农业昆虫、植物化学保护农药等阐述、论述清楚,收获较大,对植保专业知识有一定的见解。

(4)在实习实训单位表现良好,受到实习实训单位的好评。

3. 中等(70~79 分)

(1)实习实训态度较好,在整个过程中积极主动性一般,互助协作精神不够强;纪律性较强,有事请假,无迟到、早退情况发生;自觉遵守实习实训安全相关管理规定,着装较整齐,偶尔喧哗,用语较文明,能保证实习实训场所较整齐。

(2)较好地完成了实习实训的各项任务,动手能力较强、效果较好,技能考核为中等。

(3)学生实习实训结束后,能基本独立撰写报告总结或心得(不少于 1000 字),实习实训内容基本完整,制订了部分实习实训计划方案;报告内容真实,概念基本正确,对植物病原物形态、农业昆虫、植物化学保护农药等阐述、论述较为清楚,收获一般,对植保专业知识的见解一般。

(4)在实习实训单位表现一般,实习实训单位考评一般。

4. 及格(60～69 分)

(1)实习实训态度一般,在整个过程中积极主动性和互助协作精神均一般;纪律性较强,有事请假,迟到、早退现象时常发生;较为自觉遵守实习实训安全相关管理规定,着装较整齐,偶尔喧哗,用语较文明,实习实训场所较凌乱。

(2)基本完成了实习实训任务,有一定的动手能力,实习实训比较认真,技能考核为合格。

(3)学生实习实训结束后,能基本独立撰写报告总结或心得(不少于 1000 字),实习实训内容基本完整,实习实训计划方案不够完整;报告内容真实,有一定数据做支撑,有一定的收获、体会和见解,概念基本正确,语言基本通顺,但对植物病原物形态、农业昆虫、植物化学保护农药等的阐述、论述较为模糊或缺植物病害(害虫)图、为害症状描述,报告字体较为潦草,书写不认真,偶有勾画涂抹现象。

(4)在实习实训单位表现一般,实习实训单位反映一般。

5. 不及格(60 分以下)

有下列情况之一者不及格。

(1)没有制订实习实训计划方案,实习实训内容不完整,没有开展相关调查数据、调查数据分析等实习实训任务,动手能力较差,没有绘制植物病原物形态、农业害虫形态等,对植物病原物形态、农业昆虫、植物化学保护农药等的阐述、论述较为混乱,技能考核为不合格。

(2)抄袭实习实训报告或报告材料不真实。

(3)在实习实训过程中违反实习实训操作规程和纪律;由于自己的过失引起事故。

参 考 文 献

[1] 彩万志等.普通昆虫学[M].2版.北京:中国农业大学出版社,2011.

[2] 雷朝亮,荣秀兰.普通昆虫学[M].2版.北京:中国农业出版社,2011.

[3] 许再福.普通昆虫学[M].北京:科学出版社,2009.

[4] 袁锋.农业昆虫学[M].北京:中国农业出版社,2001.

[5] 仵均祥.农业昆虫学(北方本)[M].3版.北京:中国农业出版社,2018.

[6] 李照会.农业昆虫鉴定[M].北京:中国农业出版社,2018.

[7] 魏鸿均等.中国地下害虫[M].上海:上海科学技术出版社,1989.

[8] 雷朝亮,荣秀兰.普通昆虫学实验指导[M].2版.北京:中国农业出版社,2011.

[9] 刘志琦等.普通昆虫学实验教程[M].2版.北京:中国农业出版社,2016.

[10] 何振昌.中国北方农业害虫原色图鉴[M].沈阳:辽宁科学技术出版社,1997.

[11] 刘向东.昆虫生态及预测预报[M].4版.北京:中国农业出版社,2016.

[12] 吕佩珂等.中国粮食作物、经济作物、药用植物病虫原色图鉴[M].呼和浩特:远方出版社,1999.

[13] 许志刚.普通植物病理学[M].4版.北京:高等教育出版社,2009.

[14] 方中达.植病研究方法[M].3版.北京:中国农业出版社,1998.

[15] 陆家云.植物病害诊断[M].2版.北京:中国农业出版社,1997.

[16] 陆家云.植物病原真菌学[M].北京:中国农业出版社,2001.

[17] 谢联辉.普通植物病理学[M].北京:科学出版社,2006.

[18] 赖传雅,袁高庆.农业植物病理学(华南本)[M].2版.北京:科学出版社,2008.

[19] 高学文,陈孝仁.农业植物病理学[M].5版.北京:中国农业出版社,2018.

[20] 李洪连,徐敬友.农业植物病理学实验实习指导[M].北京:中国农业出版社,2001.

[21] 王金生.分子植物病理学[M].北京:中国农业出版社,1999.

[22] 韩召军.植物保护学通论[M].北京:高等教育出版社,2001.

[23] 任欣正.植物病原细菌的分类和鉴定[M].北京:中国农业出版社,1994.

[24] 徐洪富.植物保护学[M].北京:高等教育出版社,2003.

[25] 丁爱云.植物保护学实验[M].北京:高等教育出版社,2004.

[26] 花蕾.植物保护学[M].北京:科学出版社,2009.

[27] 林孔勋.杀菌剂毒理学[M].北京:中国农业出版社,1995.

[28] 农业部种植业管理司,农业部农药检定所.新编农药手册[M].2版.北京:中国农业出版社,2013.

[29] 慕立义.植物化学保护研究方法[M].北京:中国农业出版社,1994.

[30] 韩熹莱.农药概论[M].北京:中国农业大学出版社,1995.

[31] 陈万义.农药与应用[M].北京:化学工业出版社,1991.

［32］徐汉虹.植物化学保护学［M］.4版.北京：中国农业出版社,2007.

［33］黄彰欣.植物化学保护实验指导［M］.北京：中国农业出版社,2001.

［34］吴文君.农药学原理［M］.北京：中国农业出版社,2000.

［35］虞轶俊等.农药应用大全［M］.北京：中国农业出版社,2008.

［36］李照会.园艺植物昆虫学［M］.2版.北京：中国农业出版社,2011.

［37］武三安.园林植物病虫害防治［M］.2版.北京：中国林业出版社,2007.